工业和信息化高职高专"十二五"规划教材立项项目

21世纪高等职业教育计算机技术规划教材

21 ShiJi GaoDeng ZhiYe JiaoYu JiSuanJi JiShu GuiHua JiaoCai

计算机应用基础教程

JISUANJI YINGYONG JICHU JIAOCHENG

李德杰 黄玲 主编

胡贵恒 茹兴旺 黄梅娟 胡宇鹏 徐颖颖 副主编

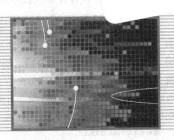

人民邮电出版社

北 京

图书在版编目（CIP）数据

计算机应用基础教程 / 李德杰，黄玲主编. -- 北京
：人民邮电出版社，2011.9 (2014.9 重印)
21世纪高等职业教育计算机技术规划教材
ISBN 978-7-115-25569-3

Ⅰ．①计… Ⅱ．①李… ②黄… Ⅲ．①电子计算机－
高等职业教育－教材 Ⅳ．①TP3

中国版本图书馆CIP数据核字(2011)第119380号

内 容 提 要

本书根据高职院校非计算机专业计算机基础教学的目标与要求，由多位长期工作在计算机基础教学第一线的教师共同编写完成。它以目前常用的 Windows XP、Office 2003 为基础，向读者介绍了计算机基础知识、Windows XP 操作系统的使用、文字处理软件 Word 2003 的使用、电子表格软件 Excel 2003 的使用、文稿演示软件 PowerPoint 2003 的使用、Internet 的使用以及计算机综合应用。

本书内容详实，图文并茂，实例丰富，注重动手操作，适合高职院校非计算机专业学生使用，也适用于从业人员计算机基础应用知识培训和自学使用。

工业和信息化高职高专"十二五"规划教材立项项目

21 世纪高等职业教育计算机技术规划教材

计算机应用基础教程

◆ 主　编　李德杰　黄　玲
　　副主编　胡贵恒　茹兴旺　黄梅娟　胡宇鹏　徐颖颖
　　责任编辑　李育民

◆ 人民邮电出版社出版发行　　北京市丰台区成寿寺路 11 号
　　邮编　100164　　电子邮件　315@ptpress.com.cn
　　网址　http://www.ptpress.com.cn
　　北京鑫正大印刷有限公司印刷

◆ 开本：787×1092　1/16
　　印张：16.25　　　　　　　2011 年 9 月第 1 版
　　字数：395 千字　　　　　2014 年 9 月北京第 5 次印刷

ISBN 978-7-115-25569-3

定价：32.00 元

读者服务热线：(010)81055256　印装质量热线：(010)81055316
反盗版热线：(010)81055315
广告经营许可证：京崇工商广字第 0021 号

前　言

计算机技术的飞速发展和 Internet 的广泛应用，极大地推动了社会信息化的发展，计算机已成为人们日常工作、生活和学习中不可缺少的信息化工具。具备一定的计算机知识，熟练操作计算机和计算机应用软件，已成为人们一种必备的职业技能。根据这一要求，我们组织了长期工作在计算机基础教学第一线的老师，编写了这本教材，体现高职教育"基础理论知识适度、技术应用能力强、知识面较宽、素质高"的特点。

本书结合计算机应用基础课程改革和计算机等级考试内容，采用"任务驱动教学法"进行编写，以"任务为主线、学生为主体"，把教学内容设计成一个或多个具体的任务，让学生通过完成一个个具体的任务，掌握教学内容，达到教学目标。

为了更好地满足高职院校非计算机专业对"计算机应用基础"课程教学的要求，作者结合近几年的课程教学改革实践，对教材进行了科学的规划，知识体系更加完整，紧跟技术发展潮流，内容涉及计算机基础知识、Windows XP 操作系统、文字处理软件 Word 2003、电子表格处理软件 Excel 2003、演示文稿软件 PowerPoint 2003、计算机网络基础知识及 Internet 应用等。

本书由安徽工商职业学院电子信息系计算机教研室老师编写，李德杰、黄玲任主编，胡贵恒、茹兴旺、黄梅娟、胡宇鹏、徐颖颖担任副主编。全书由七个任务组成，任务一由李德杰编写，任务二由茹兴旺编写，任务三由徐颖颖编写，任务四由黄玲编写，任务五由黄梅娟编写，任务六由胡贵恒编写，任务七由胡宇鹏编写。在本书的编写过程中，得到了电子信息系主任王勇副教授、工商管理系副主任范生万副教授的大力支持，在此表示诚挚的谢意！

由于编者水平有限，书中难免存在疏漏之处，敬请广大读者提出宝贵意见。

编　者
2011 年 7 月

目　录

任务一

计算机基本知识及组装

【知识目标】

- 了解计算机的发展、分类及应用。
- 掌握计算机系统的组成。
- 了解计算机的工作原理。
- 了解计算机中信息的表示方法。
- 了解计算机信息安全知识。

【能力目标】

- 能够利用学习的知识，判断生活中使用的计算机所属的类别及应用领域。
- 能够分析计算机的工作过程。
- 能够根据计算机使用过程中的一些状况，判断计算机是否感染了病毒。
- 利用本任务的相关知识，能够完成计算机的组装。

任务引入

通过本任务相关知识的学习，在了解微型计算机系统中具体硬件构成及它们性能的基础上，按照一定的步骤完成微型计算机的组装，如图1-1所示。

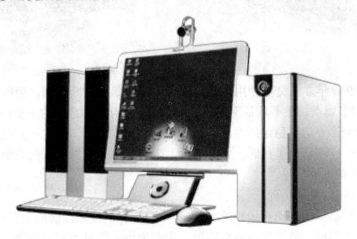

图1-1 微型计算机系统硬件组成

相关知识

一、计算机的发展及应用

计算机在 60 多年的发展历程中，从一个庞然大物到现在的掌上计算机，经历了从复杂到简单，从功能单一到应用广泛的过程。了解计算机的发展历程有助于我们对计算机系统有更深入的认识，更好地应用计算机。

（一）第一台电子计算机的诞生

世界上第一台电子计算机是为了军事上高速精确而又复杂的数据计算的需要研制诞生的。在第二次世界大战末期，在新武器的研制过程中需要大量复杂的数据计算，已有的计算工具无法满足这一要求，因此许多国家投入大量的人力物力，来研制新的计算工具。1946 年，世界上第一台电子计算机在美国宾夕法尼亚大学由莫克利（John Mauchly）教授和他的学生埃克特（J.P.Eckert）博士研制成功，取名 ENIAC（Electronic Numerical Integrator and Calculator，读作"埃尼阿克"）。这台计算机有两间房子那么大，占地 170 平方米，重达 30 吨，耗电 150 千瓦，使用了 1800 多个电子管和 1500 多个继电器，价格 40 多万美元，是一个昂贵耗电的"庞然大物"，如图 1-2 所示。虽然 ENIAC 每秒只能进行 5000 次加法和减法运算，却能把计算一条弹道的时间缩短为 30 秒（ENIAC 最初设计主要用于计算弹道和氢弹的研制）。

图 1-2　第一台计算机 ENIAC

ENIAC 从 1946 年 2 月交付使用，到 1955 年 10 月最后切断电源，服役长达 9 年。尽管 ENIAC 当初有许多弱点，还不具备现代计算机"在机内存储程序"的主要特征，对周围环境的要求也特别苛刻，要达到稳定的温度、压力，才能正常运转，但在计算机发展史上却有划时代的意义，是一座不朽的里程碑。它的问世，表明了电子计算机时代的到来。

（二）计算机的发展历程

1．传统计算机的发展历程

从第一台计算机诞生到现在短短的 60 多年中，计算机技术以前所未有的速度迅猛发展，经历了大型机、小型机、微型机和网络阶段。迄今为止，按照通常的标准，根据计算机所采用的物理器件不同，而把计算机的发展划分为 4 个阶段。

第一阶段（1946～1958 年）的计算机使用的基本物理器件是电子管，因此第一阶段的计算机统称为电子管计算机。它的内存储器采用汞延迟线，内存容量仅几千个字，外存储器主要采用磁鼓、纸带、穿孔卡片等。由于当时电子技术的限制，处理速度达到每秒五千条～几万条指令。因此，第一代计算机具有体积大、耗电多、速度慢、价格高、使用困难等特点，主要用于军事和科研部门进行科学计算。

第二阶段（1958～1964 年）的计算机使用的基本物理器件是晶体管，因此第二阶段的计算机统称为晶体管计算机。1947 年 12 月 23 日，贝尔实验室的肖克利（William B. Shockley）、布拉顿（John Bardeen）、巴丁（Walter H. Brattain）创造出了世界上第一只半导体放大器件，他们将这种器件重新命名为"晶体管"。10 年后，晶体管取代了计算机中的电子管，诞生了晶体管计算机。它的内存储器大量使用磁性材料制成的磁芯存储器，大大提高了内存容量，外存储器主要采用磁鼓、磁带等。处理速度提高到每秒几万条～几十万条指令。与第一阶段电子管计算机相比，第二阶段的计算机具有体积小、耗电少、成本低、逻辑功能强、使用方便、可靠性强等特点。

第三阶段（1964～1971 年）的计算机使用的基本物理器件是中、小规模集成电路。集成电路是在几平方毫米的基片上集中几十个或上百个电子元件组成的逻辑电路。1958 年夏，美国德克萨斯公司制成了第一个半导体集成电路，从此开始了中小规模集成电路计算机时代。它的内存储器开始采用性能更好的半导体存储器，外存储器也开始使用磁盘，大大提高了存储容量，处理速度高达每秒几百万条指令。由于采用了集成电路，第三阶段的计算机在各方面性能都有了很大的提高，主要体现在：体积缩小、价格降低、功能增强、可靠性大大提高。

第四阶段（1971 年至今）的计算机采用大规模、超大规模的集成电路。随着集成了上千甚至上万个电子元件的大规模和超大规模集成电路的出现，电子计算机的发展进入了第四个阶段。在本阶段中，集成度高的半导体内存储器代替了磁芯存储器，外存储器也使用容量更大、速度更快的磁盘和光盘代替，运算速度可达每秒几百万条，甚至几十亿条、几万条指令。

在计算机发展的过程中，正是集成电路的出现，尤其是微型计算机的出现，使计算机的价格大幅度降低，计算机才得以走进千家万户，成为人们工作、学习、生活不可缺少的工具。

2．我国计算机近些年的发展情况

1956 年，夏培肃完成了第一台电子计算机运算器和控制器的设计工作，同时编写了中国第一本电子计算机原理讲义。

1957 年，哈尔滨工业大学研制成功中国第一台模拟式电子计算机。

1958 年，中国第一台计算机——103 型通用数字电子计算机研制成功，运行速度每秒1500 次。

1959 年，中国研制成功 104 型电子计算机，运算速度每秒 1 万次。

1960 年，中国第一台大型通用电子计算机——107 型通用电子数字计算机研制成功。

1963 年，中国第一台大型晶体管电子计算机——109 机研制成功。

1964 年，441B 全晶体管计算机研制成功。

1965 年，中国第一台百万次集成电路计算机"DJS-Ⅱ"型操作系统编制完成。

1967 年，新型晶体管大型通用数字计算机诞生。

1969 年，北京大学承接研制百万次集成电路数字电子计算机——150 机。

1970 年，中国第一台具有多道程序分时操作系统和标准汇编语言的计算机 441B-III 型全晶体管计算机研制成功。

1972 年，每秒运算 11 万次的大型集成电路通用数字电子计算机研制成功。

1973 年，中国第一台百万次集成电路电子计算机研制成功。

1974 年，DJS-130、131、132、135、140、152、153 等 13 个机型先后研制成功。

1976 年，DJS-183、184、185、186、1804 机研制成功。

1977 年，中国第一台微型计算机 DJS-050 机研制成功。

1979 年，中国研制成功每秒运算 500 万次的集成电路计算机——HDS-9，王选用中国第一台激光照排机排出样书。

1981 年，中国研制成功的 260 机平均运算速度达到每秒 100 万次。

1983 年，中国第一台被命名为"银河"的亿次巨型电子计算机在国防科技大学诞生。它的研制成功向全世界宣布：中国成了继美、日等国之后，能够独立设计和制造巨型机的国家。

1984 年，联想集团的前身——新技术发展公司成立，中国出现第一次微机热。

1985 年，华光 II 型汉字激光照排系统投入生产和使用。

1986 年，中华学习机投入生产。

1987 年，第一台国产的 286 微机——长城 286 正式推出。

1988 年，第一台国产 386 微机——长城 386 推出，中国发现首例计算机病毒。

1990 年，中国首台高智能计算机——EST/IS4260 智能工作站诞生，长城 486 计算机问世。

1991 年，新华社、科技日报、经济日报正式启用汉字激光照排系统。

1992 年，国防科技大学研制出银河-II 通用并行巨型机，峰值速度达每秒 10 亿次，主要用于中期天气预报。

1993 年，国家智能计算机研究开发中心（后成立北京市曙光计算机公司）研制成功曙光一号全对称共享存储多处理机，这是国内首次以基于超大规模集成电路的通用微处理器芯片和标准 UNIX 操作系统设计开发的并行计算机。

1994 年，银河计算机 II 型在国家气象局投入正式运行，用于中期天气预报。

1995 年，曙光公司又推出了曙光 1000，峰值速度每秒 25 亿次浮点运算，实际运算速度上了每秒 10 亿次浮点运算这一高性能台阶。曙光 1000 与美国 Intel 公司 1990 年推出的大规模并行机体系结构与实现技术相近，与国外的差距缩小到 5 年左右。

1996 年，国产联想计算机在国内微机市场销售量第一。

1997 年，银河-III 并行巨型计算机研制成功。

1998 年，中国微机销量达 408 万台，国产占有率高达 71.9%。

1999 年，银河四代巨型机研制成功。

2000 年，我国自行研制成功高性能计算机"神威 I"，其主要技术指标和性能达到国际先进水平。我国成为继美国、日本之后世界上第三个具备研制高性能计算机能力的国家。

2010 年，中国"天河一号"超级计算机以每秒 2570 万亿次的实测运算速度，成为世界运算最快的超级计算机，这是来自欧美日之外国家的超级计算机首次登上榜首位置，如图 1-3 所示。"天河一号"2009 年 10 月底由国防科学技术大学研制，2010 年在国家超级计算天津中心安装部署，其问世标志着中国成为继美国之后，第二个能够研制千万亿次超级计算机的国家。

图 1-3　科研人员在对"天河一号"超级计算机进行系统性能测试

（三）计算机的特点

计算机是一种能自动、精确、快速地对各种信息进行存储、处理和传输的电子设备，具有如下特点。

1．运算速度快

现在高性能计算机每秒能进行几百亿次以上的加减法运算。如果一个人在一秒钟内能作一次运算，那么一般的电子计算机一小时的工作量，一个人得做 100 多年。很多场合下，运算速度起决定作用。例如，计算机控制导航，要求"运算速度比飞机飞得还快"；气象预报要分析大量的资料，如用手工计算需要十天半月，消息陈旧，失去了预报的意义，现在用计算机，几分钟就能算出一个地区内数天的气象预报。

2．计算精度高

电子计算机的计算精度在理论上不受限制，一般的计算机均能达到 15 位有效数字，通过一定的技术手段，可以实现任何精度要求。历史上有个著名数学家挈依列，曾经为计算圆周率 π，整整花了 15 年时间，才算到第 707 位。现在将这件事交给计算机做，几个小时内就可计算到 10 万位。

3．强大的记忆能力

计算机中有许多存储单元，用以记忆信息。内部记忆能力，是电子计算机和其他计算工具的一个重要区别。由于具有内部记忆信息的能力，在运算过程中就可以不必每次都从外部去取数据，而只需事先将数据输入到内部的存储单元中，运算时即可直接从存储单元中获得数据，从而大大提高了运算速度。计算机存储器的容量可以做得很大，而且它记忆力特别强。

4．复杂的逻辑判断能力

计算机借助于逻辑运算，可以进行逻辑判断，并根据判断的结果自动确定下一步的操作，从而使计算机能解决各种不同的问题。1976 年，美国数学家阿皮尔和海肯用计算机进行了上百亿次的逻辑判断，解决了 100 多年来未能解决的著名数学难题——四色问题（四色问题是指：不论多么复杂的地图，使相邻区域颜色不同，最多只需四种颜色就够了）。

5．按程序自动执行的能力

计算机是个自动化电子装置，在工作过程中不需要人工干预，能自动执行存放在存储器中的程序。程序是人经过仔细规划事先设计好的，用于解决特定的实际问题，程序一旦设计好，并输入计算机后，向计算机发出命令，随后计算机便不知疲倦地工作。

（四）计算机的应用

计算机刚出现时，主要使用在数值计算中。随着计算机的迅速发展，它的应用范围已扩展到数据处理、自动控制、计算机辅助系统、人工智能等各个方面。在短短五十多年的时间里，其应用就遍及 4000 多个行业，而且还在不断发展着新的应用。这些应用可以归纳为以下几大类。

1. 科学计算

科学计算，亦称数值运算，是指用计算机完成科学研究和工程技术中所提出的数学问题。计算机作为一个计算工具，科学计算是它最早的应用领域。在气象预报、天文研究、水利设计、原子结构分析、生物分子结构分析、人造卫星轨道计算、宇宙飞船的研制等许多方面，都显示出计算机独特的优势。

2. 数据处理

数据处理是指对各种数据进行收集、存储、整理、分类、统计、加工、利用、传播等一系列活动的统称，是目前计算机应用最广泛的领域。目前，数据处理已广泛地应用于办公自动化、企事业计算机辅助管理与决策、情报检索、图书管理、电影电视动画设计、会计电算化等各行各业。信息正在形成独特的产业，多媒体技术使信息展现在人们面前的不仅是数字和文字，也有声情并茂的声音和图像信息。

3. 实时控制

实时控制，亦称过程控制，是指计算机及时采集检测数据，按最佳迅速对控制对象进行自动控制或自动调节。利用计算机进行过程控制，不仅大大提高了控制的自动化水平，而且大大提高了控制的及时性和准确性，从而能改善劳动条件，提高质量，节约能源，降低成本。例如，在汽车制造业，已有了由计算机控制的装配、传输生产线，技术人员只需把加工任务，编好程序送入计算机，生产就可以在无人的情况下自动运行。此外，计算机在控制化生产、交通流量、卫星飞行、导弹发射等许多方面起着不可替代的作用。

4. 计算机辅助系统

计算机辅助系统主要有辅助设计、辅助制造、辅助测试、辅助教学等，统称计算机辅助工程。

（1）计算机辅助设计（Computer Aided Design，CAD）。计算机辅助设计是利用计算机系统辅助设计人员进行工程或产品设计，提高设计速度和质量，以实现最佳设计效果的一种技术。它已广泛地应用于飞机、汽车、机械、电子、建筑和轻工等领域。例如，在电子计算机的设计过程中，利用 CAD 技术进行体系结构模拟、逻辑模拟、插件划分、自动布线等，从而大大提高了设计工作的自动化程度。又如，在建筑设计过程中，可以利用 CAD 技术进行力学计算、结构计算、绘制建筑图纸等，这样不但提高了设计速度，而且可以提高设计质量。

（2）计算机辅助制造（Computer Aided Manufacturing，CAM）。计算机辅助制造是利用计算机系统进行生产设备的管理、控制和操作的过程。例如，在产品的制作过程中，用计算机控制机器的运行，处理生产过程中所需的数据，控制和处理材料的流动以及对产品进行检测等。利用 CAM 技术可以提高产品质量，降低成本，缩短产品周期，提高生产率和改善劳动条件。

将 CAD 和 CAM 技术集成，实现设计生产自动化，这种技术被称为计算机集成制作系统（CIMS）。它的实现将真正做到无人化工厂（或车间）。

（3）计算机辅助教育（Computer Aided Education，CAE）。计算机辅助教育是计算机在教育领域中的应用，包括计算机辅助教学（Computer Aided Instruction，CAI）、计算机辅助管理教学（Computer Managed Instruction，CMI）。CAI 是利用计算机系统使用课件来进行教学，最大的特点是交互教学、个别指导和因人施教，它将改变传统的教师在讲台上讲课而学生在课堂内听课的教学方式。CMI 是用计算机实现各种教学管理，如制定教学计划、课程安排、计算机评分、日常的教务管理等。

（4）计算机辅助测试（Computer Aided Testing，CAT）。计算机辅助测试是指利用计算机协助对学生的学习效果进行测试和学习能力的估量。一般分为脱机测试和联机测试两种方法。

5．人工智能

人工智能（Artificial Intelligence，AI）是计算机模拟人类的智能活动，诸如感知、判断、理解、学习、问题求解和图像识别等。其主要任务是建立智能信息处理理论，进而设计出可以展现某些近似人类智能行为的计算机系统。现在人工智能的研究已取得了不少成果，有些已开始走向实用阶段。目前的主要应用方向有：机器人（Robots）、专家系统（Expert System，ES）、模式识别（Pattern Recognition）和智能检索（Intelligent Retrieval）等。

6．办公自动化

办公自动化（Office Automation，OA）是一门综合性的技术，其目的在于建立一个以先进计算机和通信技术为基础的高效人—机信息处理系统，使办公人员充分利用各种形式的信息资源，全面提高管理、决策和事务处理的效率。办公自动化系统一般可分为事务型、管理型和决策型三个层次。事务型 OA 系统主要供业务人员和秘书处理日常的办公事务。管理型 OA 系统又称管理信息系统（MIS），是一个以计算机为基础，对企事业单位实行全面管理，包括各项专业管理的信息处理系统。决策型 OA 系统是在上述事务处理和信息管理的基础上，增加决策辅助功能而构成。

（五）计算机的分类

计算机发展到今天，已是琳琅满目、种类繁多，并表现出各自不同的特点。可以从不同的角度对计算机进行分类。

1．按使用用途分

按计算机的使用用途可分为通用计算机（General Purpose Computer）和专用计算机（Special Purpose Computer）。通用计算机广泛适用于一般科学运算、学术研究、工程设计和数据处理等，具有功能多、配置全、用途广、通用性强的特点，市场上销售的计算机多属于通用计算机。专用计算机是为适应某种特殊需要而设计的计算机，通常增强了某些特定功能，忽略一些次要要求，所以专用计算机能高速度、高效率地解决特定问题，具有功能单纯、使用面窄，甚至专机专用的特点。

2．按计算机信息的表示形式和对信息的处理方式分

按计算机信息的表示形式和对信息的处理方式不同，可以分为数字计算机、模拟计算机和混合计算机。数字计算机所处理数据都是以 0 和 1 表示的二进制数字，是不连续的离散数

字，具有运算速度快、准确、存储量大等优点，因此适宜科学计算、信息处理、过程控制和人工智能等，具有最广泛的用途。模拟计算机所处理的数据是连续的，称为模拟量。模拟量以电信号的幅值来模拟数值或某物理量的大小，如电压、电流、温度等都是模拟量。模拟计算机解题速度快，适于解高阶微分方程，在模拟计算和控制系统中应用较多。混合计算机则是集数字计算机和模拟计算机的优点于一身。

3．按计算机性能和规模分

计算机按其运算速度快慢、存储数据量的大小、功能的强弱，以及软硬件的配套规模等不同，又分为巨型机、大中型机、小型机、微型机、工作站与服务器等。

目前国际上沿用的计算机分类方法是根据美国电气和电子工程师协会（IEEE）的一个委员会于 1989 年 11 月提出的标准来划分的，它将计算机划分为巨型机、小巨型机、主机、小型机、工作站和个人计算机 6 类。

（1）巨型机（Super Computer）。巨型机又称超级计算机（Super Computer），是指运算速度超过每秒 1 亿次的高性能计算机，它是目前功能最强、速度最快、软硬件配套齐备、价格最贵的计算机，主要用于解决诸如气象、太空、能源、医药等尖端科学研究和战略武器研制中的复杂计算。它们安装在国家高级研究机关中，可供几百个用户同时使用，运算速度快是巨型机最突出的特点。如美国 CDC 公司的 Cray 系列机、我国研制的银河系列机等均属此类。世界上只有少数几个国家能生产这种机器，它的研制开发是一个国家综合国力和国防实力的体现。

（2）小巨型机（Minisupers）。这种计算机也有很高的运算速度和很大的存储量，并允许相当多的用户同时使用。当然在量级上都不及巨型计算机，结构上也较巨型机简单些，价格相对巨型机来得便宜，因此使用的范围较巨型机普遍，是事务处理、商业处理、信息管理、大型数据库和数据通信的主要支柱。如美国 Convex 公司的 C 系列计算机等。

（3）主机（Mainframe）。主机就是我们所说的主干机、大型机，这类机器通常都安装在机架（Frame）上，如 IBM 360/ 370/4300/390 等系列机。这些计算机具有大容量的内存和外存，可进行并行处理，具有速度高、容量大、处理和管理能力强的特点。主机主要使用在大银行、大公司、高等学校和科研院所当中。

（4）小型机（Minicomputer）。其规模和运算速度比大中型机要差，但仍能支持十几个用户同时使用。小型机具有体积小、价格低、性能价格比高等优点，适合中小企业、事业单位，用于工业控制、数据采集、分析计算、企业管理以及科学计算等，也可作巨型机或大中型机的辅助机。典型的小型机是美国 DEC 公司的 PDP 系列计算机、IBM 公司的 AS/400 系列计算机，我国的 DJS-130 计算机等。

（5）工作站（Workstation）。工作站是介于个人计算机和小型机之间的一种高档微机，具有较强的数据处理能力、高性能的图形功能和内置的网络功能，如 HP、SUN 公司生产的工作站。这里所说的工作站与网络中所说的工作站含义不同，后者很可能是指一台普通的个人计算机。

（6）个人计算机（Personal Computer）。现在使用的计算机通常都是个人计算机，也称微型计算机，简称微机。个人计算机具有轻、小、（价）廉、易（用）的特点。

（六）计算机发展的新技术

1．嵌入式技术

嵌入式技术是将计算机作为一个信息处理部件，嵌入到应用系统中的一种技术。嵌入式系统主要由嵌入式处理器、外围硬件设备、嵌入式操作系统、以及特定的应用程序四部分组成，是集软件、硬件于一体的可独立工作的"器件"，用于实现对其他设备的控制、监视或管理等功能。

2．网格计算

网格计算是利用互联网把分散在不同地理位置的计算机组织成一个"虚拟的超级计算机"，其中每一台参与计算的计算机就是一个"结点"，而整个计算是由成千上万个"结点"组成的"一张网格"，所以这种计算方式称为网格计算。

网格计算技术的特点如下。

- 能够提供资源共享，实现应用程序的互连互通。网格与计算机网络不同，计算机网络实现的是一种硬件的连通，而网格能实现应用层的连通。
- 协同工作。很多网格结点可以共同处理一个项目。
- 基于国际的开放技术标准。
- 网格可以提供动态的服务，能够适应变化。

3．中间件技术

中间件是介于应用软件和操作系统之间的系统软件。20 世纪 90 年代初，出现了一种新的思想：在客户端和服务器之间增加了一组服务，这种服务（应用服务器）就是中间件。

目前，中间件技术已经发展成为企业应用的主流技术，并形成许多种不同的类别，如交易中间件、消息中间件、专有系统中间件、面向对象中间件、远程调用中间件等。

（七）未来计算机的发展趋势

计算机未来的发展方向是巨型化、微型化、网络化、智能化及多媒体化。

1．巨型化

"巨型化"是指发展高速度、存储容量大和功能更强的巨型计算机。巨型计算机代表了一个国家科学技术和工业发展的水平。目前每秒几百亿次的巨型计算机已经投入使用，每秒上千亿次的巨型计算机也正在研制当中。巨型计算机主要应用在天文、气象、地质、航空、航天等尖端的科学技术领域。

2．微型化

"微型化"是指体积更小、价格更低、功能更强的微型计算机。各种便携式和手掌式计算机已大量投入使用。

3．网络化

"网络化"是指把计算机组成更广泛的网络，以实现资源共享及信息交换。网络化是当今计算机的发展趋势，Internet 的迅速发展就充分地说明了这一点。计算机网络是信息社会的重要技术基础。网络化可以充分利用计算机的宝贵资源，并扩大计算机的使用范围，为用户提供方便、及时、可靠和灵活的信息服务。

4．智能化

"智能化"是指使计算机可模拟人的感觉，并具有类似人类的思维能力，如推理、判断、感觉等，从而使计算机成为智能计算机。对智能化的研究包括模式识别、自然语言的生成与理解、定理自动证明、自动程序设计、学习系统和智能机器人等内容。

5．多媒体化

"多媒体化"是指计算机可处理数字、文字、图像、图形、视频及音频等多种信息。多媒体技术使多种信息建立了有机的联系，集成为一个具有交互性的系统。多媒体计算机将真正改善人机界面，可使计算机向人类接受和处理信息的最自然方式发展。

二、计算机系统的组成

一个完整的计算机系统由硬件系统和软件系统两大部分所组成。硬件是计算机系统中的物理装置的总称，它可以是电子的、机械的、光/电的元件或装置。计算机软件是指在计算机硬件上运行的各种程序、数据和一些相关的文档、资料等。硬件是软件发挥功能的平台，而软件则是管理和利用硬件资源来实现计算机的功能，是计算机的灵魂。软件和硬件是相互促进和发展的，只有硬件和软件相结合才能发挥计算机的作用。

计算机系统的组成如图 1-4 所示。

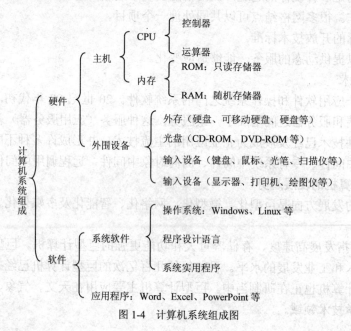

图 1-4　计算机系统组成图

（一）计算机的硬件系统

一台计算机的硬件系统主要由运算器、控制器、存储器、输入设备和输出设备五大功能部件组成，各部件之间通过总线实现连接，并与外部其他设备实现数据传送。

1．运算器

运算器是执行算术运算和逻辑运算的部件，其主要作用是完成各种算术、逻辑运算及逻辑判断工作，对信息进行加工处理。运算器由算术逻辑单元（Arithmetic Logical Unit，ALU）、累加器、状态寄存器和通用寄存器等组成。

2．控制器

控制器是整个计算机的指挥中心。它负责从内存储器中取出指令，并对指令进行分析、判断，并根据指令发出控制信号，使计算机的有关设备有条不紊地协调工作，保证计算机能自动、连续地工作。

运算器与控制器被集成到一块芯片上，称为中央处理器或微处理器（Central Processing Unit，CPU）。CPU 负责解释计算机指令，执行各种控制操作与运算，是计算机的核心部件。

从某种意义上说，CPU 的性能决定了计算机的性能。

3．存储器

存储器（Memory）是用来存储程序和数据的记忆部件，是计算机中各种信息的存储和交流中心。通常把控制器、运算器和内存储器称作主机。

存储器的主要功能是保存信息。它的功能与录音机类似，使用时可以取出原记录的内容而不破坏其信息（存储器的"读"操作）；也可以将原来保存的内容抹去，重新记录新的内容（存储器的"写"操作）。

存储器分为内部存储器和外部存储器两大类。

（1）内部存储器。内部存储器也称内存，由大规模集成电路存储器芯片组成，用来存储计算机运行中的各种数据。内存分为 RAM、ROM 及 Cache。

① RAM。RAM（Random Access Memory，随机读写存储器），既可从其中读取信息，也可向其中写入信息。在开机之前 RAM 中没有信息，开机后操作系统对其使用进行管理，向 RAM 中写入数据或从中读取数据，关机后其中存储的信息都会消失。

② ROM。ROM（Read Only Memory，只读存储器），即只能从其中读取信息，不可向其中写入信息。在开机之前 ROM 中已经存有信息，关机后其中的信息不会消失，ROM 中的信息一成不变。

③ Cache。Cache 中文名叫做"高速缓冲存储器"，在不同速度的设备之间交换信息时起缓冲作用。相比 RAM 和 ROM，其读取速度最快。

内存中可存储信息的多少称为存储器的容量。计算机中最小的信息单位是"位"（bit，记作 b），一位只能存储一个二进制"1"或"0"。基本单位为"字节"（Byte，记作 B），一个字节由 8 个二进制位组成，是存放一个英文字符的空间。比字节更大的单位是"千字节"（Kilobyte，记作 KB），比"千字节"更大的单位是"兆字节"（Megabyte，记作 MB），比"兆字节"更大的单位是"千兆字节"（Gigabyte，记作 GB）。它们之间的换算关系如下：

1 B = 8bit

1 KB = 1024B

1 MB = 1024KB

1 GB = 1024MB

内存储器和 CPU 通过总线相连，其特点是存取速度快，但价格较贵，存储的信息量较小。

（2）外部存储器。外部存储器也叫辅助存储器或外存，用做内存的后备与补充。外存储器是计算机中的外部设备，用来存放大量的暂时不参加运算或处理的数据和程序，计算机若要运行存储在外存中的某个程序，须将它从外存读到内存中才能执行。其特点是容量大、价格低、可长期保存信息。

外存按存储介质分为磁存储器、光存储器和半导体集成电路存储器。现在常用的外存储器有硬盘、光盘及 U 盘等。

① 硬盘存储器。硬盘驱动器简称硬盘，由于采用了温彻斯特技术，因此又称为温盘驱动器或温盘，它是计算机配置的大容量外部存储器。硬盘采用全密封结构如图 1-5 所示，一般是在铝合金圆盘上涂上磁性物质构成，如图 1-6 所示，它的尺寸主要为 9cm（3.5 英寸），其特点是把磁头、盘片和驱动装置封装在一起。从结构上看分为固定式和移动式，固定式是指把硬盘装置在主机中，不能方便取出，也称为"不可移动的磁盘"；移动式指硬盘放置在主

机之外，方便携带。

图 1-5　硬盘

图 1-6　硬盘盘片

硬盘通常由若干片硬盘片组成盘片组，多个磁头构成。每个磁盘片一般有两个磁表面（磁面），每个磁面可由若干个同心圆组成，每个同心圆叫做磁道，每个磁面的同一磁道形成一个柱面，每个磁道又由若干个扇区构成，扇区是磁盘存放信息的基本单位。

硬盘容量大，现在通常为 80GB、120GB、160GB，甚至更大的 200GB、400GB。磁盘容量的大小可由如下公式计算：

$$磁盘容量 = 磁头数 \times 柱面数 \times 每磁道扇区数 \times 每扇区字节数$$

我们所说的硬盘是指物理盘，在初次使用时，需要对其格式化。为了方便对硬盘上的资源进行管理，通常把硬盘划分为几个逻辑单元，称为逻辑盘，在计算机中从 C 开始标示，称为 C 驱或 C 盘。"C 盘"通常作为系统盘（在其上安装有操作系统），带有启动计算机所必须的信息，以便可以从硬盘启动计算机。

在使用计算机时，一般把常用的软件及其所需的信息存储在硬盘上，以便一开机就可以使用。一个硬盘往往有几个读写磁头，因此在使用的过程中，应注意防止剧烈震动，以免磁头刮伤盘面，磁头受损。磁盘中信息的存储是通过磁盘表面的磁性物质被磁化后方向不同而存放信息的，在使用过程中注意远离磁场。

硬盘具有速度快、容量大、可靠性好、价格较高等特点。

② 光盘存储器。光盘存储器简称光盘，是一种新型的信息存储设备，目前已经成为微型计算机的标准配置设备。

光盘有只读型光盘（Compact Disk-Read Only Memory，CD-ROM），用户只能读出光盘上录制好的信息，而不能写入信息；只写一次型光盘（Write Once Only，WORM），只能向光盘中写入一次信息，且只能读取光盘上的内容；可重写型光盘（Rewriteable），简称 CD-RW，与硬盘一样可以不断地读写光盘上的内容。

世界上第一种光驱的速度为 150KB/s，后来光驱就以这个速度为计数来衡量，如倍速光驱的速度为 300KB/s。现在光驱已从开始的 4 倍速、8 倍速，发展到目前的 40 倍速、50 倍速光驱。

新一代数字多功能光盘（Digital Versatile Disc，DVD），它的大小与 CD-ROM 光盘的大小相同，但这种光盘容量更大，单面单层的 DVD 可存储 4.7GB 的信息，双面双层的 DVD 最高可存储 17.8GB 的信息。DVD 有三种格式，即只读数字光盘、一次写入光盘和可重复写入的光盘。

光盘具有体积小、容量大、携带方便、数据存储安全、可长期保存等特点，使用时注意防尘，避免划伤。

③ U盘。U盘（OnlyDisk，有的称为闪盘、优盘或魔盘）是一种基于USB接口的无需驱动器的微型高容量活动盘，如图1-7所示。与传统的存储设备相比，U盘的主要特点如下所述。

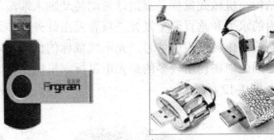

图1-7　U盘

- 体积小，重量仅约20克。
- 容量大（2GB～8GB，以至几十GB）。
- 不需要驱动器，无外接电源。
- 使用简便，即插即用，带电插拔。
- 存取速度快，可靠性好，可擦写达100万次，数据可保存10年。
- 抗震，防潮，携带十分方便。
- USB接口，带写保护功能。

4．输入设备

输入设备是向计算机输入信息的装置，是用于向计算机输入原始数据和处理数据的程序，是计算机与用户进行交流的入口。常用的输入设备有键盘、鼠标、扫描仪、数码相机、条形码读入器等。

（1）键盘。键盘是计算机最主要的输入设备之一，用户通过键盘将字母、数字、符号、汉字等输入到计算机中，也可以通过键盘向计算机发出指令。键盘在计算机系统中起着相当重要的作用。

根据键盘开关的接触方式，可以将键盘分为机械式键盘和电容式键盘。机械式键盘由于机械式触点容易受磨损和造成接触不良，使用寿命短；电容式键盘击键声音小、手感好、寿命长。所以现在几乎都用电容式键盘。

目前常用的键盘有3种：标准键盘（有83个按键）、增强键盘（有101个按键）和微软自然键盘（有104个按键）。有线键盘和无线键盘分别如图1-8和图1-9所示。

图1-8　有线键盘

图1-9　无线键盘

（2）鼠标。自从 Windows 问世以来，鼠标已经成为计算机必备的输入设备，通过一条电缆线与计算机连接，就像老鼠拖着一条长尾巴。在图形化的操作系统中，鼠标可以完成键盘完成的大部分工作，而且更加直观、方便和快捷。

根据鼠标的工作原理，可以将其分成两大类：机械式鼠标和光电式鼠标，这两类鼠标的主要区别在于其传动结构。机械式鼠标是靠滚球带动传动轴末端滚轮上的栅格来转换信号；光电式鼠标是由鼠标内的水平和垂直两个发光二极管发出红外线，经反射后进入鼠标内，由接收管将鼠标产生的明暗变化转换为电信号。光电式鼠标的优点是取样精度高，移动精确，可靠性高，不易磨损，因此现在使用较多的是光电鼠标。机械鼠标、光电鼠标和无线鼠标分别如图 1-10、图 1-11、图 1-12 所示。

图 1-10 机械鼠标　　　　　图 1-11 光电鼠标　　　　　图 1-12 无线鼠标

5．输出设备

输出设备主要用于将计算机处理过的信息保存起来，或以人们能接受的数字、文字、符号、图形和图像等形式显示或打印出来，是计算机与用户进行沟通的窗口。常见的输出设备有显示器、打印机、绘图仪等。

（1）显示器。显示器是计算机最主要的输出设备之一，是人机对话的主要工具。它将计算机操作的各种状态、工作的结果、编辑的文件、程序、图形图像、表格等显示出来，和键盘、鼠标结合起来，方便进行人机对话。

显示器按所采用的显示器件可分为阴极射线管（Cathode Ray Tube，CRT）显示器、液晶显示器（Liquid Crystal Display，LCD）和等离子显示器（Plasma Display Panel，PDP）等。

① CRT 显示器是早期使用的显示器，它的技术成熟，价格便宜，使用寿命长，可靠性较高。它是基于三基色原理制造出来，它的成像利用了人们眼睛的视觉残留特性和荧光粉的余辉作用，如图 1-13 所示。

② LCD 显示器也称为平板显示器，它是一种采用了液晶控制透光度技术来实现色彩的显示器。LCD 具有辐射低甚至零辐射、体积小、能耗低等优点，但相比 CRT 显示器，LCD 显示器图像质量仍不够完善，如图 1-14 所示。

图 1-13 CRT 显示器

CRT 是主动显示，本身就可以发出可见光，而 LCD 显示器是被动发光，本身不发光，依靠外来光线反射后显示，所以 LCD 显示器必须在有光线的情况下使用。

③ PDP 显示器是采用了近几年来高速发展的等离子平面屏幕技术的新一代显示设备，是继 CRT、LCD 后的最新一代显示器，其特点是厚度极薄，分辨率佳。其工作原理类似普通日光灯和电视彩色图像，由各个独立的荧光粉像素发光组合而成，因此图像鲜艳、明亮、干净而清晰，如图 1-15 所示。

图 1-14　LCD 显示器

图 1-15　PDP 显示器

随着 LCD 技术的日益成熟和价格的降低，LCD 显示器迅速得到了普及，已成计算机上主流的显示器，等离子显示器主要用在笔记本计算机和电视显示屏幕上，而 CRT 逐渐地退出了显示器的舞台。

（2）打印机。打印机是计算机系统中常用的输出设备之一，能将计算机处理的结果打印在纸张上，它在计算机系统中是可选的。我们利用打印机可以打印出各种资料、文本、图形、图像等。

打印机分为两大类：击打式与非击打式。击打式的有针式打印机；非击打式的有激光打印机、喷墨打印机、热敏打印机及静电打印机。

① 针式打印机靠打印头上的打印针撞击色带而在纸上留下字迹。其优点是造价低，耐用，可以打蜡纸和多层压感纸等。其缺点是精度低，噪声大，体积也较大，而不易携带，如图 1-16 所示。

② 喷墨打印机的打印头没有打印针，而是一些打印孔。从这些孔中喷出墨水到纸上从而印上字迹。喷墨打印机的优点是宁静无噪声，精度比针式打印机高（一般为 360DPI、720DPI、1200DPI 等），有些型号的喷墨打印机的体积很小，便于携带，价格介于针式打印机与激光打印机之间。其缺点是不能打蜡纸和压感纸，如图 1-17 所示。

③ 激光打印机把电信号转换成光信号，然后把字迹印在复印纸上。其工作原理与复印机相似。不同之处在于：复印机从原稿上用感光来获得信息，而激光打印机从计算机接收信息。激光打印机的优点是印字精度很高。现在的许多报纸、图书的出版稿都是由激光打印机打印的。另一个优点是安静，打印时只发出一点点声音。激光打印机的缺点是造价高，是一般打印机的 2～3 倍，并且不能打蜡纸。激光打印机属于高档打印机，如图 1-18 所示。

图 1-16　针式打印机

图 1-17　喷墨打印机

图 1-18　激光打印机

（二）计算机的软件系统

所谓的软件系统是指计算机正常运行时所必须的各种程序和数据，是为了运行、维护、管理、应用计算机所编制的"看不见"、"摸不着"的程序集合。一台性能优良的计算机硬件系统能否发挥其应有的功能，取决于为之配置的软件是否完善、丰富。因此只有将硬件系统和软件系统有机地组合在一起，形成一个完整的计算机系统，才能使计算机正常运转，发挥出其应有的功能。从计算机系统的角度划分，计算机软件系统分为系统软件和应用软件两大类，如图 1-19 所示。

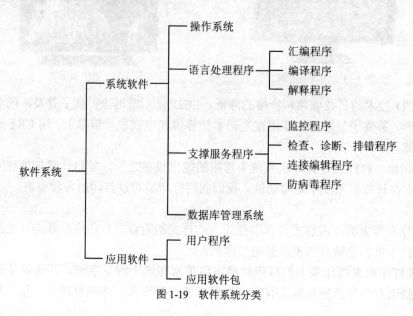

图 1-19　软件系统分类

软件是计算机的灵魂，没有安装软件的计算机称为"裸机"，是无法完成任何工作的。软件系统的层次图如图 1-20 所示。

1．系统软件

系统软件是计算机系统必备的软件，它的主要功能是管理、监控和维护计算机资源（包括硬件资源和软件资源），以及支持应用软件的开发。系统软件可以看做是用户与硬件系统的接口，为用户和应用软件提供了控制和访问硬件的手段。系统软件包括操作系统、语言处理程序、支撑服务程序和数据库管理系统。

图 1-20　软件系统层次结构

（1）操作系统（Operating System）。操作系统是用户操作计算机的界面，在软件系统层次结构中位于底层，其他系统软件和应用软件都是在操作系统上运行的。操作系统主要用来对计算机系统中的各种软硬件资源进行统一的管理和调度。因此，可以说操作系统是计算机软件系统中最重要、最基本的系统软件。计算机的操作系统在 20 世纪 80 年代是字符界面的 MS-DOS，从 20 世纪 90 年代起逐渐成为图形界面的 Windows。

计算机系统的系统资源包括 CPU、内存、输入/输出设备及存储在外存中的信息。因此，操作系统由以下 4 部分组成。

- 对 CPU 的使用进行管理的进程调度程序。
- 对内存分配进行管理的内存管理程序。
- 对输入/输出设备进行管理的设备驱动程序。
- 对外存中信息进行管理的文件系统。

（2）程序设计语言。程序设计语言是用来编写程序的计算机语言，它是人与计算机进行信息交换的工具。通常用户使用程序设计语言编写程序，计算机根据程序完成用户所要求完成的各项工作。

程序设计语言是软件系统的重要组成部分，一般它可以分为机器语言、汇编语言、高级语言。

① 机器语言。机器语言（Machine Language）是由二进制代码"0"、"1"组成的计算机能够直接识别和执行的语言。用机器语言编写的程序称为机器语言程序，又称为目标程序，是完全面向机器的指令序列。这种语言编写的程序优点是能够直接被计算机所执行，因此节省内存，且运行速度快。缺点是指令难读、难记、难编程、难修改，由于机器语言与具体机型密切相关，因此编写的程序通用性差，难以推广。

② 汇编语言。汇编语言（Assemble Language）又称符号语言，是用约定的英语符号（助记符）来表示机器语言中的指令和操作数，是符号化的机器语言。使用汇编语言时，不需要直接用"0"、"1"来编写程序，但它仍要一条指令一条指令地编程。用汇编语言编写的程序称为"汇编语言源程序"，不能直接由计算机执行，必须经过相应的语言处理程序"翻译"（即汇编）成机器语言后才能执行。

③ 高级语言。高级语言（High Level Programming Language）是一种与人的自然语言和数学语言相接近的，且易学、易懂、易书写的语言。用高级语言编写的程序称为"源程序"，这个程序也必须经过语言处理程序的"翻译"，变成机器语言后才能被计算机识别、执行。我们把翻译后形成的机器语言程序称为"目标代码"。

（3）语言处理程序。语言处理程序是将程序设计语言编写的源程序转换成机器语言的形式，以便计算机能够执行，这一转换过程由翻译程序来完成。翻译程序除了要完成语言间的转换外，还要进行语法、语义等方面的检查，翻译程序统称为语言处理程序，共有3种：汇编程序、编译程序和解释程序。

所谓的汇编方式是将用汇编语言编写的源程序翻译成机器语言程序，以便计算机能够识别、执行，如图1-21所示。

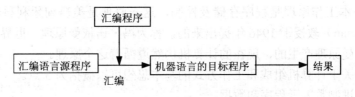

图1-21　汇编语言源程序的执行过程

所谓的编译方式就是把源程序用编译程序翻译成相应的机器语言的目标代码，然后通过连接装配程序连接成可执行程序，再运行可执行程序，得到结果。下次再运行该程序时，只需直接运行可执行程序，不必重新编译、连接，因此执行速度快，但由于需要保存目标代码，因此程序占用内存较多。高级语言中如 C 语言、PASCAL 语言、FORTRAN 语言等翻译时采用编译方式，如图1-22所示。

所谓的解释方式就是将源程序输入计算机后，翻译程序翻译一条语句，计算机就执行一条语句，执行完就得到结果，而不必保留解释所得的机器代码，下次再运行该程序时，还要重新再翻译、执行，因此速度慢，同样，由于不保存翻译的机器代码，程序占用内存较少。高级语言中 BASIC 语言翻译时就采用解释方式，如图1-23所示。

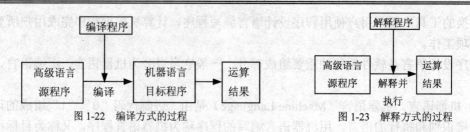

图 1-22　编译方式的过程　　　　　　　图 1-23　解释方式的过程

（4）系统支撑服务程序。系统支撑服务程序又称为实用程序，如系统诊断程序、调试程序、排错程序、编辑程序及查杀病毒程序等。这些程序都是用来维护计算机系统的正常运行或进行系统开发的。

（5）数据库管理系统。数据库管理系统用来建立存储各种数据资料的数据库，并对其进行操作和维护。在微型计算机上使用的关系型数据库管理系统有 Access、SQL Server 和 Oracle 等。

2．应用软件

为解决各种计算机应用问题而编制的应用程序称为应用软件，它具有很强的实用性。如工资管理程序、图书资料检索程序、办公自动化软件等。应用软件又分为用户程序和应用软件包两种。

（1）用户程序。用户为解决自己的问题而开发的软件称为用户程序，如各种计算程序、数据处理程序、工程设计程序、自动控制程序、企业管理程序和情报检索程序等。

（2）应用软件包。应用软件包是为实现某种特殊功能或特殊计算而设计的软件系统，可以满足同类应用的许多用户。一般来讲，各种行业都有适合自己使用的应用软件包。如用于办公自动化的 Office，它包含有字处理软件 Word、电子表格软件 Excel、文稿演示软件 PowerPoint、数据库软件 Access 和电子邮件管理程序 Outlook 等。

三、计算机系统的工作原理

计算机的基本工作原理是程序存储及控制，这一原理是美籍匈牙利科学家冯·诺依曼（John von Neumman）教授于 1946 年提出来的，称为冯·诺依曼原理。世界上第一台计算机是基于冯·诺依曼原理产生的，现在的计算机仍然遵循着这个原理。

冯·诺依曼关于计算机组成和工作方式的基本思想可以概括为 3 点。

■　采用二进制数表示程序和数据。

■　存储程序、程序控制。

■　计算机由运算器、控制器、存储器、输入和输出设备 5 大功能部件组成，并规定了这 5 大部分的基本功能。

计算机要完成自动连续运算，必须在开始工作后自动地按程序中规定的顺序取出要执行的指令，然后执行其操作。计算机要执行程序中每一条指令才能完成任务。

（一）指令和程序

1．指令

下面通过一个简单的例子来看计算机做两个数相加的解题过程。假定已经将要参加加法运算的两个整数存储在内存单元中，这两个数相加的计算机解题过程可分解为下面的步骤。

① 把第一个数从它的存储单元中取出来，送到运算器中。

② 把第二个数从它的存储单元中取出来，送到运算器中。

③ 两数相加。

④ 将计算结果送到存储器指定的单元中。

⑤ 运算结束。

上面的取数、相加、存数等操作都是计算机中的基本操作，将这些基本操作用命令的形式写下来，就是计算机的指令（Instruction）。也就是说，指令是人们对计算机发出的工作命令，告诉计算机要进行的操作。通常一条指令对应一种基本操作。

指令通常由一串二进制数组成，也称为机器指令。一条指令通常包括操作码和地址码两部分。

■ 操作码：指出机器要执行的操作。

■ 地址码：指出要操作的数据（操作对象）在存储器中的存放地址，以及操作结果要存放的地址。

一台计算机可以有许多指令，所有指令的集合称为它的指令集（Instruction Set），又称为指令系统。各种类型的计算机的指令系统都不尽相同，不同的指令系统中的指令数目和功能存在着很大的差异。指令系统的内核是硬件，随着硬件成本的下降，人们为提高计算机的适用范围，不断地增加指令系统中的指令，以求尽可能缩小指令系统与高级语言的语义差异，而在增加新的指令系统时，仍然保留了老机器指令系统中的所有指令，使用这些指令的计算机称为"复杂指令计算机"（CISC）。测试结果表明，计算机常用的是仅占20%的一些简单指令。因此，1975年IBM公司提出精简指令系统的设想，选择使用频率较高、长度固定、格式种类和指令寻址方式少的指令构造了"精简指令计算机"（RISC）。

指令的执行过程是这样的：先将要执行的指令从内存读到CPU中，然后由CPU对读入的指令进行分析，判断该指令要完成什么操作，最后向相关部件发出完成该操作的控制信号，从而完成该指令的功能。一个指令的执行时间称为一个指令周期，它至少包括两部分：取指令周期和执行指令周期。

2. 程序

所谓的程序是指令的有序组合，即用计算机能够读懂的"语言"（即指令集）进行解题，而解决问题的过程就是指令的有序组合过程，也称程序设计过程。要使计算机能够按照我们的要求去解决问题，就必须告诉计算机"该做什么"和"如何去做"，即通过我们对问题的分析、判断，找出解决问题的数学模型和解题方法，然后用计算机能理解的"语言"（即指令）把解题过程描述出来，写出一系列的指令形式。我们把这一系列的指令序列称为程序，这个过程称之为程序设计，也叫编程。

当把程序输入到计算机中，并让该程序执行时，计算机按照一定的次序依次取出指令，并根据指令的要求进行运算，这个过程就是程序执行过程。

（二）计算机的工作过程

在前面的计算机系统组成中，我们知道计算机主要由运算器、控制器、存储器、输入及输出设备这5大部分组成。计算机的工作都是在控制器的控制下进行的，它们的工作过程如图1-24所示。

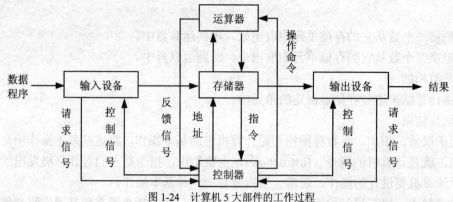

图 1-24　计算机 5 大部件的工作过程

计算机的工作过程由以下几步组成。

① 控制器控制输入设备将数据和程序输入到内存中。

② 在控制器的指挥下，从存储器中取出指令到控制器。

③ 控制器分析指令，指挥运算器、存储器执行规定的操作。

④ 运算结果由控制器控制送到存储器保存，或送到输出设备输出。

⑤ 返回第 2 步，继续取下一条指令，然后执行，直到程序结束。

四、计算机内的信息表示方法

在计算机中，各种信息都是以二进制数的形式表示的，这是由计算机电路所采用的元器件决定的。计算机中采用了具有两个稳定状态的二值电路：用低电位表示"0"，高电位表示"1"。采用这种进位制具有运算简单、电路实现方便、成本低的特点。

（一）数制

按进位的原则进行的计数方法称为进位计数制，数的进位计数制简称为数制，如我们熟悉的十进制，计数时逢十进一，十进制就是一种进位计数制。在计算机内各种信息都是以二进制的形式表示的，但由于二进制书写冗长、易错、难记，而十进制和二进制之间的转换复杂，所以在设计和研究计算机时，通常使用十六进制数和八进制数。

1. 数制的要点

任何一种数制，都具有如下的 4 个要点。

基数：不同的数制基数不同，如十进制的基数是 10，二进制的基数为 2，r（任意进制）进制的基数为 r。

数码：不同的数制使用不同的数码符号，如十进制的数码为 0、1、2、……、9，二进制的数码为 0、1，r（任意进制）进制的数码为 0、1、……、$r-1$。

进位原则：不同数制的进位规则不同，如十进制逢十进一，二进制逢二进一，r（任意进制）进制逢 r 进一。

位权：即每一位数位上数码所具有的权，如十进制某数位上的位权为 10^i，二进制某数位上的位权为 2^i，r（任意进制）进制某数位上的位权为 r^i，其中 i 取值为整数。

2. 计算机中常用数制

在计算机中，常用的是二进制、八进制和十六进制。表 1-1 所示的是计算机中常用的几种进制数的表示。表 1-2 所示为计算机中常用数制的对照关系。

表 1-1 　　　　　　　　　　　　　计算机中常用的几种进制数的表示

进位制	二进制	八进制	十进制	十六进制
基数	2	8	10	16
数码	0、1	0、1、……、7	0、1、……、9	0、1、……、9，A、B、……、F
进位规则	逢二进一	逢八进一	逢十进一	逢十六进一
位权	2^i	8^i	10^i	16^i
标示符号	B	O 或 Q	D	H

为了区别不同数制表示的数，一般采用括号外面加数字下标的表示方法，或在数字后面加上相应的标识来表示，如十六进制数 3BE 可表示为 $(3BE)_{16}$ 或 3BEH。

表 1-2 　　　　　　　　　　　　　　计算机中常用数制的对照关系

二进制	八进制	十进制	十六进制	二进制	八进制	十进制	十六进制
0	0	0	0	1000	10	8	8
1	1	1	1	1001	11	9	9
10	2	2	2	1010	12	10	A
11	3	3	3	1011	13	11	B
100	4	4	4	1100	14	12	C
101	5	5	5	1101	15	13	D
110	6	6	6	1110	16	14	E
111	7	7	7	1111	17	15	F

3．位权展开式

若用 r 表示某进制数 N 的基数，用 a_{n-1}，a_{n-2}，……，a_1，a_0 表示组成该进制数 N 的数字，则该数可按如下公式展开：

$$(N)_R = a_{n-1} \times r^{n-1} + a_{n-2} \times r^{n-2} + \ldots + a_1 \times r^1 + a_0 \times r^0 + \ldots a_{-m} r^{-m} = \sum_{i=-m}^{n-1} a_i r^i$$

其中 a 为某数制的数码，r^i 表示数的位权，m，n 为正整数，表示最低位和最高位的位序号，i 表示位序号，个位为 0，向高位（左边）依次加 1，向低位（右边）依次减 1，该公式又称为位权展开式。

例如，一个十进制数 2483.15 可以表示成如下形式：

$$2483.15D = 2 \times 10^3 + 4 \times 10^2 + 8 \times 10^1 + 3 \times 10^0 + 1 \times 10^{-1} + 5 \times 10^{-2}$$

又如，一个二进制数 11001.101 可以表示成如下形式：

$$(11001.101)_2 = 1 \times 2^4 + 1 \times 2^3 + 0 \times 2^2 + 0 \times 2^1 + 1 \times 2^0 + 1 \times 2^{-1} + 0 \times 2^{-2} + 1 \times 2^{-3}$$

（二）不同计数制之间的等值转换

1．二进制数、八进制数、十六进制数转换为十进制数

转换规则：按位权展开求和。

【例 1.1】 将二进制数 1010.101 转换成十进制数。

$1010.101B = 1 \times 2^3 + 0 \times 2^2 + 1 \times 2^1 + 0 \times 2^0 + 1 \times 2^{-1} + 0 \times 2^{-2} + 1 \times 2^{-3} = 10.625D$

【例1.2】 将八进制 753.65 转换成十进制数。

$(753.65)_8 = 7 \times 8^2 + 5 \times 8^1 + 3 \times 8^0 + 6 \times 8^{-1} + 5 \times 8^{-2} = 491.828125D$

【例1.3】 将十六进制数 A85.76 转换成十进制数。

$(A85.76)_{16} = 10 \times 16^2 + 8 \times 16^1 + 5 \times 16^0 + 7 \times 16^{-1} + 6 \times 16^{-2} = 2693.4609375D$

2．十进制数转换为二进制数、八进制数、十六进制数。

转换规则如下所述。

整数部分：用除 R（基数）取余法则（规则：先余为低，后余为高），即转换中除以基数（2、8 或 16）取余数，直到商为 0，最后得到的余数倒序读出，即为转换后的整数部分。

小数部分：用乘 R（基数）取整法则（规则：先整为高，后整为低），即转换中乘以基数（2、8 或 16）取整数，直到小数部分的位数达到要求的精度时为止。

【例1.4】 将十进制数 27.25 转换成二进制数。

① 用"除 2 取余"法先求出整数 27 对应的二进制数。

```
2 │ 27        余数
2 │ 13 ······················ a_0  1
2 │  6 ······················ a_1  1
2 │  3 ······················ a_2  0
2 │  1 ······················ a_3  1
      0 ······················ a_4  1
```

② 用"乘 2 取整"法求出小数 0.25 对应的二进制数。

```
         0.25
       ×    2
        0.5          0.5
                   ×    2
                    1.0
         a_1         a_2
```

③ 由此可得 $(27.25)_{10} = (11011.01)_2$

【例1.5】 将十进制数 153.245 转换成八进制数。

① 用"除 8 取余"法先求出整数 153 对应的八进制数。

```
8 │ 153       余数
8 │  19 ······················ a_0  1
8 │   2 ······················ a_1  3
      0 ······················ a_2  2
```

② 用"乘 8 取整"法求出小数 0.245 对应的八进制数。

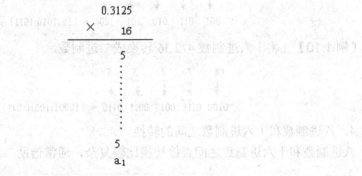

③ 由此可得 $(153.245)_{10} = (231.175)_8$。

【例 1.6】　将十进制数 25.3125 转换成十六进制数。

① 用"除 16 取余"法先求出整数 25 对应的十六进制数。

$$
\begin{array}{r|l}
16 & 25 \qquad 余数 \\
\hline
16 & 1 \qquad 9 \cdots\cdots\cdots\cdots\cdots\cdots\cdots a_0 \\
\hline
& 0 \qquad 1 \cdots\cdots\cdots\cdots\cdots\cdots\cdots a_1 \\
\end{array}
$$

② 用"乘 16 取整"法求出小数 0.3125 对应的十六进制数。

$$
\begin{array}{r}
0.3125 \\
\times \quad 16 \\
\hline
5 \\
\vdots \\
5 \quad a_1
\end{array}
$$

③ 由此可得 $(25.3125)_{10} = (19.5)_{16}$。

3．二进制数与八进制数、十六进制数之间的转换

转换规则：从 $2^3 = 8$、$2^4 = 16$ 可以看出，每位八进制数可用 3 位二进制数表示，每位十六进制数可用 4 位二进制数表示。所以，二、八进制之间的转换可用三位一组法，即三位二进制数转换成一位八进制数，一位八进制数转换成三位二进制数；二、十六进制之间的转换用四位一组法，即四位二进制数转换成一位十六进制数，一位十六进制数转换成四位二进制数。二进制数与八进制数之间的转换如表 1-3 所示，二进制数与十六进制数之间的转换如表 1-4 所示。

表 1-3　　　　　　　　　　二进制数与八进制数之间的转换对应表

八进制数	0	1	2	3	4	5	6	7
二进制数	000	001	010	011	100	101	110	111

表 1-4			二进制数与十六进制数之间的转换对应表				
十六进制	0	1	2	3	4	5	6	7
二进制	0000	0001	0010	0011	0100	0101	0110	0111
十六进制	8	9	A	B	C	D	E	F
二进制	1000	1001	1010	1011	1100	1101	1110	1111

【例 1.7】 将二进制数 11001.0101 转换成八进制数。

$$(11001.0101)_2 = (011\ 001.010\ 100)_2$$

$$3\quad 1\quad 2\quad 4$$

$$= (31.24)_8$$

【例 1.8】 将二进制数 11001.0101 转换成十六进制数。

$$(11001.0101)_2 = (0001\ 1001.0101)_2$$

$$1\quad 9\quad 5$$

$$= (19.5)_{16}$$

【例 1.9】 将八进制数 132.54 转换成二进制数。

$$(1\quad 3\quad 2.\quad 5\quad 4)_8$$

$$001\quad 011\quad 010\quad 101\quad 100 = (1011010.1011)_2$$

【例 1.10】 将十六进制数 472.36 转换成二进制数。

$$(4\quad 7\quad 2.\quad 3\quad 6)_{16}$$

$$0100\quad 0111\quad 0010\quad 0011\quad 0110 = (10001110010.011)_2$$

4. 八进制数和十六进制数之间的转换

八进制数和十六进制数之间直接转换比较复杂，通常借助二进制进行，如图 1-25 所示。

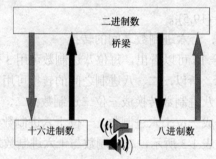

图 1-25 八进制和十六进制的转换

（三）二进制数的运算

1. 计算机采用二进制的原因

（1）可行性。使用二进制数，只需表示"0"和"1"两个状态，这在技术上容易实现。

电子器件大多能表示两个稳定状态，如开关的接通与断开、晶体管的导通与截止、电压电平的高低等。也就是说，电子元器件是因采用二进制而具有了可行性。

（2）可靠性。使用二进制数，只有两个状态，数字的传输和处理不容易出错，计算机的可靠性高。

（3）简易性。二进制数的运算规则比较简单。由于二进制运算法则少，计算机中运算器的结构大大简化，控制也变得简单明了。

（4）逻辑性。由于二进制数只有 0 和 1 两个数码，从而简化了计算机在逻辑运算方面的设计。

2．二进制的运算

（1）算术运算。二进制的算术运算包括加、减、乘、除，下面是二进制的算术运算规则。

加法：$0+0=0$　$1+0=0+1=1$　$1+1=1$

减法：$0-0=0$　$0-1=1$　$1-0=1$　$1-1=0$

乘法：$0\times0=0$　$0\times1=1\times0=0$　$1\times1=1$

除法：$0/1=0$　$1/1=1$

（2）逻辑运算。逻辑运算是逻辑变量之间的运算，运算的结果不表示数值的大小，而表示逻辑概念，即成立还是不成立，或者满足给定条件还是不满足。通常规定用"1"表示逻辑真（即成立），用"0"表示逻辑假（即不成立）。

① 或运算："∨"或"OR"。

$$0\vee0=0\qquad 0\vee1=1\qquad 1\vee0=1\qquad 1\vee1=1$$

在或运算中，当两个逻辑值有一个为 1 时，结果就为 1，否则为 0。

【例 1.11】　要得到成绩 X 不及格（小于 60 分）或者优秀（大于 90 分）的分数段的人数，可用或运算可表示为：

$$（X<60）\vee（X>90）$$

② 与运算："∧"或"AND"。

$$0\wedge0=0\qquad 0\wedge1=0\qquad 1\wedge0=0\qquad 1\wedge1=1$$

在与运算中，当两个逻辑值都为 1 时，结果才为 1，否则为 0。

【例 1.12】　若合格产品的标准需控制在 200～300，要判断某一产品质量参数 X 是否合格，可用与运算表示为：

$$（X>200）\wedge（X<300）$$

③ 非运算："-"或"NOT"。在非运算中，对每位的逻辑值取反。

规则：$\bar{0}=1$　$\bar{1}=0$

【例 1.13】　$\overline{1011}=0100$

④ 异或运算："+"。

$$0+0=0\qquad 0+1=1\qquad 1+0=1\qquad 1+1=0$$

在异或运算中，当两个逻辑值不相同时，结果为 1，否则为 0。

（四）计算机中数据的表示

1．数据及数据单位

（1）数据。广义上的数据是指表达现实世界中各种信息的一组可以记录和识别的标记或符号，它是信息的载体和具体表现形式。在计算机领域中，狭义的数据是指能够被计算机处理的数字、字母和符号信息的集合。计算机要处理信息，首先要将信息表示成具体的数据形式。

（2）计算机中数据的单位。位（bit）是计算机中最小的数据单位。二进制的一个数位，称为一个比特，简称位。1 位二进制只能表示两种状态，即 "0" 或 "1"，n 位二进制能表示 2^n 种状态。

字节：字节（Byte）由相邻 8 个比特位所组成，一般用字母 B 表示，是计算机中用来表示存储容量大小的基本单位。另外，常见的容量单位还有 KB、MB、GB、TB 等。

字：字（Word）在计算机中作为一个整体被存取、传送、处理的二进制数位，是计算机一次可以同时处理的二进制数。字是位的组合，并作为一个独立的信息单位处理，每个字中二进制位数的长度，称为字长，它一般为 8 的整数倍。字长越长，计算机的运算速度越快，精度也越高。字长通常是计算机性能的一个标志。

2．数值型数据的表示

计算机中使用二进制数，所有的符号、数的正负号，都是用二进制数值代码表示的。在数值的最高位用 "0" 和 "1" 分别表示数的正、负号。一个数（包括符号）在计算机中的表示形式称为机器数，机器数将符号位和数值位一起编码，机器数对应的原来数值称为真值。机器数有 3 种编码形式：原码、补码和反码。

（1）原码、补码和反码表示

① 原码表示法。原码是一种直观的二进制机器数表示形式。原码的表示法规定：用符号位和数值表示带符号数，数值用绝对值表示，符号位在最高位。最高位为 "0"，表示该数为正数，最高位为 "1"，表示该数为负数，写作[X]原。

【例 1.14】 在 8 位二进制数中，十进制数 + 22 和–22 的原码表示为：

$$[+22]_原 = 00010110$$

$$[-22]_原 = 10010110$$

在原码表示中，对 0 有两种表示形式：

$$[+0]_原 = 00000000 \qquad [-0]_原 = 10000000$$

② 反码表示法。反码的表示法规定：正数的反码与原码相同，等于这个数本身；负数的反码符号位不变，其余各位取反。

【例 1.15】 　X1 = +11011100 　　　X2 = –11011010

$$[X1]_原 = 01101110 \qquad [X1]_反 = [X1]_原 = 01101110$$

$$[X2]_原 = 11011010 \qquad [X2]_反 = 10100101$$

在反码表示法中，对 0 也有两种表示形式：

$$[+0]_反 = [+0]_原 = 00000000 \qquad [-0]_反 = 11111111$$

③ 补码表示法。求一个二进制数补码的方法是：正数的补码与其原码相同；负数的补码是把其原码除符号位外的各位先求其反码，然后在最低位加 1。

【例 1.16】 +4 和–4 的补码表示为：

$$[+4]_补 = 00000100$$

$$[-4]_补 = 11111100$$

总结以上规律，可得到如下公式：X － Y = X + （Y 的补码）= X + （Y 的反码 + 1）。

（2）定点数和浮点数。

在计算机中，一个数如果小数点的位置是固定的，则称为定点数，否则称为浮点数。

① 定点数。定点数一般把小数点固定在数值部分的最高位之前，即在符号位与数值部分之间，或把小数点固定在数值部分的最后面。前者将数表示成纯小数，后者把数表示成整数。

② 浮点数。浮点数是指在数的表示中，其小数点的位置是浮动的。

3．字符型数据的表示

字符是人与计算机在交互过程中不可缺少的重要信息，要使计算机能处理、存储字符信息，必须用二进制数"0"、"1"对字符进行编码。计算机中常见的字符型编码有 ASCII、汉字机内码、汉字输入码、汉字字模码等。

（1）ASCII 码。ASCII（American Standard Code for Information Interchange，美国标准信息交换码），是被国际标准化组织所采用的计算机在相互通信时共同遵守的标准。ASCII 有两种：7 位 ASCII 码和 8 位 ASCII 码，后者称为扩充 ASCII 码。国际通用的是 7 位 ASCII 码，它是用 7 为二进制数对大、小写英文字母、阿拉伯数字、标点符号及控制符等特殊符号进行编码。它以字节的形式存储，因此，需要在 7 位 ASCII 码的最高位补零以构成一个字节。具体的对应关系详见表 1-5。

表 1-5　　　　　　　　　　　　　7 位 ASCII 编码表

$B_4B_3B_2B_1$ ＼ $B_7B_6B_5$	000	001	010	011	100	101	110	111
0000	NUL	DLE	空格	0	@	P	`	p
0001	SOH	DC1	!	1	A	Q	a	q
0010	STX	DC2	"	2	B	R	b	r
0011	ETX	DC3	#	3	C	S	c	s
0100	EOT	DC4	$	4	D	T	d	t
0101	ENQ	NAK	%	5	E	U	e	u
0110	ACK	SYN	&	6	F	V	f	v
0111	BEL	ETB	'	7	G	W	g	w
1000	BS	CAN	(	8	H	X	h	x
1001	HT	EM	)	9	I	Y	i	y
1010	LF	SUB	*	:	J	Z	j	z
1011	VT	ESC	+	;	K	[	k	{
1100	FF	FS	,	<	L	\	l		
1101	CR	GS	−	=	M	]	m	}
1110	SO	RS	.	>	N	^	n	~
1111	SI	US	/	?	O	_	o	DEL

从表 1-5 可以看出，ASCII 码共包含 $2^7 = 128$ 个不同的编码，也就是 128 个不同的字符。其中，前 32 个和最后一个为控制码，是不可显示或打印的，主要用于控制计算机某些外围设备的工作特性和某些计算机软件的运行情况。比如，CR（Carriage Return）称为回车字符，是换行控制符；BEL（Bell Character）称为报警字符，是通信用的控制字符，可以作为报警装置或类似的装置发出报警的信号。其余 95 个为可打印/显示字符（但空格也是看不见的，因此实际可打印/显示的字符为 94 个），包括英文大小写字母 52 个，0～9 共 10 个数字，标点符号、运算符号和其他符号共 33 个。

ASCII 码表中的可打印字符在键盘上都可以找到。在按键时，一方面显示器上显示出相应的字符，另一方面该字符的 ASCII 码将输入存储器中等待用户的处理。

计算机中字符的处理实际上是对字符 ASCII 码进行的处理。例如，比较字符"B"和"G"的大小实际上是对"B"和"G"的 ASCII 码 66 和 71 进行比较。输入字符时，该键所对应的 ASCII 码即存入计算机。将一篇文章输入完成后，计算机中实际存放的是一串 ASCII 码。

（2）汉字的编码。汉字和英文的主要区别在于英文是拼音文字，汉字是表意文字；英文字母只有 26 个，汉字多达 5 万个以上，常用汉字也有 6000 多个；汉字的同音字很多，一个音往往会有几个甚至几十个字；英文排序简单，汉字排序复杂。因此，汉字编码不可能像英文那样一字一码，显然要比英文编码复杂得多。

① 汉字交换码。1981 年我国颁布实施了 GB 2312—80《信息交换用汉字编码字符集•基本集》。它是汉字交换码的国家标准，所以又称为"国标码"。该标准收录了 6763 个常用汉字（其中一级汉字 3755 个，按汉语拼音排序；二级汉字 3008 个，按偏旁部首排序），以及英、俄、日文字母与其他符号 682 个，共计 7445 个符号。

每个汉字或符号都用两个字节表示，其中每个字节的编码从 20H～7EH，即十进制的 33～126，这与 ASCII 码中的可打印字符的取值范围是相同的，都是 94 个。这样两个字节可以表示的字符数为 $94 \times 94 = 8836$ 个。

国标码字符集的划分如表 1-6 所示。

表 1-6 国标码字符集的划分

00············20		21	22	23	…	7C	7D	7E
00～20	位区	1	2	3	…	92	93	94
21～2F	01～15	非汉字图形符号（常用符号，数字序号，俄、法、希腊字母，日文假名等）						
30～57	16～55	一级汉字（3755 个）						
58～77	56～87	二级汉字（3008 个）						
78～7E	88～94	空白区						
7F								

实际上在 GB 2312—80 中，所有的国标汉字与符号组成一个 94×94 的矩阵，该矩阵中每一行称为"区"，每一列称为"位"。汉字的区位码是汉字所在区号和位号相连得到的。在连续的两个字节中，高位字节为区号，低位字节为位号。

随着 Internet 的发展，国家信息标准化委员会于 2000 年 3 月 17 日公布了 GB 18030—2000

《信息技术、信息交换用汉字编码字符集·基本基的扩充》。该标准共收录了 27000 多个汉字，可以满足人们对信息处理的需要。

② 汉字机内码（内码）。汉字机内码是汉字在计算机中的存储码，它的作用是统一了各种不同汉字输入码在计算机内的表示。为了将汉字的各种输入码在计算机内部统一起来，就有了专用于计算机内部存储汉字使用的汉字机内码，用以将输入时使用的各种汉字输入码统一转换成汉字机内码进行存储，以方便机内的汉字处理。汉字机内码是计算机内部存储、处理的代码。

计算机既要处理汉字，又要处理英文字符。因此，这就要求计算机必须能区别汉字字符和英文字符。英文字符的机内码是最高位为 0 的 8 位 ASCII 码，为了不与 ASCII 码发生冲突，把国标码每个字节的最高位由 0 改为 1，其余位不变。

③ 汉字输入码（外码）。英文的输入码与机内码是一致的，而汉字输入码是指直接从键盘输入的各种汉字输入法的编码，是为了通过键盘字符把汉字输入计算机而设计的一种编码。如区位码、拼音码、五笔字型码等，它与机内码是不同的。对于不同的汉字输入方法，其输入编码是不同的，但存入计算中的必须是它的机内码，与采用的输入法无关。

④ 汉字字形码（输出码）。汉字字形码又称汉字字模，是在显示和打印汉字时用到的。一般显示用 16×16 点阵，打印用 24×24、32×32、48×48 等点阵。点阵越多，打印出的字体越好看，但汉字占用的存储空间也越大。例如，一个 16×16 点阵占用的存储空间为 32 字节（$2 \times 16 \times 8 = 32 \times 8$），一个 24×24 点阵占用的存储空间为 72 字节（$3 \times 24 \times 8 = 72 \times 8$）。

五、计算机中的信息安全

（一）信息安全基础

1. 信息安全描述

信息（数据）安全是指保护计算机系统中的资源（包括计算机软件、硬件、存储介质、网络设备和数据等免受毁坏、泄露、替换、窃取或丢失等，包括计算机系统安全和计算机网络安全。

2. 常见的安全问题

我们常遇到的安全问题主要是数据的丢失、被盗及损坏。

数据的丢失指的是数据不能被访问，一般是由于数据被删除引起的，删除的原因可能是偶然的误操作，可能是存储设备的故障，也有可能是他人的故意破坏。

数据被盗通常是指未经授权的访问或者拷贝，并不一定意味着数据丢失。同时，如果系统没有很好的安全措施，数据被盗，还是难发现。

数据损坏是指数据发生了改变，从而不能反映正确的结果。例如，不正确地关闭系统或者临时的电源故障或人为蓄意的破坏行为，都会导致数据损坏。

另外，还可能会遇到系统、网络等方面的安全问题。安全问题的产生原因是多方面的，有些可能是蓄意的、难以预防的攻击；但也有许多是微不足道因而也特别容易被忽视的原因。

3. 引发安全问题的偶然因素

（1）操作失误。这是每一个计算机操作者都会犯的错误。例如，对操作的文档未加保存、用老的版本文件覆盖了新的版本文件、删除掉还需要保存的文件。

（2）电源问题。偶然的断电、电压的突然波动，都会对系统产生严重的影响。由于断电，正在运行的程序会崩溃，保存在内存中的数据会全部丢失；由于电压的波动，可能会损坏计算机的电路板或者其他部件。

（3）硬件故障。几乎所有的计算机部件都有可能发生故障。I/O 接口损坏、磁介质损坏、板卡接触不良等都是很常见的硬件故障，另外，内存错误导致的系统运行不稳定也是常见的故障。

（4）自然灾害。自然灾害主要包括各种天灾，如火灾、水灾、风暴等，这是难以避免的。而我们应该考虑的是：当灾害发生后如何控制损失，使损失降到最低。

4．引发安全问题的人为因素

随着人们安全意识的提高和自身意识的增强，偶然因素引发的越来越少，大部分的安全问题是人为造成的。

（1）人为制造的破坏性程序。常见的蠕虫、木马和间谍软件等都是人为制造的破坏性程序。这些程序本身一般都不大，其破坏性或者造成的损失却非常惊人。

① 蠕虫。蠕虫是一种小型的计算机程序，它能够自动地将自己从一台计算机复制到另一台计算机，传染途径是通过网络和电子邮件。一旦你的系统感染蠕虫，蠕虫即可独自传播，它也可以控制计算机的传播功能，最危险地是，蠕虫可大量复制。例如，蠕虫可向电子邮件地址薄中的所有联系人自动发送自己的副本，那些联系人的计算机也将执行同样的操作，造成多米诺效应，结果消耗掉网络的带宽，降低网速，甚至导致网络堵塞。

从 2004 年起，MSN、QQ 等聊天软件开始成为蠕虫病毒传播的途径之一。"性感烤鸡"病毒就通过 MSN 软件传播，在很短的时间内席卷全球，一度造成中国大陆地区部分网络运行异常。对于普通用户来讲，防范聊天蠕虫的主要措施之一，就是提高安全防范意识，对于通过聊天软件发送的任何文件，都要经过好友确认后再运行；不要随意单击聊天软件发送的网络链接。

蠕虫病毒比较常见，比如近几年危害很大的"尼姆亚"病毒就是蠕虫病毒的一种，2006年春天流行的"熊猫烧香"以及其变种也是蠕虫病毒。这一病毒利用了微软视窗操作系统的漏洞，计算机感染这一病毒后，会不断地自动拨号上网，并利用文件中的地址信息或者网络共享进行传播，最终破坏用户的大部分重要数据。蠕虫病毒的一般防治方法是：使用具有实时监控功能的杀毒软件，并且注意不要轻易打开不熟悉的邮件附件。

② 特洛伊木马。特洛伊木马没有复制能力，它的特点是伪装成一个实用工具或者一个可爱的游戏，诱使用户将其安装在 PC 或者服务器上，一旦用户禁不起诱惑运行或安装了认为是合法来源的程序，特洛伊木马便趁机传播，结果将危害计算机安全，并导致严重破坏计算机程序。最近的特洛伊木马以电子邮件的形式出现，电子邮件包含的附件声称是微软安全更新程序，但实际上是一些试图禁用防病毒软件和防火墙软件的病毒程序。特洛伊木马也可能包含在免费下载软件中，所以切勿从不信任的来源下载软件。

木马程序不能算是一种病毒，但可以和最新病毒、漏洞利用工具一起使用，几乎可以躲过各大杀毒软件，尽管现在有越来越多的新版杀毒软件，可以查杀一些防杀木马了，所以不要认为使用有名的杀毒软件计算机就绝对安全，木马永远是防不胜防的，除非你不上网。

③ 间谍软件。间谍软件是一种能够在用户不知情的情况下，在其计算机上安装后门、收集用户信息的软件。它能够削弱用户对其使用经验、隐私和系统安全的物质控制能力，使用用户的系统资源，包括安装在他们计算机上的程序；或者搜集、使用、并散播用户的个人

信息或敏感信息。

间谍软件包括很多与恶意程序相关的程序，不仅涉及广告软件、色情软件和风险软件程序，还包括许多木马程序。间谍软件还有一个副产品，影响网络性能，减慢系统速度，进而影响整个商业进程。进几年来，间谍软件对计算机的破坏性正在迅速上升。

（2）黑客。"黑客"一词是由英语 Hacker 音译出来的，原指热心于计算机技术、水平高超的计算机专家，尤其是程序设计人员。但到了今天，黑客一词已被用于泛指那些专门利用网络搞破坏或恶作剧的人，他们非法闯入重要网站，窃取重要的信息资源、篡改网址信息，删除该网址的内容等。

目前，黑客已经成为一个特殊的社会群体，黑客组织在 Internet 上利用自己的网站介绍黑客攻击手段、免费提供各种黑客工具软件、出版网上黑客杂志。这使得普通人也很容易下载并学会使用一些简单的黑客手段或工具对网络进行某种程度的攻击，进一步恶化了网络安全环境。

（3）其他行为。在 Internet 上，还存在许多很难准确界定其性质的破坏性行为。例如，偷看其他人计算机中的隐私或私密信息，在网络中非法复制、散播违禁、违法信息，利用计算机和网络进行各种违法犯罪活动等。

（二）计算机病毒及防范

1．什么是计算机病毒

"计算机病毒"一词最早是由美国计算机病毒研究专家 F.Cohen 博士提出的。"计算机病毒"有很多种定义，国外流行的定义是指一段附着在其他程序上的可以实现自我繁殖的程序代码。在《中华人民共和国计算机信息系统安全保护条例》中的定义如下："计算机病毒是指编制或者在计算机程序中插入的破坏计算机功能或者数据，影响计算机使用并且能够自我复制的一组计算机指令或者程序代码"。

1983 年，出现了世界上第一例被证实的计算机病毒，产生了计算机病毒传播的研究报告，同时有人提出了蠕虫病毒程序的设计思想；1984 年，美国人 Thompson 开发出了针对 UNIX 操作系统的病毒程序。1988 年 11 月 2 日晚，美国康尔大学研究生罗特·莫里斯将计算机病毒蠕虫投放到网络中。该病毒程序迅速扩展，造成了大批计算机瘫痪，甚至欧洲联网的计算机也都受到了影响，造成直接经济损失近亿美元。

2．计算机病毒的特征

计算机病毒是人为编写的，具有自我复制能力，是未经用户允许而执行的代码。一般正常的程序是由用户调用，再由系统分配资源，完成用户交给的任务，其目的对用户是可见的、透明的。而计算机病毒具有正常程序的一切特性，它隐藏在正常程序中，当用户调用正常程序时，它窃取到系统的控制权，先于正常程序执行，病毒的动作、目的对用户是未知的和未经用户允许的。它主要有如下特征。

（1）传染性。正常的计算机程序一般是不会将自身的代码强行连接到其他程序之上的。病毒却能使自身的代码强行传染到一切符合其传染条件的未受到传染的程序之上。计算机病毒可以通过各种可能的渠道，如 U 盘、光盘和计算机网络去传染给其他的计算机。当你在一台机器上发现了病毒时，往往曾经在这台计算机上使用过的 U 盘也已感染上了病毒，而与这台机器相联网的其他计算机或许也被该病毒侵染了。是否具有传染性是判别一段程序是否为计算机病毒的最重要条件。

（2）隐蔽性。病毒一般是具有很高编程技巧、短小精悍的一段程序，通常潜入在正常程序或磁盘中。病毒程序与正常程序不容易被区别开来，在没有防护措施的情况下，计算机病毒程序取得系统控制权后，可以在很短的时间内感染大量程序。而且受到感染后，计算机系统通常仍能正常运行，用户不会感到有任何异常。试想，如果病毒在传染到计算机上之后，机器会马上无法正常运行，那么它本身便无法继续进行传染了。正是由于其隐蔽性，计算机病毒得以在用户没有察觉的情况下扩散到其他计算机中。大部分病毒的代码之所以设计得非常短小，也是为了隐藏。多数病毒一般只有几百或几千字节，而计算机对文件的存取速度比这要快得多。病毒将这短短的几百字节加入到正常程序之中，使人不易察觉。

（3）潜伏性。大部分病毒在感染系统之后不会马上发作，它可以长时间隐藏在系统中，只有在满足其特定条件时，才启动其表现（破坏）模块。只有这样它才可以进行广泛地传播。如"PETER-2"在每年 2 月 27 日会提 3 个问题，答错后将会把硬盘加密。著名的"黑色星期五"在逢 13 号的星期五发作。国内的"上海一号"会在每年三、六、九月的 13 日发作。当然，最令人难忘的便是 4 月 26 日发作的 CIH 病毒。这些病毒在平时会隐藏得很好，只有在发作日才会露出本来面目。

（4）破坏性。任何病毒只要侵入系统，都会对系统及应用程序产生不同程度的影响。良性病毒可能只显示些画面或发出点音乐、无聊的语句，或者根本没有任何破坏动作，只是会占用系统资源。恶性病毒则有明确的目的，或破坏数据、删除文件，或加密磁盘、格式化磁盘，有的甚至对数据造成不可挽回的破坏。

（5）不可预见性。从对病毒的检测方面来看，病毒还有不可预见性。不同种类的病毒，其代码千差万别，但有些操作是共有的，如驻留内存，改中断。有些人利用病毒的这种共性，制作了声称可以查找所有病毒的程序。这种程序的确可以查出一些新病毒，但由于目前的软件种类极其丰富，而且某些正常程序也使用了类似病毒的操作，甚至借鉴了某些病毒的技术。使用这种方法对病毒进行检测势必会产生许多误报。而且病毒的制作技术也在不断地提高，病毒对反病毒软件永远是超前的。

在上述特性中，传染性是病毒最重要的一条特性。

3．计算机病毒的分类

从第一个病毒问世以来，病毒的种类多得已经难以准确统计。时至今日，病毒的数量仍在不断增加。据国外统计，计算机病毒数量正以 10 种每周的速度递增，另据我国公安部统计，国内病毒以 4～6 种每月的速度在递增。

计算机病毒的分类方法有很多种。因此，同一种病毒可能有多种不同的分法。

（1）按照计算机病毒侵入的系统分类。

① DOS 系统下的病毒。这类病毒出现最早，泛滥于 20 世纪 80～90 年代。如"小球"病毒、"大麻"病毒、"黑色星期五"病毒等，恐怕有不少 40 岁左右的人，都对它们记忆犹新。

② Windows 系统下的病毒。随着上世纪九十年代 Windows 的普及，Windows 下的病毒便开始广泛流行。CIH 病毒就是一个经典的 Windows 病毒之一。

③ UNIX 系统下的病毒。当前，UNIX 系统应用非常广泛，许多大型系统均采用 UNIX 作为其主要的操作系统，UNIX 下的病毒也就随之产生了。

④ OS/2 系统下的病毒。

（2）按照计算机病毒的链接方式分类。

① 源码型病毒。这种病毒主要攻击高级语言编写的程序，该病毒在高级语言所编写的程序编译前插入到原程序中，经编译成为合法程序的一部分。

② 嵌入型病毒。这种病毒是将自身嵌入到现有程序中，把病毒的主体程序与其攻击的对象以插入的方式链接。

③ 外壳型病毒。这种病毒将其自身包围在被侵入的程序周围，对原来的程序不作修改。这种病毒最为常见，易于编写，也易于发现，一般测试文件的大小即可查出。

④ 操作系统型病毒。这种病毒用它自己的程序代码加入或取代部分操作系统代码进行工作，具有很强的破坏力，可以使整个系统瘫痪。圆点病毒和大麻病毒就是典型的操作系统型病毒。

（3）按照计算机病毒的破坏性质分类。按照计算机病毒对计算机破坏的严重性分，病毒可分为两类。

① 良性计算机病毒。良性病毒是指其不包含对计算机系统产生直接破坏作用的代码。这类病毒为了表现其存在，只是不停地进行扩散，从一台计算机传染到另一台，并不破坏计算机内的数据。有些只是表现为恶作剧。这类病毒取得系统控制权后，会导致整个系统的运行效率降低，系统可用内存总数减少，使某些应用程序暂时无法执行。

② 恶性计算机病毒。恶性病毒是指在其代码中包含损伤和破坏计算机系统的操作，在其传染或发作时，会对系统产生直接的破坏作用。这类病毒有很多，如米开朗基罗病毒。当米氏病毒发作时，硬盘的前 17 个扇区将被彻底破坏，使整个硬盘上的数据无法被恢复，造成的损失是无法挽回的。有的病毒甚至还会对硬盘做格式化等破坏操作。

（4）按照计算机病毒的寄生部位或传染对象分类。传染性是计算机病毒的本质属性，根据寄生部位或传染对象分类，也就是根据计算机病毒的传染方式进行分类，有以下几种。

① 磁盘引导型病毒。磁盘引导区传染的病毒主要是用病毒的全部或部分逻辑取代正常的引导记录，而将正常的引导记录隐藏在磁盘的其他地方。由于引导区是磁盘能正常使用的先决条件，因此，这种病毒在运行的一开始（如系统启动时）就能获得控制权，其传染性较大。由于在磁盘的引导区内存储着需要使用的重要信息，因此，如果对磁盘上被移走的正常引导记录不进行保护，在运行过程中就会导致引导记录的破坏。引导区传染的计算机病毒较多，例如，"大麻"和"小球"病毒就是这类病毒。

② 操作系统型病毒。操作系统是计算机应用程序得以运行的支持环境，由.SYS、.EXE和.DLL 等许多可执行的程序及程序模块构成。操作系统型病毒就是利用操作系统中的一些程序及程序模块寄生并传染的病毒。通常，这类病毒成为操作系统的一部分，只要计算机开始工作，病毒就处在随时被触发的状态。而操作系统的开放性和不完善性，给这类病毒出现的可能性与传染性提供了方便。"黑色星期五"就是类病毒。

③ 感染可执行程序的病毒。通过可执行程序传染的病毒通常寄生在可执行程序中，一旦程序被执行，病毒就会被激活，病毒程序首先被执行，并将自身驻留内存，然后设置触发条件进行传染。

④ 感染带有宏的文档。随着微软公司 Word 字处理软件的广泛使用和计算机网络尤其是 Internet 的推广普及，病毒家族又出现了一个新成员，这就是宏病毒。宏病毒是一种寄存于文档或模板的宏中的计算机病毒。一旦打开这样的文档，宏病毒就会被激活，并转移到计算机上，且驻留在 Normal 模板中。从此以后，所有自动保存的文档都会感染上这种宏病毒，而

且，如果其他用户打开了已感染病毒的文档，宏病毒又会转移到该用户的计算机中。

对于以上 3 种病毒的分类，实际上可以归纳为两大类：一类是存在于引导扇区的计算机病毒；另一类是存在于文件的计算机病毒。

（5）按照传播介质分类。按照计算机病毒的传播介质来分类，可分为单机病毒和网络病毒。

① 单机病毒。单机病毒的载体是磁盘，一般情况下，病毒从 USB 盘、移动硬盘传入硬盘，感染系统，再传染其他 USB 盘和移动硬盘，接着传染其他系统，如 CIH 病毒。

② 网络病毒。网络病毒的传播介质不再是移动式存储载体，而是网络通道，这种病毒的传染能力更强，破坏力更大，如"尼姆达"病毒。

当前，病毒通常是以网络方式感染其他系统。病毒也可能综合了以上的若干特征，这样的病毒常被称为混合型病毒。

4．计算机病毒的预防与检测清除

计算机病毒层出不穷，无法完全消除。对付计算机病毒应以预防为主，防患于未然。

（1）计算机病毒的症状。当计算机出现以下症状时，可能感染了计算机病毒。

- 出现莫名其妙的死机。
- 程序运行速度明显变慢。
- 可执行文件（COM 及 EXE 文件）的长度增加。
- 屏幕显示异常（雪花、色块、斑点等）。
- 引导时间变长。
- 引导扇区、文件分配表被破坏。
- 在有引导扇区保护功能的计算机上，不必要地询问写引导扇区
- 文件被不明删除。
- 喇叭响声异常或奏音乐。
- 与往常情况相同的执行步骤，却报告内存不够。
- 不能正常打印。
- 无法正常上网或上网速度很慢。
- 某些应用软件无法使用或出现奇怪的提示。

这些现象有可能是因硬件故障或软件配置不当引起的，但多数情况下可能是由计算机引起的。

（2）计算机病毒的检测清除。病毒检测通常根据已知计算机病毒程序中关键字、特征程序段内容、病毒特征及传染方式、文件长度的变化规律等基础上进行病毒检测；也可采用对文件或数据段进行检验和计算，并保存其结果，以后定期或不定期地重新计算，并对照保存的结果，若出现异常，即表示文件或数据段已遭到破坏，从而检测到病毒的存在。

检测和清除病毒的一种有效方法是使用防杀病毒的软件。一般地说，无论是国外还国内的杀毒软件，都能够不同程度地解决一些问题，但任何一种杀毒软件都不可能解决所有问题。随着计算机病毒的大量出现，病毒编制不断变化，防病毒软件也在经受着一次又一次的考验，并在与病毒程序的反复较量中不断发展。个人与家庭用户常用的防杀病毒软件有国外的 Norton AntiVirus（诺顿）杀毒软件、Kaspersky（卡巴斯基）杀毒软件等；国内的瑞星杀毒软件、金山杀毒软件、江民杀毒软件、可牛杀毒软件等。

（3）计算机病毒的防御。对计算机病毒的防御一般采取如下措施。

- 安装防病毒软件或设置防火墙，并及时升级。
- 定期检查硬盘及使用的其他存储设备，及时发现病毒及时消除。
- 及时应用操作系统和应用软件厂商发布的修补升级程序。
- 不打开未知的邮件及其附件，不浏览未知网站。
- 不使用盗版软件及共享软件。
- 对重要文件和数据进行备份，并定期或不定期进行检查。

六、多媒体技术

多媒体技术是在 20 世纪 80 年代中后期发展起来的一门高新技术，现在已成为世界性的技术研究和产品开发的热点。多媒体技术的发展和应用，大大地推动了各行各业的相互渗透和飞速发展，对人类社会产生的影响和作用越来越明显，越来越重要。

（一）媒体

媒体（Media）是指表示和传播信息的载体。一般有两层含义：一层是指信息的物理载体，即存储和传递信息的实体，如磁带、磁盘、光盘、打印纸等；另一层是指信息的表现形式（或者说传播形式）和传播的载体，如文字、声音、图形和图像等。计算机中的媒体是指后者，也就是说媒体是指信息表示和传播的载体。在计算机中使用 5 种媒体：感觉媒体、表示媒体、表现媒体、存储媒体和传输媒体。

1. 感觉媒体

感觉媒体是指直接作用于人的感觉器官，使人可以产生感觉的信息载体，如人类的各种语言、音乐、自然界的各种声音、静止或运动的各种声音，以及在计算机系统中的文件、数据和文字等。

2. 表示媒体

表示媒体是指传输感觉媒体的中介媒体，即用于数据交换的各种编码，这是为了加工、处理和传输感觉媒体而人为地进行研究、构造出来的一种媒体，如语言的文字编码、文本编码、图像编码等。

3. 表现媒体

表现媒体是指进行信息输入和输出的媒体，如键盘、摄像机、光笔、显示器、打印机等。

4. 存储媒体

存储媒体用来存放表示媒体，也就是存放感觉媒体数字化后的代码，是存储信息的实体，如 U 盘、硬盘、光盘等。

5. 传输媒体

传输媒体是用来将媒体从一处传送到另一处的物理载体，如同轴电缆、光纤、电话线等。

（二）多媒体和多媒体技术

1. 多媒体

多媒体（Multimedia）是指多种媒体的综合，也就是把文字、声音、图形、图像、动画等多种媒体组合起来的有机整体。使用多媒体后，人机交互的信息就从单纯的视觉信息（包括文字和图像信息）扩大到视觉和听觉两个以上的媒体信息。

2. 多媒体技术

多媒体技术不是各种信息媒体的简单复合，是一种把文本、图形、图像、动画和声音等形式的信息结合在一起，并通过计算机进行综合处理和控制，能支持完成一系列交互式操作的信息技术。它主要包括音响信号处理、静态图像和电视图像处理、语音信息处理及远程通信技术等软、硬件技术。

（三）多媒体计算机

人们把具有高质量的视频、音频（包括语言、音乐、声音效果等）和图像（包括图形、静态图像、视频动态图像、动画等）等多种媒体的信息处理为一体，具有大容量存储器的个人计算机系统称为多媒体计算机（简称 MPC）。MPC 是一个综合的系统，它利用计算机的交互性，使人机之间具有更好的交互能力，给用户提供的人机界面更多、更方便。

多媒体计算机主要实现的有声音媒体的数字化技术、在采样过程中使用模拟到数字的硬件转换技术（A/D 转换器）、在音频还原过程中使用数字到模拟的转换技术（D/A 转换器）和视频信息的数字化技术。

 任务实施——微型计算机组装

随着我国经济的发展和人们生活条件的提高，拥有一台计算机已经是非常平常的事情。但计算机内有哪些部件、计算机的性能如何、计算机是如何组装的？对大多数人来讲还是一个问题。本节将从个人计算机系统的认识、设备的选购、计算机的组装及装机过程中的问题等方面来讲述这些问题，以便能对计算机接触不深的人提供一些帮助。

一、微型计算机系统

微型计算机通常称为 PC 机或计算机。从原则上讲，它与传统的计算机并无本质上的区别，也是由硬件和软件两大部分构成。其不同之处在于：PC 机是将运算器和控制器这两部分集成在一片大规模集成电路芯片上，该芯片称为微处理器，简称 CPU，是 PC 机的核心部件。

一台配置较完善的微型计算机如图 1-26 所示。

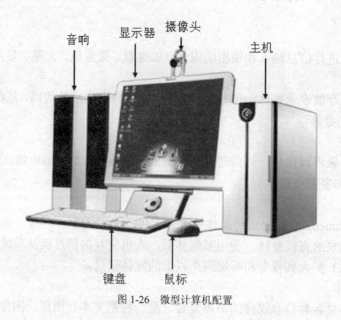

图 1-26　微型计算机配置

（一）主机

主机即人们通常所见到的主机箱及内部部件，它主要由 CPU、内存、输入/输出（I/O）接口、主板、总线、电源等组成。

1．主机箱和电源

机箱的主要作用是保护内部设备，屏蔽机箱里面各配件免受外界电磁场的干扰，给人一种外观形象。电源供给系统要求的是直流电源。机箱和电源一般是两个部分，但计算机组装中这两个部件一般是成套卖的。

2．主板

主板，又叫主机板、系统板或母板，它安装在机箱内，是微机最基本的也是最重要的部件之一。主板一般为矩形电路板，上面安装了组成计算机的主要电路系统，一般有 BIOS 芯片、I/O 控制芯片、键盘和面板控制开关接口、外设接口、CPU 插槽、内存插槽、指示灯插接件、扩充插槽、直流电源供电接插件等元件，主机中所有的部件都通过连线或者直接与主板相连。

（1）主板的性能指标。主板的性能指标主要表现为以下方面：支持 CPU 的类型与频率范围、对内存的支持、对显示卡的支持、对硬盘与光驱的支持、扩展性能与外围接口、BIOS 技术。

（2）主板厂商。目前，研发能力强、推出新品速度快、产品线齐全、高端产品过硬、认可度比较广泛的有以下 3 个品牌：华硕（ASUS）、微星（MSI）、技嘉（GIGABYTE）。

主板的结构图如图 1-27 所示。

图 1-27　主板

3．中央处理器 CPU

CPU 是计算机的核心，是计算机的运算中心和控制中心，计算机中所有操作都受 CPU 的控制。它是根据用户通过程序所下达的指令，按照时间的先后顺序，负责向其他各部件发出控制信号，并保证各部件协调一致地进行工作。

（1）CPU 的主要性能指标。主频：主频是指时钟频率，其单位是兆赫兹（MHz）。计算机的运算速度主要是由主频确定的，如购买计算机时提到的酷睿 2.33G 中的 2.33G，说的就是计算机的主频（2330MHz）。主频越高，其运算速度也就越快。

字长：字长是指计算机的运算器能同时处理的二进制数据的位数，它确定了计算机的运算精度，字长越长，计算机的运算精度就越高，其运算速度也越快。另外，字长也确定计算机指令的直接寻址能力。计算机的字长一般都是字节的 1、2、4、8 倍，如 286 微机为 16 位，386、486、奔腾系列微机为 32 位，酷睿微机为 64 位。

（2）CPU 厂商。目前 CPU 的生产厂商主要有 INTEL 公司和 AMD 公司。除至强处理器面对服务器级用户，其 CPU 大部分都是面向广大计算机用户。

Intel 的代表产品有 Pentium 系列和赛扬系列。而 AMD 公司则是以毒龙和雷鸟为主的一系列 CPU 产品。

在同一级的 CPU 来说，AMD 的兼容性没有 INTEL 的兼容性好。在硬件方面，几乎所有的厂商都采用了 INTEL 的主板芯片组，以配合 INTEL 的 CPU。INTEL 的芯片组设计可以说是天衣无缝，AMD 的则逊色一些。

（3）双核 CPU。目前使用的 CPU 多是双核 CPU。双核处理器是指在一个处理器上集成两个运算核心，从而提高计算能力。在这方面，起领导地位的厂商主要有 AMD 和 Intel 两家。AMD 处理器从一开始设计时就考虑到了添加第二个内核，而英特尔的双核心却仅仅是使用两个完整的 CPU 封装在一起，连接到同一个前端总线上。可以说，AMD 的解决方案是真正的"双核"，而英特尔的解决方案则是"双芯"。

CPU 的外观和结构如图 1-28 所示。

图 1-28　CPU

4．内存

内存是计算机中重要的部件之一，它是与 CPU 进行沟通的桥梁。计算机运行过程中所用到的程序和数据都存放在内存中，供 CPU 直接访问。内存是由内存芯片、电路板、金手指等部分组成的。

（1）内存的主要性能指标。内存容量：内存储器中可以存储的信息总字节数称为内存容量。内存容量越大，处理数据的范围就越广，运算速度一般也越快。内存中信息的存放是以存储单元为基本单位，每个存储单元可存放一个字节的二进制信息，并且都有一个唯一的编号，即内存地址。如 24 位内存地址可以提供的地址编号为 $2^{24}=16M$，对应 16M 个存储单元，可存放 16M 字节的信息。

存取周期：把信息存入存储器的过程称为"写"，把信息从存储器取出的过程称为"读"。

存储器的访问时间（读写时间）是指存储器进行一次读或写操作所需的时间；存取周期是指连续启动两次独立的读或写操作所需的最短时间。目前，微机的存取周期约为几十纳秒（ns）到一百纳秒。

奇偶校验位：奇偶校验位是一个表示给定位数的二进制数中 1 的个数是奇数还是偶数的二进制数，是最简单的错误检测码。用于保证数据的正确读写，对于常见的机型，有无奇偶校验位一般均可正常工作。

（2）内存厂商。目前，内存知名生产厂家有金士顿（Kingston）、利屏、胜创（Kingmax）、宇瞻（Apacer）、金邦（Geil）。

（3）DDR3。现时流行的内存产品是 DDR3，它是一种计算机内存规格。它属于 SDRAM家族的内存产品，提供了相较于 DDR2 SDRAM 更高的运行效能与更低的电压，是 DDR2SDRAM（4 倍资料率同步动态随机存取内存）的后继者（增加至 8 倍）。

内存的外观和结构如图 1-29 所示。

图 1-29　内存

5．总线

为了简化计算机硬件连接的信号线和电路结构，计算机各部件之间采用公共通道进行信息传送和控制。计算机部件之间分时地占用着公共通道进行数据的控制和传送，这样的通道简称为总线。计算机中有下列 3 类总线。

（1）数据总线（Data Bus，记作 DB）。数据总线用来传输数据信息，它是双向传输的总线，CPU 既可以通过数据总线从内存或输入设备读入数据，又可以通过数据总线将内部数据送至内存或输出设备。

（2）地址总线（Address Bus，记作 AB）。地址总线用来传送 CPU 发出的地址信号，是一条单向传输线，目的是指明与 CPU 交换信息的内存单元或输入/输出设备的地址。

（3）控制总线（Control Bus，记作 CB）。控制总线用来传送控制信号、时序信号和状态信息等。其中有的是 CPU 向内存和外部设备发出的控制信号，有的则是内存或外部设备向CPU 传送的状态信息。

6．I/O 接口

计算机中处理的信息是通过外部设备来进行输入和输出的，由于外设种类繁多，它们的工作速度和工作方式都不一样，同 CPU、内存有很大的差异，所以外部设备都是通过接口与CPU（或主机）交换信息。常用的接口有以下几种。

（1）显示适配卡。显示适配卡也叫"显示卡"，用于主机与显示器之间的连接。

显示卡的存储容量与显示质量有密切的关系，存储量越大，显示的图形质量就越高。微型计算机中所采用的显示卡主要有彩色图像显示控制卡（Color Graphics Adapter，CGA）、增强型图形显示控制卡（Enhanced Graphics Adapter，EGA）和视频图形显示控制卡（Video Graphics Array，VGA）等。目前流行的全是增强型的 VGA 显示卡，如 SVGA（Super VGA）和 TVGA，其分辨率可以达到1024像素×768像素、1024像素×1024像素和1280像素×1024像素。

（2）硬盘适配器接口。硬盘接口是硬盘与主机间的连接部件，作用是在硬盘缓存和主机内存之间传输数据。不同的硬盘接口决定着硬盘与计算机之间的连接速度，在整个系统中，硬盘接口的优劣直接影响着程序运行快慢和系统性能好坏。硬盘接口有IDE、SATA、SCSI、光纤通道和SAS 5种类型，目前比较流行是SATA接口类型。

（3）并行接口。拥有多条并行线路，一次可以传送多个二进制位，适用于近距离传送。打印机使用这种接口与主机通信。

（4）串行接口。一次只能传送一个二进制位，只要一条通信线路，适合远距离传送。键盘、鼠标、调制解调器（MODEM）使用此接口与主机通信。

（5）USB接口。USB是Universal Serial Bus的简写，USB支持热插拔，有即插即用等优点，所以USB接口已经成为目前大多数外部设备的接口方式。

（二）显示器

显示器通常也被称为监视器，是PC机最基本的输入设备，现在所广泛运用的LCD显示器，如图1-30所示。

1．LCD显示器的主要性能参数

（1）屏幕尺寸。我们在购买LCD显示器的时候，最先考虑的就是"面子"大小。对于LCD显示器来说，其面板的大小就是可视面积的大小，这一点与CRT显示器相同。同样参数规格的显示器，LCD要比CRT的可视面积更大一些，一般19英寸LCD相当于21英寸CRT。

图1-30　LCD显示器

（2）响应时间。目前，LCD显示器的最大卖点就是不断提升的响应时间，从最开始的25ms到如今的灰阶4ms，速度提升之快让人惊叹不已。响应时间决定了显示器每秒所能显示的画面帧数，通常当画面显示速度超过25帧/s时，人眼会将快速变换的画面视为连续画面。响应时间越少，快速变化的画面所显示的效果越完美。目前市场上主流液晶显示器的响应时间是8ms，性价比也相当高，达到125帧/s的显示速度，可与CRT显示器相媲美。

（3）亮度/对比度。液晶是一种介于液体和晶体之间的物质，本身并不能发光，因此背光的亮度决定了它的亮度。一般来说，液晶显示器的亮度越高，显示的色彩就越鲜艳，现实效果也就越好。对比度是亮度的比值，对比度越高，图像越清晰。当然也并不是亮度、对比度越高就越好，长时间观看高亮度的液晶屏，眼睛同样很容易疲劳，高亮度的液晶显示器还会造成灯管的过度损耗，影响使用寿命。

2．LCD显示器的生产厂家

LCD液晶显示器的生产厂家比较多，在消费者中比较有影响的有三星、AOC、LG、飞利浦、DELL等。

二、计算机组装中硬件的选择问题

（一）确定购买价位

确定购买计算机的价位非常重要。如果你不确定购买计算机的价位，就无从下手去选择计算机硬件的档次。比如你要配一套游戏计算机，那3000～4000元可以配低端游戏配置，6000元就可以配高端的游戏配置，而且两套硬件的选择差别会很大。

（二）确定计算机的用途

购买计算机一定要弄清楚配置计算机用来做什么，它决定着硬件的选择。玩游戏就选择游戏配置，节能稳定就选择经济配置，发烧友就选择发烧配置。

（三）了解硬件的性能

了解硬件的性能是计算机配置中最重要的一步。由于大多数人没有基本的计算机硬件知识，对硬件市场也不甚了解，因此对硬件性能的了解是一个非常大的难题。可以到一些计算机硬件门户网站、相关论坛或找一些专业技术人士了解相关情况。

（四）确定硬件的品牌

在确定了硬件的类型之后，就要对硬件的品牌进行选择。可以到相关门户网站查看对各种硬件品牌的评价，对比相关参数。

（五）确定硬件的价格

确定硬件品牌之后，就要考虑硬件的价格了。关于这点，可以在相关的门户网站上查看，网上的报价通常比显示报价要高。

（六）确定硬件的真假

由于利润的驱使，市场上也充斥了一些山寨产品、伪劣产品，使的计算机市场非常混乱。在购买的过程中，应根据相关介绍鉴别硬件产品的真假，到一些信誉度比较高的专卖店或固定店铺购买。

三、计算机组装前的准备

（一）工具准备

常言道"工欲善其事，必先利其器"，合适顺手的工具，将会使装机事半功倍。装机常用的工具如图1-31所示。

图1-31　装机工具

图1-3-1中所示的工具从左到右依次为尖嘴钳、散热膏、十字解刀、平口解刀。

（二）装机前的准备工作

1. 准备好装机所用的配件

CPU、主板、内存、显卡、硬盘、光驱、机箱电源、键盘、鼠标、显示器、各种数据线、电源线等。

2．准备器皿

计算机在安装和拆卸的过程中，有许多螺丝钉及一些小零件需要随时取用，所以应该准备一个小器皿，用来盛装这些动西，以防止丢失。

3．工作台

为了方便进行安装，应该有一个高度适中的工作台，无论是专用的计算机桌还是普通的桌子，只要能够满足你的使用需求就可以了。

（三）装机过程中的注意事项

1．防止静电

由于我们穿着的衣物会相互摩擦，很容易产生静电，而这些静电则可能将集成电路内部击穿造成设备损坏，这是非常危险的。因此，装机前可以用湿毛巾擦手，释放掉身上携带的静电。

2．防止液体进入计算机内部

在安装计算机元器件时，应注意不要让液体进入计算机内部的板卡上，以免这些液体造成短路而损坏器件。

3．使用正常的安装方法

在安装的过程中，一定要注意正确的安装方法，对于不懂不会的地方，要仔细查阅说明书，不要强行安装，稍微用力不当，就可能使引脚折断或变形。对于安装后位置不到位的设备，不要强行使用螺丝钉固定，因为这样容易使板卡变形，日后易发生断裂或接触不良的情况。

4．装机顺序

装机前，以主板为中心，按装机顺序把所有器件排列好，做好装机前的准备工作。

5．测试

测试时，建议只装必要的器件——主板、处理器、散热片与风扇、硬盘、光驱、以及显卡，其他外部设备，如声卡、网卡等，可以在测试没问题后再安装。

四、计算机装机步骤

（一）CPU 及散热风扇的安装

CPU 及散热风扇的安装步骤如下。

① 稍向外/向上用力拉开 CPU 插座上的锁杆，与插座呈 90°，以便让 CPU 能够插入处理器插座。

② 将 CPU 上针脚有缺针的部位对准插座上的缺口；

③ CPU 只在方向正确时才能够被插入插座中，然后按下锁杆，安装好后的 CPU 如图 1-32 所示。

④ 在 CPU 的核心上均匀涂上足够的散热膏（硅脂）。但要注意不要涂得太多，只要均匀地涂上薄薄一层即可。

⑤ 接着将散热片妥善定位在支撑机构上。

⑥ 再将散热风扇安装在散热片的顶部——向下压风扇直到它的 4 个卡子锒入支撑机构对应的孔中。

图 1-32 安装好后的 CPU

⑦ 再将两个压杆压下以固定风扇，需要注意的是，每个压杆都只能沿一个方向压下。

⑧ 最后将 CPU 风扇的电源线接到主板上 3 针的 CPU 风扇电源接头上。

（二）内存的安装

① 安装内存前先要将内存插槽两端的白色卡子向两边扳动，将其打开，这样才能将内存插入，再插入内存条，将内存条上的凹槽对准内存插槽上的凸点，如图 1-33 所示。

图 1-33 内存的安装方法

② 垂直向下，稍稍用力按入内存。

③ 确保内存条被两个白色的固定杆固定住，即完成内存的安装。

（三）电源的安装

一般情况下，我们在购买已安装好电源的机箱。不过，机箱自带的电源质量太差，或者不能满足特定要求，则需要更换电源。

安装电源比较简单，先按正确的方向把电源放进机箱上的电源位，并将电源上的螺丝固定孔与机箱上的固定孔对正。然后先拧上一颗螺钉（固定住电源即可），再将 3 颗螺钉孔对正位置，拧上剩下的螺钉即可。如图 1-34 所示。

（四）主板的安装

在主板上装好 CPU 和内存后，即可将主板装入机箱中，

图 1-34 电源的安装

其步骤如下。

① 将机箱或主板附带的固定主板用的镙丝柱和塑料钉旋入主板和机箱的对应位置。

② 将机箱上的 I/O 接口的密封片撬掉，然后将主板对准 I/O 接口放入机箱。

③ 将主板固定孔对准镙丝柱和塑料钉，然后用螺丝将主板固定好。

④ 将电源插头插入主板上的相应插口中。

主板放入机箱后的情形如图 1-35 所示。

（五）硬盘的安装

① 把硬盘放到机箱内事先设计好的插槽中，单手捏住硬盘（注意手指不要接触硬盘底部的电路板，以防身上的静电损坏硬盘），对准安装插槽后，轻轻地将硬盘往里推。

② 将硬盘上的螺丝孔与插槽上的螺丝孔对准，用螺丝刀把 4 个螺丝装紧，如图 1-36 所示。

图 1-35　主板的安装

图 1-36　硬盘的安装

③ 先把数据线连接到硬盘上的 IDE 口上插好，再连接到主板上 IDE 接口中，再将电源上的扁平电源线接头接在硬盘的电源插头上，插好即可。

（六）光驱的安装

光驱的安装与硬盘的安装类似，这里不再讲述。

（七）显卡、网卡、声卡的安装

显卡、网卡、声卡的安装基本类似，这里以显卡的安装为例，来讲述它们的安装过程。

① 从机箱后壳上移除对应 AGP 插槽上的扩充挡板及螺丝。

② 将显卡小心地对准 AGP 插槽，并且很准确地插入 AGP 插槽中。

③ 用解刀将螺丝锁上，使显卡确实地固定在机箱壳上。

④ 将显示器上的 15-pin 接脚 VGA 线插头插在显卡的 VGA 输出插头上。

最后一步，确认无误后，即完成显卡的硬件安装，如图 1-37 所示。

（八）安装鼠标、键盘等外部设备

现在最常见的是 PS/2 接口的键盘和鼠标，这两种接口的插头是一样的，可以以颜色区分，所以连接的时候要区分清楚。PS/2 接口的键盘和鼠标的安装很简单，只需将其插头对准缺口方向插入主板上的键盘/鼠标插座即可。

其他外部设备现在多为 USB 接口类型，安装简单，只需将它们插到 USB 插座上，系统即可识别。

图 1-37　显卡的安装

 任务小结

　　本任务主要介绍了计算机的基本知识，包括计算机的发展、特点、分类、应用及发展趋势；介绍了计算机系统的组成，包括硬件系统和软件系统；介绍了计算机中的信息表示方法、信息安全和多媒体计算机。在这些知识的基础上，最终落实到本任务的重点：个人计算机的组装。在个人计算机的组装中，不仅仅介绍了计算机组装的步骤，还介绍了个人计算机的基本组成及重点硬件。

任务二
计算机操作系统安装及应用

【知识目标】

■ 了解计算机操作系统知识。
■ 掌握 Windows XP 操作系统基本操作。
■ 了解 Windows XP 操作系统管理和维护。
■ 了解 Windows XP 操作系统安装流程。

【能力目标】

■ 能够利用学习的知识，熟练操作 Windows XP 操作系统。
■ 能够对 Windows XP 操作系统进行管理和维护。
■ 能够实现 Windows XP 操作系统的安装和配置。

任务引入

操作系统是当今任何计算机系统都必须配置的大型系统软件，它的主要功能是管理计算机系统的所有软硬件资源，充分发挥计算机系统内在的处理能力，方便用户使用计算机。操作系统能够为其他应用软件提供支持，使系统资源最大限度地发挥作用。同时操作系统也是用户操作计算机的平台，一台新的计算机必须安装操作系统，才能正常使用。在本任务中，通过相关知识的学习，了解操作系统的知识，完成 Windows XP 操作系统的安装和使用。图 2-1 所示为 Windows XP 操作系统的欢迎界面。

欢迎使用

图 2-1　Windows XP 操作系统的欢迎界面

相关知识

一、计算机操作系统

目前在普通用户中使用最广泛的操作系统是 Microsoft 公司推出的 Windows 系列操作系统，它采用图形化操作界面，支持多种硬件设备，支持多用户多任务操作，具有良好的网络和多媒体功能。现在绝大多数的应用软件都是基于 Windows 系列操作系统而开发的，它们基本可以满足用户各方面的需求。

（一）**Windows** 系列操作系统发展历程

1．Windows 98

Microsoft 公司早年推出的 Windows 95 操作系统曾获得了巨大的成功，而 Windows 98 是在 Windows 95 的基础上开发的。其中，Windows 98 第二版更是一款非常经典的操作系统，它以 DOS 为基础，融合了当时最新的多媒体技术、网络技术和 Internet 技术，比 Windows 95 具有更好的兼容性和性能，其界面如图 2-2 所示。由于 Windows 98 操作系统现在使用的人数较少，所以在本书中不再作过多的讲解，有兴趣的读者可自行尝试。

2．Windows 2000

Windows 2000 是与 Windows 98 同时期的操作系统，不同之处在于它是一个纯 32 位的操作系统，是 Windows NT 4.0 的后续产品，虽然在兼容性上与 Windows 9X 系列相比有一定的差距，但其具有更好的安全性和稳定性。其界面如图 2-3 所示。Windows 2000 共有 4 个版本，包括 Professional、Server、Advanced Server 和 Data Center Server，其中 Professional 比较适合个人用户使用。

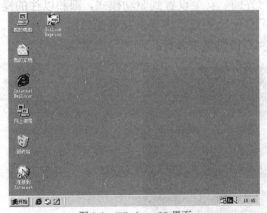

图 2-2　Windows 98 界面

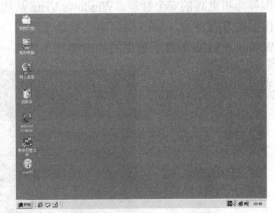

图 2-3　Windows 2000 界面

3．Windows XP

Windows XP 是由 Windows 9X 和 Windows NT 两大系列发展而来的，是目前主流的操作系统。它将华丽的界面、强大的多媒体功能以及网络应用结合在一起，带给用户全新的体验。其中 XP 是 Experience 一词的缩写，中文意思为"体验"，其界面如图 2-4 所示。Windows XP 是目前主流的操作系统，所以 Microsoft 公司依然在为其提供技术支持，通过发布服务包为系统进行升级。目前，服务包的最新版本为 SP3（Service Pack 3），因此最新的操作系统版本为 Windows XP SP3。

4．Windows Server 2003

Windows Server 2003 是 Microsoft 公司开发的服务器操作系统，该系统依据.NET 架构，对 NT 技术作了实质性的改进。虽然在名称上，Windows Server 2003 延续了 Windows 家族的习惯命名法则，但从其提供的各种内置服务以及重新设计的内核程序来说，Windows Server 2003 与 Windows 2000/XP 有着本质的区别。Windows Server 2003 包括 Standard、Enterprise、Datacenter 和 Web 4 个版本，其界面如图 2-5 所示。由于 Windows Server 2003 属于服务器操作系统，虽然在功能上非常强大，但其并不适合普通家庭用户使用。

图 2-4　Windows XP 界面

图 2-5　Windows Server 2003 界面

5．Windows Vista

Windows Vista 是 Microsoft 公司最新推出的新一代 Windows 操作系统，具有革命性的操作界面和更高的安全性能。Windows Vista 从用户界面、安全设置到驱动模式，都和以往的操作系统有所不同，Aero 图形系统更是带给用户无与伦比的视觉感受，其界面如图 2-6 所示。Windows Vista 的显示效果的确很漂亮，需要一款不错的显卡才行。

图 2-6　Windows Vista 界面

（二）其他主流的操作系统

除了主流的 Windows 系列操作系统以外，市场上还有 UNIX、Linux 和 Mac OS 等操作系统。下面对这些操作系统做一简要介绍。

1. UNIX

UNIX 这个名字是取 Multics 的反义，其诞生背景与特点一如其名。Multics 项目（MULTiplexed Information and Computing Service）由贝尔（电话）实验室 （Bell Telephone）Laboratories，BTL、通用电气（General Electric）公司和麻省理工学院联合开发，旨在建立一个能够同时支持数千个用户的分时系统，该项目因目标过于庞大而失败，于 1969 年撤消。退出 Multics 项目后，1969 年中期，贝尔实验室的雇员 Thompson 开始在公司一台闲置的只有 4KB 内存的 PDP-7 计算机上开发一个"太空漫游"游戏程序。

UNIX 是一个强大的多用户、多任务的服务器操作系统，支持多种处理器架构，技术成熟，具有可靠性高、网络和数据库功能强、伸缩性突出和开放性等特色，可满足各行各业的实际需要，特别能满足企业重要业务的需要，已经成为主要的工作站平台和重要的企业操作平台。

2. Linux

Linux 最初是由芬兰赫尔辛基大学计算机系大学生 Linus Torvalds，在 1990 年底到 1991 年的几个月中，为了自己的操作系统课程学习和后来上网使用而陆续编写的，在他自己买的 Intel 386 PC 上，利用 Tanenbaum 教授自行设计的微型 UNIX 操作系统 Minix 作为开发平台。据 Linus 说，刚开始的时候他根本没有想到要编写一个操作系统内核，更没想到这一举动会在计算机界产生如此重大的影响。最开始是一个进程切换器，然后是为自己上网需要而自行编写的终端仿真程序，再后来是为他从网上下载文件而自行编写的硬盘驱动程序和文件系统。这时候他发现自己已经实现了一个几乎完整的操作系统内核，出于对这个内核的信心和美好愿望，Linus 希望这个内核能够免费扩散使用，但出于谨慎，他并没有在 Minix 新闻组中公布它，而只是于 1991 年底在赫尔辛基大学的一台 FTP 服务器上发了一则消息，说用户可以下载 Linux 的公开版本（基于 Intel 386 体系结构）和源代码。

Linux 可以在个人计算机上实现全部的 UNIX 特性，具有多任务、多用户的能力。Linux 属于自由软件，用户可以免费获取它的源代码，并根据自己的需要进行修改。Linux 具有多个发行版本，比较流行的有 Fedora Linux、Ubuntu Linux，以及国内的红旗 Linux 等。

3. Mac OS

Mac OS 是苹果公司专门为自家的苹果计算机所设计的操作系统，它提供了独特的技术原理，将 UNIX 高度的可靠性与 Macintosh 的易用性结合在一起。Mac OS 简单易用，除了面向普通用户，其功能已逐步拓展到企业数据中心、校园系统和小型商用系统中。

二、Windows XP 操作系统基本操作

Windows XP 采用与 Windows 9x/2000 Server 相同风格的界面，并引入了许多新的功能与操作，其目的就是改进易用性，提高工作效率。

（一）登录 Windows XP

开机后等待计算机自行启动到登录界面，如果计算机系统本身没有设密码的用户，系统将自动以该用户身份进入 Windows XP 系统；如果系统设置了一个以上的用户并且有密码，用鼠标单击相应的用户图标，然后从键盘上输入相应的登录密码，并按【Enter】键，就可以进入 Windows XP 系统。

（二）Windows XP 桌面

进入 Windows XP 后，最先看到的就是桌面，如图 2-7 所示。

图 2-7　桌面

Windows XP 的桌面由桌面图标、任务栏和语言栏 3 部分组成。

1. 桌面图标的组成

桌面的左边放置了一些图标和文件夹。每个文件夹作为一个存储区，保存一些相关的内容。由于安装内容的不同，其桌面上文件夹的数量是不同的，但一般都有下列几个图标和文件夹。

（1）"我的电脑"图标。"我的电脑"是系统预先设置的一个系统文件夹，在该文件夹中包含有计算机中所有资源（各个部件）的可视标志，如软盘驱动器、硬盘驱动器、光盘驱动器、控制面板等。利用它可以实现对计算机磁盘的内容浏览、对磁盘进行格式化，以及进行文件管理等。

（2）"回收站"图标。"回收站"是系统预先设置的一个系统文件夹，该文件夹为 Windows XP 的垃圾桶。工作过程中删除的硬盘中的文件、文件夹等内容，Windows XP 先将其放在"回收站"里临时存放，就像办公室中的纸篓一样。若要恢复删除的东西，只要从"回收站"中"拣回来"就可以了（但从软盘、U 盘或网络驱动器中删除的文件或文件夹，将被直接彻底删除，不会放到"回收站"中）。

"回收站"实际上是系统在硬盘中开辟的专门存放被删除文件和文件夹的区域，它的容量一般占磁盘空间的 10%左右。如果"回收站"满了，则最先放入"回收站"的文件将被永久删除。若要更改"回收站"的容量，可用鼠标右键单击"回收站"图标，在弹出的快捷菜单中选择"属性"菜单命令，出现"回收站属性"对话框，如图 2-8 所示。该对话框可用于更改回收站的容量。

（3）"我的文档"图标。"我的文档"是系统预先设置的一个系统文件夹，是用户自己保存各种文档的文件夹，可方便地存取经常使用的文件。默认情况下，大部分的应用程序（如记事本、画图、Word 等）都将"我的文档"文件夹作为默认的存储位置。为了便于对各种多媒体文件的分类管理，Windows XP 在"我的文档"文件夹中增加了"图片收藏"和"我的音乐"两个子文件夹，而且系统将根据用户的使用情况动态地增加新的文件夹。为了提高个人文件的安全性和保密性，Windows XP 分别为使用同一台计算机的每一位用户创建了自己的"我的文档"文件夹，不同的用户登录到计算机后，只能看到自己的文件。

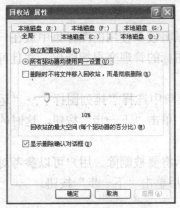

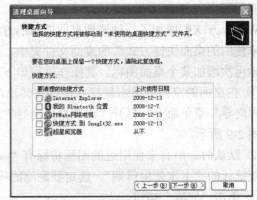

图 2-8　"回收站属性"对话框　　　　　　图 2-9　"清理桌面向导"对话框

默认情况下，"我的文档"文件夹的路径为"C：\Documents and Settings\用户名\My Documents"。可以根据自己的需要改变这个路径，方法是用鼠标右键单击"我的文档"图标，在弹出的快捷菜单中选择"属性"命令，在打开的"我的文档属性"对话框的"目标文件夹"中输入新的路径，或单击"移动"按钮找到新的路径。

（4）"Internet Explorer"图标。双击该图标，可快速地打开 Microsoft Internet Explorer 浏览器，登录 Internet。

（5）"网上邻居"图标。对于连入网络的电脑，"网上邻居"图标会出现在桌面上。在"网上邻居"窗口中，可以查看与操作网络上的资源，如创建和设置网络连接，以及共享数据、设备和打印机等各种网络资源。

2．管理桌面图标

（1）增加桌面图标。除了系统自动创建的图标外，用户可以根据自己的需要，为常用的文件夹或应用程序创建桌面图标，以便快速打开。

增加桌面图标有两种方法：在"我的文档"或"我的电脑"中找到要创建桌面图标的对象，按住【Ctrl】键，将图标拖动到桌面上的适当位置；用鼠标右键单击要创建桌面图标的对象，在弹出的快捷菜单中选择"发送到"→"桌面快捷方式"菜单命令。

（2）排列桌面图标。当桌面上创建了很多图标以后，为了保持桌面的整齐，并且能够快速找到某个桌面图标，可以利用 Windows XP 的管理工具组织排列这些图标。其操作步骤如下。

① 在桌面的空白处单击鼠标右键，打开桌面快捷菜单。

② 选择快捷菜单中的"排列图标"→"名称"、"大小"、"类型"或"修改时间"菜单命令，桌面图标将按照不同的顺序排列在桌面上。

若选择"排列图标"→"自动排列"菜单命令，则会出现选定标记"√"，这时系统将会把桌面上的所有图标按照系统内部规定的网格结构纵向依次排列在桌面的左侧，用户可以通过选择"名称"、"大小"、"类型"或"修改时间"菜单命令改变图标的前后顺序，但不能通过鼠标拖动把图标放在桌面的任意位置。

若选择"排列图标"→"对齐到网格"菜单命令，系统将会把分布在桌面各处的图标自动对齐到图标附近的网格，并且允许通过鼠标拖动分布图标。

（3）删除桌面图标。当感觉桌面图标太多时，可以选定图标，按【Del】键或单击鼠标右键，选择"删除"命令，即可删除桌面上的图标，但这并不会影响图标所对应的文件、文件夹或应用程序。

Windows XP 增加了一种清理桌面图标的方法，可以将较少使用的图标集中放在一个叫做"未使用的桌面快捷方式"的桌面文件夹中，使桌面图标的管理变得智能化，并且可以很方便地再次增加某个桌面图标。其操作过程如下。

① 在桌面的空白处单击鼠标右键，在弹出的快捷菜单中选择"排列图标"→"运行桌面清理向导"菜单命令，打开"清理桌面向导"对话框，单击"下一步"按钮，这时的对话框如图 2-9 所示。

② 默认时，所有未使用过的图标将标有"√"，表示将要被删除。用户可以参考对话框中系统统计的"上次使用日期"，选定要删除的项目，然后单击"下一步"按钮。

③ 单击"完成"按钮。

操作完成后，桌面上会出现一个"未使用的桌面快捷方式"图标，打开它，将会看到刚刚清理的桌面图标。

3．任务栏和语言栏的组成

桌面任务栏和语言栏如图 2-10 所示。

图 2-10　任务栏和语言栏

- 开始：位于桌面左下角，单击该按钮就会弹出"开始"菜单，所有应用程序、系统程序、关机、注销均可以从这里操作。
- 快速启动栏：一般用于放置应用程序的快捷图标，单击某个图标即可启动相应的程序，用户可以自行添加或删除快捷图标。
- 任务按钮：在 Windows XP 中可以打开多个窗口，每打开一个窗口，在任务栏中就会出现相应的按钮，单击某个按钮代表将其窗口显示在其他窗口的最前面，再次单击该按钮，可将窗口最小化。单击任意几个任务按钮，可以相互切换窗口。
- 提示区：其中显示了系统当前的时间、声音图标，还包括某些正在后台运行程序的快捷图标，如防火墙、QQ、杀毒软件等。用鼠标双击就可以将其打开；系统将自动隐藏近期没有使用的程序图标，单击箭头按钮将其展开。
- 语言栏：语言栏是一个浮动的工具条，单击语言栏上的"键盘"小图标，可以选择相应的输入法。 也可以按快捷键切换输入法，按住【Ctrl】键，再多次按【Shift】键，就可以在输入法之间切换。

（三）**Windows XP** 的窗口简介

应用程序启动后的矩形区域称为窗口，窗口是 Windows XP 的各种应用程序操作（工作）的地方。每个窗口的组成是类似的。

1．窗口的类型

Windows 的窗口有 3 种类型：应用程序窗口、文档窗口和对话框窗口。

（1）应用程序窗口。应用程序窗口表示一个正在运行的应用程序，它可以放在桌面上的任意位置。

（2）文档窗口。在应用程序窗口中出现的窗口称为文档窗口，用来显示文档或数据文件。文档窗口的顶部有自己的名字，但没有自己的菜单栏，它共享应用程序窗口的菜单栏。文档窗口只能在它的应用程序窗口内任意放置，因此当文档窗口最大化后，其名字就不再存在，而共享使用应用程序的名字。

（3）对话框窗口。对话框窗口是供人机对话时使用的窗口。

2．Windows 系统窗口组成

在 Windows 系统里边打开任何一个窗口（除程序、文件外），其界面的命令按钮均一样。在这里我们以"我的电脑"为例来介绍其功能，如图 2-11 所示。

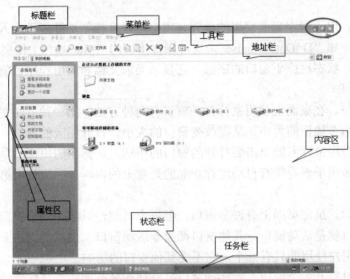

图 2-11 "我的电脑"窗口

（1）标题栏。显示当前打开盘符或文件夹的名称。在其最右边有 3 个按钮，第一个是最小化按钮 ▭，它位于标题栏的右边，其含义是将本窗口缩小成图标，放在任务栏上；最大化按钮 ▢/恢复按钮 ▧，其位于标题栏的右边。对应用程序窗口来说，最大化会使窗口充满整个屏幕；对文档窗口来说，会使窗口充满应用程序的整个工作空间。在窗口最大化后，最大化按钮 ▢ 就会变成恢复按钮 ▧，其作用是将窗口还原成原来的大小"最大化"。关闭按钮 ✕ 位于标题栏的右边，可用来关闭窗口。

（2）菜单栏。"菜单栏"由"文件"、"编辑"、"查看"、"收藏"、"工具"和"帮助"组成。

（3）工具栏。工具栏中的命令按钮实际上是常用菜单命令的快捷按钮，用户可以直接单击相应的按钮进行操作，如果按钮成灰色，代表在当前状态下是不可用的。以下分别介绍各自的作用。为了很好地说明"后退"和"前进"按钮的作用，我们先打开 D 盘下的 Data 文件夹，再打开里边的 Mucise 文件夹（以编者计算机为例），这时地址栏里面就会显示"D:\Data\Mucise"。

⊙ 后退·代表"后退"：由之前的假设我们知道，当前是在 Mucise 这个文件夹下，如果用户想后退到"Data"文件夹，就单击一下该按钮，单击 2 次就退回到"D 盘根目录下"，也可以单击旁边的下三角按钮，直接选择"D"就可以退回到 D 盘。

⊙·代表"前进"：意义和"后退"相反。

代表"向上"：单击该按钮，代表返回上一级窗口。

代表"查找"：这里的"搜索"和"开始，菜单里面的搜索"是完全一样的。

单击该按钮，在窗口左边就会出现一个层次目录，单击目录里边任何一个文件夹，在右边区域就会显示其中的内容。

这 4 个按钮分别是"剪切"、"复制"、"粘贴"、"删除"；用法和前边所述相同。

代表"撤消"，就是取消上一步的操作。

代表"属性"，单击某个对象后再单击该按钮，就可以查看该对象的属性。

代表"查看"，单击下三角按钮，选择不同的预览方式，就可以看到文件或文件夹不同的显示方式。

（4）地址栏。用于确定当前窗口的位置，用户可以直接在地址栏里输入路径来访问本地文件或网络文件，如"D:\Data\Mucise"，就可以直接访问"Mucise"文件夹。

（5）状态栏。状态栏位于窗口的底部，它显示当前文档和应用程序目前状态的信息。

3．窗口的操作

（1）打开窗口。在桌面上使用鼠标打开窗口有两种方法：第一种方法是双击要打开的图标，就可直接打两个边框的大小，从而改变窗口的大小。打开相应的窗口，这是最常用的方法；第二种方法是用鼠标右键单击要打开的窗口的图标，从弹出的快捷菜单中选择"打开"命令，这种方法多用于查看带有自动运行功能的光盘上的内容，因为使用第一种方法将启动自动运行程序。

（2）活动窗口。虽然桌面上有许多窗口，但每个时刻，只能在一个窗口上工作。这个正在进行工作的窗口就是活动窗口，其他窗口都为非活动窗口。也就是说，无论桌面上当前打开多少个窗口，用户使用的只有一个，它不受其他窗口的影响。

在桌面上同时打开多个窗口，则活动窗口是排列在最前面的，且标题栏高亮显示（颜色是深蓝色，而非活动窗口的标题栏是浅蓝色），对应的任务栏上的按钮显示为较深的蓝色，光标的插入点在活动的窗口中闪烁。从这几个方面就可以判断哪一个窗口为活动窗口。

要对窗口进行操作，必须先激活它，可以使用下列方法之一激活窗口。

■ 在任务栏上单击相应的应用程序按钮。

■ 单击该程序窗口中任意可见的地方。

■ 按【Alt+Tab】快捷键，正在运行的应用程序图标会循环显示（见图 2-12），出现所需的程序后，放开【Alt】键。

■ 按【Alt+Esc】快捷键，打开的应用程序窗口会循环显示，出现所需的窗口后，放开【Alt】键。

对文档窗口来说，激活时在其菜单栏上的"窗口"菜单里选择相应的文档名就可以了。

图 2-12　切换窗口

（3）窗口的移动。首先激活要移动的窗口，然后拖动标题栏到所需的位置。不能移动最大化或最小化的窗口。

（4）改变窗口的大小。首先激活要改变大小的窗口，将鼠标指针移动到窗口的一边或一角，这时鼠标指针变为水平改变大小状态↔（对窗口的左右边框来说）、垂直改变大小状态↕（对窗口的上下边框来说）或对角线方向改变大小状态↖↘（对窗口的对角来说），然后单击并拖动鼠标到需要的大小位置松开即可。

（5）最小化。用鼠标单击窗口标题栏上的最小化按钮 **—** 即可。

（6）最大化/恢复。单击窗口的最大化按钮 **□**，窗口最大化后，最大化按钮变为恢复按钮 **🗗**，单击它可以还原窗口的原来大小。

（7）关闭窗口。退出应用程序的方法之一就是关闭应用程序窗口，同样，关闭文档窗口就是关闭文档。单击关闭按钮 **✕**、双击系统菜单或按【Alt+F4】快捷键，均可关闭窗口。

（8）排列窗口。窗口排列有层叠、横向平铺和纵向平铺 3 种方式。操作方法为用鼠标右键单击任务栏的空白区域，在弹出的快捷菜单中进行选择。

层叠是指各窗口层层相叠，叠在后面的窗口基本上只显示标题栏；平铺是指各窗口不相叠（以横向或纵向的方式排列所有窗口），且铺满整个桌面。

层叠窗口便于多窗口之间的频繁切换，横向和纵向平铺窗口便于多窗口之间交换数据时进行拖放操作。

要将窗口恢复到原来的状态，可用鼠标右键单击任务栏上的空白区域，在弹出的快捷菜单中选择"撤消层叠"或"撤消平铺"命令即可。

（9）复制窗口或整个桌面图像。复制当前活动窗口的图像到剪贴板，可按【Alt+PrintScreen】快捷键，复制整个屏幕的图像到剪贴板可按【PrintScreen】键。

（四）Windows XP 的菜单

菜单栏中的菜单都是下拉式菜单，其中的菜单命令代表各种操作。

1．打开菜单

单击菜单栏上要用的菜单项名，就可以打开菜单。使用键盘的操作为【Alt】+菜单名上高亮的字母（热键），如"文件"里的【F】、"编辑"里的【E】等。

2．菜单中的命令

菜单中的命令包括下列几种情况。

（1）可运行的命令。这是最简单的情形，单击后可立即执行菜单命令，而不提示任何信息。如"编辑"菜单中的"复制"、"剪切"、"粘贴"命令，单击后将分别执行对所选定内容的复制、剪切及粘贴操作。

（2）出现子菜单。若菜单命令后带有"▶"，表明它有子菜单存在，在子菜单中可以选择要执行的菜单命令。

（3）出现对话框。若菜单命令后带有"…"，表明需要为运行命令提供更多的信息，选择该菜单命令后，就会弹出对话框。如在"文件"菜单中选择"打开"命令，就会出现"打开"对话框。

（4）选项标记。选择菜单命令后，菜单命令前有"•"标记的，表示被选中，再次选择该菜单命令，将取消选中。

（5）选中标记。选择菜单命令后，菜单命令前有"√"标记的，表示选择程序的某个功能，再选择一次该菜单命令，将取消"√"标记，表示不选择程序的该功能。

（6）分组线。菜单中常用分组线将菜单项分成几组。

（7）灰色菜单项。表示因不满足操作条件，目前不能使用的命令。

（8）快捷键标记。表示该菜单命令可以通过使用提示的键盘命令来执行。

（9）折叠标记 ✦。系统通常将不常用的菜单命令折叠起来，以减少占用屏幕空间，如果要使用被折叠的菜单命令，可将鼠标指针指向该标记，并等待一会儿，或单击该标记。

3．取消选定的菜单

若打开一个菜单后，发现没有可使用的菜单命令，这时就要退出菜单，为此可单击程序窗口任意非菜单区域或单击别的菜单或按【Esc】键。

4．系统菜单

除了菜单栏中的下拉式菜单外，每个 Windows XP 程序还有自己的系统菜单。用鼠标单击系统菜单图标（或按【Alt+空格】快捷键），就可以打开系统菜单。

系统菜单命令包括"最大化"、"最小化"、"还原"、"移动"和"关闭窗口"等。

5．快捷菜单

快捷菜单为常用菜单命令的快速使用方法。

许多 Windows 程序（及 Windows XP 本身）都提供快捷菜单，使用快捷菜单可以方便地访问常用的菜单。打开快捷菜单的方法是，选定需要操作的对象后单击鼠标右键，这时屏幕上就会弹出快捷菜单。

6．"开始"菜单介绍

对计算机的一切操作都可以从"开始"菜单开始。单击桌面左下角标有"开始"字样的按钮，将弹出如图 2-13 所示的界面，我们称为"开始"菜单，单击其中的某个图标，即可启动相应的程序或打开相应的文件或文件夹。

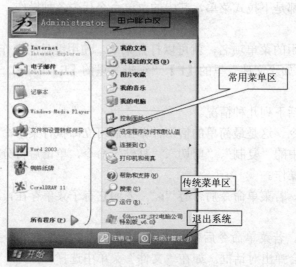

图 2-13　开始菜单

开始菜单分为 4 个区，分别为用户账户区、常用菜单区、传统菜单区、退出系统区。不同用户的"开始"菜单与该图菜单形式不同，这是因为菜单会随着系统安装的应用程序以及用户的使用情况自动进行调整的缘故。用户也可以执行"开始→控制面板→任务栏和开始菜单"命令，在弹出的对话框里边设置开始菜单的模式。单击"开始菜单"命令，可以选择"开始菜单"是"普通"的还是"经典"的。

- 用户账户区：显示用户在启动系统时选择用户名称和图标，单击该图标，将打开"用户账户"窗口，可在其中重新设置用户图标和名称等。
- 常用菜单区：位于"开始"菜单左边，其中显示了用户最常用的命令和"所有程序"

菜单项。单击就可以启动该程序。

- 所有程序（P）：用户安装的所有应用软件、系统软件、工具软件和系统自带的一些程序和工具，都可从这里启动，将鼠标移动到绿色箭头上，就会自动将下拉箭头展开。
- 运行（R）：通过输入 DOS 命令来运行某些程序。
- 搜索（S）：主要用于搜索计算机中的文件和文件夹。用户可以使用该命令按钮，查找文件或文件夹（知道计算机中有此文件/文件夹，但是回忆不起来放在何处），单击该按钮，就会在当前窗口的左侧出现搜索对话框，在"要搜索的文件或文件夹名为（M）:"栏中输入你要搜索的文件或文件夹的名称；在"搜索范围（L）:"栏中输入你要搜索的范围（D 盘，代表只在 D 盘里边寻找），如果知道它的日期、类型、大小，就单击前面的方格进行更近一步的设置，这样查找速度就会很快！最后单击"立即搜索"按钮，计算机就会查找该文件/文件夹，查找成功的话，就会在右边空白处显示出来。
- 帮助和支持（R）：系统自带的帮助程序，用户在操作时遇到问题可以通过它来解决。
- 打印机和传真：显示系统添加的打印机和传真，并可以添加新的。
- 连接到（T）：显示网络的连接，也可以添加新的连接。
- 控制面板：主要进行整个系统的设置，在后面的章节将详细介绍。
- 最近打开的文档：显示用户最近一段时间打开过的文件或文件夹。
- 我的文档 图片收藏 我的音乐 我的电脑：和桌面上的图标一致，单击可以直接打开。
- 收藏夹：用户可以将登录的网站添加到收藏夹里边，以后登录的时候就可以直接从收藏夹里打开，而不用记网址。

（五）Windows XP 的对话框

对话框在 Windows XP 中占有重要的地位，是用户与计算机系统之间进行信息交流的窗口，在对话框中选择选项，对系统进行对象属性的修改或者设置。

1. 对话框的组成

对话框的组成和窗口有相似之处，如都有标题栏，但对话框更侧重于与用户的交流，它一般包含有标题栏、选项卡与标签、文本框、列表框、组合框、命令按钮、单选按钮、复选框等几部分（见图 2-14）。

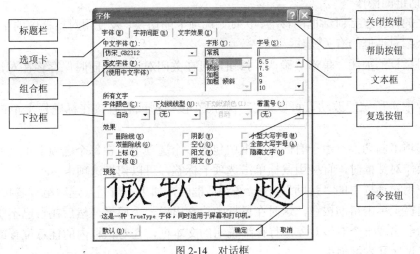

图 2-14 对话框

（1）标题栏。位于对话框的最上方，系统默认的是深蓝色，上面左侧标明了该对话框的名称，右侧有关闭按钮，有的对话框还有帮助按钮。

（2）选项卡和标签。在系统中有很多对话框都是由多个选项卡构成的，选项卡上写明了标签，以便于进行区分。用户可以通过各个选项卡之间的切换来查看不同的内容，在选项卡中通常有不同的选项组。

（3）文本框在有的对话框中需要手动输入某项内容，还可以对各种输入内容进行修改和删除操作。

（4）组合框。一般在其右侧会带有向下的箭头，可以单击箭头，在展开的下拉列表中选择列出的内容，也可以直接输入选择项中没有的内容。

（5）下拉框。有的对话框在选项组下已经列出了众多的选项，可以从中选取，但是通常不能更改。

（6）命令按钮。它是指在对话框中圆角矩形并且带有文字的按钮，常用的有"确定"、"应用"、"取消"等。

（7）复选框。它通常是一个小正方形，在其后面也有相关的文字说明，当用户选择后，在正方形中间会出现一个"√"标志，它是可以任意选择的。

（8）单选按钮。它通常是一个小圆形，其后面有相关的文字说明，当选中后，在圆形中间会出现一个小圆点，在对话框中通常是一个选项组中包含多个单选按钮，当选中其中一个后，别的选项是不可以选的。

另外，在有的对话框中还有调节数字的按钮，它由向上和向下两个箭头组成，使用时分别单击箭头，即可增加或减少数字，如图 2-15 所示。

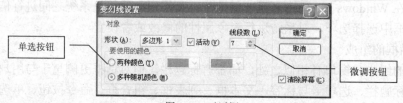

图 2-15　对话框

2．对话框的操作

对话框的操作包括对话框的移动、关闭、选项卡的切换，及使用对话框中的帮助信息等。下面就来介绍对话框的有关操作。

（1）对话框的关闭。单击"确认"按钮，可在关闭对话框的同时保存你在对话框中所做的修改。

如果要取消所做的改动，可以单击"取消"按钮，或者直接在标题栏上单击"关闭"按钮。

（2）选项卡的切换。由于有的对话框中包含多个选项卡，在每个选项卡中又有不同的选项组，在操作对话框时，直接用鼠标单击选项卡标签，可以切换选项卡。

（3）使用对话框中的"帮助"。在操作对话框时，如果不清楚某选项组或者按钮的含义，可以在标题栏上单击帮助按钮，这时在鼠标旁边会出现一个问号，然后在自己不明白的对象上单击，就会出现一个对该对象进行详细说明的文本框，在对话框内的任意位置或者在文本框内单击，说明文本框消失。

（六）Windows XP 资源的管理

使用 Windows XP 进行工作都要涉及到处理文件、文件夹等工作，使用"我的电脑"或"资源管理器"窗口，就可以方便地进行文件、文件夹、磁盘的操作。

1．文件系统、文件、文件夹及磁盘的基本概念

文件系统指文件命名、存储和组织的总体结构。Windows XP 支持 3 种文件系统：FAT、FAT32 和 NTFS。在安装 Windows XP、格式化磁盘或安装新的硬盘时，将会选择文件系统。

NTFS（New Technology File System）文件系统是 Windows 2000 推荐使用的文件系统，它具有 FAT 的所有基本功能，比 FAT 类型的文件系统更为可靠，可快速访问大容量的文件，还可访问 NTFS 分区上的文件。

（1）磁盘驱动器。在微型计算机中一般有 3.5 英寸的软盘驱动器（驱动器 A）、硬盘驱动器（驱动器 C）及光盘驱动器（驱动器 D）。在图 2-16 中，会看到这样的几个图标：这几个图标后面是字母和一个冒号，它们就叫盘符。"A："是软盘驱动器，就是使用软盘的地方，后面还写着"3.5 软盘"。"C："、"D："和"E："这 3 个图标都是一样的，它们表示计算机内部的硬盘，"F："这个图标表示光盘。平时我们的文件都保存在计算机的硬盘中。

图 2-16　磁盘驱动器

（2）文件夹。磁盘驱动器可划分为多个文件夹，用来保存相关的信息。如一般计算机中所具有的 Windows、My Documents 和 Programs File 文件夹。

一个文件夹里可以包含文档、应用程序、打印机及其他的文件夹。包含另一个文件夹的文件夹称为父文件夹，父文件夹中的文件夹称为子文件夹。

（3）文件。文件夹中所包含的相关信息，在计算机中称为文件，文件夹中可以包含各种各样的文件，文件类型是根据它们的信息类型的不同而分类的，不同类型的文件要用不同的应用程序打开。同时，不同类型的文件在屏幕上的图标也是不同的。文件大致可以分为以下 3 类。

①程序文件。程序文件是由二进制代码组成的，是可执行的文件，这类文件的文件扩展名一般为.exe 或.com。用鼠标双击这些文件就可以运行这个程序。

②数据文件。数据文件是存放各种类型数据的文件，它可以是可见的 ASCII 字符或汉字

组成的文本文件，也可以是二进制数组成的图片、声音、数值等各种文件，如图像文件、声音和影像文件、字体文件等。因此，数据文件是应用程序所使用的文件。

③文档。文档是应用程序所生成的文件。

在 Windows 中，设备（包括磁盘）是当做文件来操作的。因此在本节的讲解中，如不特别说明，文件是指文档、应用程序、设备及显示的任何文件。

（4）文件名的命名规则。① 文件名由主名和扩展名两部分组成，文件名长度不超过 255 个字符，其扩展名表示文件的类别，一般由应用程序在创建文档时自动加上，常用文件扩展名如表 2-1 所示。

表 2-1 　　　　　　　　　　　　　　常用文件扩展名

后缀名	文件类型	例子
.com	可执行文件	Command.com
.exe	可执行文件	Explorer.exe
.txt	纯文本文件	Readme.txt
.doc	Ms Word 文档	计算机教程.doc
.xls	Ms Excel 文档	工资表.xls
.ppt	Ms PowerPoint 演示文稿文件	计算机基础知识.ppt
.dll	动态链接库	Hdk3ct32.dll
.bmp	位图文件	Bliss.bmp
.htm	网页文件	Index.htm

Windows XP 将文件分为程序文件和文档文件两大类。所谓文档可以看成是某个应用程序的产品。例如，常用的文字处理软件 Word 2000 是一个应用程序，而利用该程序输入、编辑的文章，在存盘后得到的扩展名为.doc 的文件，则是一个 Word 产生的文档文件。

② 在文件名中不能出现"\"、"/"、"："、"*"、"?"、"<"、">"、"|" 等字符，因为这些字符已经定义了其他的用途。

③ 文件名不区分大小写。

（5）文件目录的组织形式和文件路径。目录（文件夹）是一个层次式的树形结构，目录可以包含子目录，最高层的目录通常称为根目录。根目录是在磁盘初始化时由系统建立的，也就是驱动器号。用户可以删除子目录，但不能删除根目录。

在同一个文件夹中的同一级中不允许出现同名的子文件夹或文件，但在同一个磁盘的不同文件夹中，可以出现同名的子文件夹或文件。

从文件夹的概念来看，最高层的文件夹就是桌面。文件都是存放在文件夹中，若要对某个文件进行操作，就应指明被操作文件所在的位置，这就是文件路径，把从根目录（最高层文件夹）开始到达指定的文件所经历的各级子目录（子文件夹）的这一系列目录名（文件夹名）称为目录的路径（或文件夹路径）。

路径的一般表达方式是：

驱动器号:\子目录 1\子目录 2\……\子目录 n 或驱动器号:\子文件夹 1\子文件夹 2\……\子文件夹 n

在使用文件的过程中，经常需要给出文件的路径来确定文件的位置。常常通过浏览的方式查找文件，路经会自动生成。

2．资源管理器

Windows XP 的资源管理器是浏览计算机中所有资源，并对这些资源进行管理的最方便有效的工具。

（1）资源管理器的打开与关闭。启动资源管理器程序并打开资源管理器窗口，可采用以下方法之一。

■　单击"开始"按钮，选择"所有程序"选项，在滑出的级联菜单中选择"附件"选项，再在子菜单中单击的"Windows 资源管理器"选项。

■　鼠标指针指向桌面上的"我的电脑"、"我的文档"、"回收站"或某个"文件夹"图标上，单击鼠标右键，在弹出的快捷菜单中选"资源管理器"选项。

■　用鼠标右键单击"开始"按钮，在弹出的快捷菜单中选"资源管理器"选项。

实际上，资源管理器是 Windows XP 自身携带的一个大程序，启动后的资源管理器如图 2-17 所示。

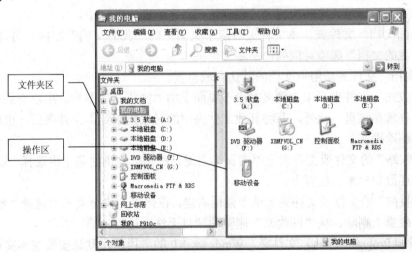

图 2-17　资源管理器

（2）资源管理器的组成。使用资源管理器的方便之处是可在同一窗口中浏览和管理系统所有的驱动器和文件夹，甚至包括桌面上的"我的电脑"、"我的文档"、"回收站"等。在图 2-17 中可以看到，资源管理器窗口上方有标题栏、菜单栏和工具栏，下方的窗口则由两部分构成：左侧窗格显示以树型结构排列的文件夹，或称文件夹树；右侧窗格显示当前打开的文件夹（或驱动器、桌面、桌面部件）的内容。在左侧窗格中将当前文件夹切换至另一文件夹后，新打开的文件夹的内容随即显示在右侧的窗格中。这种在同一窗口内左、右侧窗格的对应布局和排列，非常适合于对文件和文件夹等资源进行查看、移动、复制等操作。

在资源管理器左侧的文件夹树栏中可以看到，"桌面"相当于 Windows XP 最大的文件夹，它包含了系统所有的文件和其他资源。在"桌面"文件夹下通常有"我的电脑"、"我的文档"、"网上邻居"、"回收站"等。而在"我的电脑"文件夹下，又有软盘、硬盘、光盘、"打印机"、"控制面板"等。

资源管理器窗口的最底行是状态栏，用于显示帮助信息和当前的操作状态信息。

（3）文件夹的折叠与展开。在资源管理器左侧窗格的文件夹树中，一些文件夹前的方框中有一个小加号"⊞"，表示文件夹下面还有下级子文件夹，只是没有在文件夹树中显示出来；而文件夹前的方框中有一个小减号"⊟"，则表示该文件夹下有子文件夹，且这些子文件夹已经全部展开。

资源管理器为文件夹树提供了方便的折叠与展开操作，以便按需要选择观察整个文件夹树或仅仅观察其中感兴趣的某一部分细节。

①折叠文件夹。单击要折叠的文件夹前面方框中的小减号"⊟"，该文件夹的下属子文件夹即被折叠起来，其前面方框中的小减号随即变为小加号"⊞"。

②展开文件夹。单击要展开的文件夹前面方框中的小加号"⊞"，该文件夹的下属子文件夹便显示出来，其前面方框中的小加号随即变为小减号"⊟"。

（4）几个重要文件夹。资源管理器能对磁盘上的文件与文件夹分门别类地实施有效的组织管理。这里介绍 Windows XP 中的几个重要文件夹。

① "桌面"文件夹。桌面可以看作是 Windows XP 中最大的文件夹，在默认情况下，桌面上通常只出现"我的电脑"、"我的文档"、"网上邻居"和"回收站"几个图标。当在桌面上建立快捷方式图标时，这些快捷方式也将被记录在桌面文件夹中。

② "我的文档"文件夹。本文件夹对应于桌面上的"我的文档"图标。另外，"开始"菜单上的"我的文档"选项对应的也是本文件夹。

"我的文档"文件夹是用户文档的默认存放位置。

③ "回收站"文件夹。本文件夹对应于桌面上的"回收站"图标。用户删除的文件或文件夹就临时存放在这里。此外，若将其他文件夹中的对象拖放到本文件夹后，也就完成了对这些对象的删除操作。

在"回收站"的文件或文件夹上单击鼠标右键，在弹出的快捷菜单中选择"还原"选项，则该项目被还原到原来的位置上。

在"回收站"的文件或文件夹上单击鼠标右键，在弹出的快捷菜单中选择"删除"选项，则该项目从磁盘上删除。从"回收站"删除的项目无法再进行还原。

④ 程序（Program Files）文件夹。Windows XP 的应用程序默认安装在本文件夹中。应用程序在安装时会自动在本文件夹下创建自己的子文件夹，并将应用软件的实际内容装入到本文件夹内的相应子文件夹中。查看本文件夹可以了解本计算机系统中应用软件的安装情况。

⑤ Windows 文件夹。本文件夹中存放的是众多的 Windows XP 系统参数和系统程序。本文件夹中包含有许多重要的系统子文件夹及各种参数文件和程序。不要随意修改或删除本文件夹的内容，否则将很可能导致系统不能正常启动。

（5）资源管理器的查看方式。在资源管理器中可以查看系统的所有资源，使用合适的查看方法会提高工作效率。

进入"资源管理器"窗口菜单栏的"查看"菜单，如图 2-18 所示。其中每个选项都可改变资源管理器窗口的显示方式，下面介绍常用的几项。

■ 工具栏：是可复选的菜单项，其作用如同一个开关。选中时在窗口中显示出相应的工具栏，否则不显示。

■ 状态栏：也是可复选的菜单项。选中该菜单项，则在资源管理器窗口底部显示状态栏，不选中则不显示。

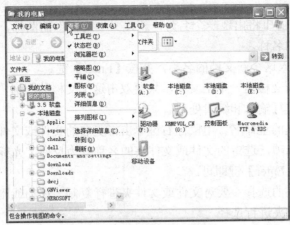

图 2-18　资源管理器的查看菜单

- ■　缩略图：选中此项，右侧窗格的内容将用缩略图显示。
- ■　平铺：选中此项，右侧窗格的内容将用大图标显示。
- ■　图标：选中此项，右侧窗格的内容将用小图标显示。
- ■　列表：选取此项，右侧窗格中的各项内容将以列表的方式显示出来。
- ■　详细资料：右侧窗格列出各项内容的详细资料。如文件或文件夹的修改日期与时间、文件的大小及文件的类型等信息。
- ■　排列图标：在默认情况下，资源管理器将文件按名称的字母顺序列出，也可选择按其他顺序列出。选择"排列图标"选项，可以从中选择系统提供的 4 种排序方式，即按名称、类型、大小和日期。

3．文件和文件夹的管理

掌握文件与文件夹的各种操作是掌握 Windows XP 的关键，也是操纵计算机的基本功。如前所述，在"我的电脑"与"资源管理器"中均能实现这些操作，这里主要以资源管理器为例，说明文件与文件夹的有关操作。

（1）创建文件或文件夹。

- ■　在资源管理器中，创建新文件夹的具体操作步骤如下。

①　在文件夹树窗格中选择需要在其下创建新文件夹的磁盘或文件夹，即选定新建文件夹的父文件夹。

②　选择"文件"菜单下的"新建"命令，在弹出的子菜单中选择"文件夹"选项。

③　此时，在右侧窗格将出现一个名为"新建文件夹"的图标，闪烁的光标表明等待用户输入这个新文件夹的名称。

④　用键盘直接输入新文件夹名，并按【Enter】键。

文件夹的命名与文件名一样，可以使用长文件名，可以使用汉字，可以加空格，但不能使用"？"、"*"、"／"等某些特殊的符号。

- ■　在资源管理器中，创建新文档的具体操作步骤如下。

①　在文件夹树栏中选择需要在其下创建新文件的磁盘或文件夹，即选定新文件所在的文件夹。

②　选择"文件"菜单下的"新建"命令，在弹出的子菜单中选择要创建的某一类文件，

例如选择"文本文档"。

③ 此时，在右侧窗口将出现一个名为"新建文本文档"的图标，闪烁的文字表明等待用户输入这个新文档的名称。

④ 用键盘直接输入这个新文档的名称，并按【Enter】键。

用此方法创建的新文档是一个空文档，只要双击这个文档的图标，就可以启动相应的程序，并打开这个文档进行输入和编辑处理。

（2）文件及文件夹的重命名。用鼠标右键单击待更名的文件或文件夹，在弹出的快捷菜单中选择"重命名"选项，选定的文件或文件夹的名称变为反白，光标在后面闪烁，此时直接输入新名称，并按【Enter】键即可。

（3）文件及文件夹的选择。要对文件或文件夹进行复制、移动或删除等操作，首先需要对被操作的文件或文件夹进行选择。

① 选择一个文件或文件夹。单击要选的文件或文件夹。

② 选择连续的多个文件或文件夹。先选择第一项，在按住【Shift】键的同时，用鼠标单击最后一项。

③ 选择不连续的多个文件或文件夹。在按住【Ctrl】键的同时，用鼠标单击每一选项。

④ 选择所有文件或文件夹。选择"编辑"菜单下的"全部选定"命令。

⑤ 取消选择。用鼠标单击窗口的空白处，即可取消所作的选择。此外，当重新进行选择时，会自动取消以前所作的全部选择。

（4）文件及文件夹的移动。移动文件或文件夹，具体操作步骤如下。

① 在窗口右侧栏内选定要移动的一个或多个文件（文件夹）。

② 在"编辑"菜单中选择"剪切"命令，将选定的文件或文件夹剪切到剪贴板。

③ 在资源管理器左侧的文件夹树栏中选定并打开要移动到的目标文件夹。

④ 在"编辑"菜单中选择"粘贴"命令，将剪贴板的内容粘贴到目的地。

（5）文件或文件夹的复制。复制文件或文件夹，具体操作步骤如下。

① 在右侧栏中选定要复制的一个或多个文件（文件夹）。

② 在"编辑"菜单中选择"复制"命令，将选定的文件或文件夹复制到剪贴板。

③ 在资源管理器的左侧栏中选定并打开要复制到的目标文件夹。

④ 选择"编辑"菜单中的"粘贴"命令，将剪贴板的内容粘贴到目标文件夹。

（6）文件或文件夹的发送。

如果要将硬盘或光盘上选定的文件或文件夹复制到软盘上，除了可以用上述复制方法外，还可以使用"发送"的方法。具体操作步骤如下。

① 选择要复制到软盘上去的一个或多个文件与文件夹。

② 选择"文件"菜单下的"发送"命令，或用鼠标右键单击选定的发送对象，在弹出的快捷菜单中选择"发送"命令。

③ 在"发送"子菜单中选择目标软盘。

用此种方法，还可以将选定的对象发送到"U 盘"、"移动硬盘"、"我的文档"、"我的公文包"、"邮件接收者"或"桌面快捷方式"等地方。

（7）文件或文件夹的删除。在 Windows XP 中删除文件或文件夹，同样需要首先选中被删除的对象，然后用以下多种方法之一将其删除。

■ 直接按【Del】键，再在弹出的对话框中加以确认。

■ 选择"文件"菜单中的"删除"命令，再加以确认。

■ 直接将选中的被删除对象拖放到左侧窗格的"回收站"文件夹中。

如果删除的是文件夹，则该文件夹下的所有文件与子文件夹都将被删除，所以操作时应十分小心。

（8）搜索文件或文件夹。通常在磁盘上存放有大量的文件与文件夹，当不清楚某个文件或某类文件的名称或存放地址时，可以利用"开始"菜单中的"搜索"命令进行查询，具体操作步骤如下。

① 单击"开始"按钮，在弹出的"开始"菜单中选择"搜索"命令，出现如图2-19所示窗口。

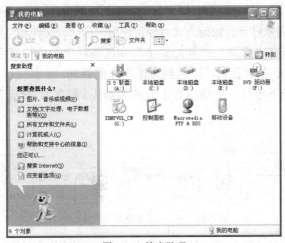

图 2-19 搜索助理

② 在"搜索助理"区域的"你要查找什么"选项组中，选择"所有文件和文件夹"选项，出现如图2-20所示窗口。

图 2-20 搜索助理

③ 在其"全部或部分文件名"文本框中输入要查找的文件与文件夹的名称（可以是部

分名称）。

④ 如果忘了文件的名称，还可以在"文件中的一个字或词组"文本框中输入要查找的文件中包含的内容。

⑤ 如果想要改变待搜索的驱动器，可单击"在这里寻找"下拉列表框，从中选择要搜索的驱动器。

⑥ 单击"搜索"命令按钮，系统即开始搜索，然后在窗口中看到查找到的一系列文件的列表。

（9）快捷方式。快捷方式是 Windows 提供的一种快速启动程序、打开文件或文件夹的方法。快捷方式中记录着要启动的程序、打开的文件或文件夹的位置及其运行参数的一个特殊的文件，是指向对象的软连接。当打开快捷方式时，Windows XP 根据快捷方式中记录的位置及运行参数，找到相应对象，然后将对象打开。快捷方式对经常使用的程序、文件和文件夹非常有用。

快捷方式一般存放在"桌面"、"开始菜单"和任务栏上的"快速启动"这 3 个地方。这 3 个地方都可以在开机后立刻看到，以达到方便操作的目的。

快捷方式图标的左下角有一个指向右上方的黑箭头。图 2-21 所示为一个文件及其快捷方式的图标。

图 2-21　文件与其快捷方式图标比较

可以在桌面上创建自己经常使用的程序或文件的快捷图标，在使用时直接在桌面上双击该对象的快捷方式，即可启动该对象。

创建桌面快捷图标可执行下列操作。

① 打开"资源管理器"，找到要在桌面上创建快捷方式的程序、文件或文件夹。

② 在该程序、文件或文件夹上单击鼠标右键，在弹出的菜单中选择"发送到"选项，再在滑出的菜单中选择"桌面快捷方式"选项（如图 2-22 所示），即可在桌面上创建一个该对象的快捷方式。

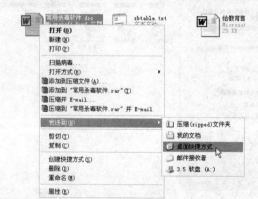

图 2-22　创建桌面快捷方式

快捷方式和原文件是有区别的。快捷方式是指向对象的软连接，当删除了快捷方式时，原对象是不会受到影响的。当删除了原对象后，该对象的快捷方式所指向的连接就不存在了，这个快捷方式也就没有用处了。

三、了解 XP 操作系统管理和维护

（一）个性化工作环境设置

使用控制面板，可以根据自己的操作习惯和工作需要，对工作环境的各个方面进行灵活的设置，如系统属性、调制解调器、电子邮件、Internet、电源管理、用户和密码、键盘、鼠标、网络、声音、多媒体设置等。更改后的信息保存在 Windows 注册表中，以后每次启动系统时，都将按更改后的设置进行。

选择"开始"→"控制面板"菜单命令，就可以打开"控制面板"窗口，如图 2-23 所示。

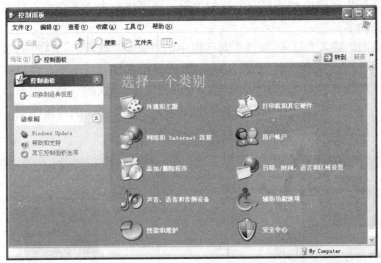

图 2-23 "控制面板"窗口

与以前 Windows 版本中的控制面板相比，Windows XP 的控制面板有了很大的变化，系统将多种多样的设置内容分为几个类别，如"外观和主题"、"添加/删除程序"等，单击后则会列出相关的具体设置任务和相关的控制面板图标。

如果用户习惯于以前版本的控制面板的样式，可在"控制面板"窗口左侧栏中单击"切换到经典视图"链接，即可使控制面板按照传统方式显示各个控制选项的图标。

1. 设置外观和主题

Windows XP 的外观和主题包括的任务有更该计算机的主题、更改桌面背景、选择屏幕保护程序、更改屏幕分辨率。外观和主题包括的控制面板图标有任务栏和开始菜单、文件夹选项、显示。其实这里的任务就是在单击"显示"图标后在弹出的"属性"对话框中进行设置的。文件夹选项在前面已经介绍过了，因此这里只讲述关于显示属性的设置及任务栏和开始菜单。

（1）设置主题。在控制面板的"外观和主题"窗口中单击"显示"链接，即可打开"显示属性"对话框，如图 2-24 所示。也可用鼠标右键单击桌面的空白处，然后选择快捷菜单中的"属性"菜单命令，打开该对话框。

"主题"是桌面背景、任务栏、窗口样式和一组声音的综合。在"主题"下拉列表框中，

系统提供了 5 种选项。

- Windows XP：这是系统默认使用的主题，在桌面上只有一个"回收站"图标，桌面的色彩靓丽明快。
- Windows 经典：这是以前版本的 Windows 操作系统一直采用的传统形式的桌面主题，以供习惯旧样式的用户选用。
- 其他联机主题：当用户与 Internet 连接时，可以访问 Microsoft 网站，下载更新桌面主题。
- 浏览：如果用户的硬盘中存储了其他的桌面主题文件，可以由此启用自己喜欢的桌面主题。
- 我的当前主题：用户当前使用的主题。

可以在"示例"区域中浏览不同主题的效果，还可以单击"另存为"按钮，将修改后的主题保存并重新命名。

（2）设置桌面。进入"显示 属性"对话框中的"桌面"选项卡，这时的对话框如图 2-25 所示。在"背景"列表框中列出了 Windows XP 提供的多种背景图案，可以逐个单击背景的名称，并在其上的浏览窗口中浏览每个图案，找到自己最喜欢的一个。也可以单击"浏览"按钮，在打开的对话框中选择存储在硬盘中的图像文件作为桌面的背景图案。存储在"图片收藏"文件夹中的图片会自动出现在"背景"列表框中。

图 2-24 "显示属性"对话框的"主题"选项卡

图 2-25 "显示属性"对话框的"桌面"选项卡

在"位置"下拉列表框中可以选择图片的如下显示方式。

- 居中：图片以原文件尺寸显示在屏幕的中间。
- 平铺：图片以原文件尺寸铺满屏幕。
- 拉伸：图片拉伸充满整个屏幕。

在"颜色"下拉列表框中，可以选择一种颜色作为桌面的底色。当在"背景"列表框中选择了"无"选项时，桌面上将没有任何背景图案，只使用"颜色"下拉列表框中指定的颜色作为桌面的底色。另外，当选用的图片比屏幕小，且选用了"居中"方式时，则会在图片的周围显示出桌面的底色。

单击"自定义桌面"按钮，即可打开"桌面项目"对话框。在"常规"选项卡的"桌面图标"选项组中，可以设定是否在桌面上显示 3 个基本桌面图标，如图 2-26 所示。

用户可以按照自己的喜好更改系统默认使用的图标，在"常规"选项卡中间的图标列表框中，单击希望更改的图标，再单击"更改图标"按钮，将弹出"更改图标"对话框，可以在图标列表框中浏览并选择自己喜欢的图标。若觉得效果不好，也可单击"还原默认图标"按钮，恢复使用系统的默认图标。

在"常规"选项卡中还可以进行桌面清理。

进入"Web"选项卡，这时的对话框如图 2-27 所示。可以选择"网页"列表框中列出的网页作为桌面背景。单击"新建"按钮，可以在打开的对话框中将 Web 网页加入"网页"列表框中，单击"同步"按钮，可以使 Web 网页和 Internet 中相应的网页的内容保持相同。

　　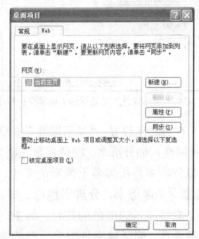

图 2-26　"桌面项目"对话框的"常规"选项卡　　　　图 2-27　"桌面项目"对话框的"Web"选项卡

（3）设置屏幕保护程序。当计算机闲置几分钟后（没有使用键盘或鼠标等输入设备），就可以运行屏幕保护程序。屏幕保护程序使屏幕上不停地显示一些移动的图形、动画、图片、图案等。当我们再次触动键盘或鼠标等输入设备时，就会终止屏幕保护程序的运行，恢复原来应用程序的状态。

要设置屏幕保护程序，可在"显示属性"对话框中进入"屏幕保护程序"选项卡，这时的对话框如图 2-28 所示。

在该对话框的"屏幕保护程序"下拉列表框中选择需要的屏幕保护程序，"等待"数值框可用来设置控制屏幕保护程序启动前屏幕闲置的时间（1～60min）。单击"预览"按钮，可预览屏幕保护程序的运行效果。单击"设置"按钮，可以在弹出的对话框中设置屏幕保护程序的属性。选定"在恢复时使用密码保护"复选框后，可以保护计算不被其他人使用，当屏幕保护程序运行后，若要恢复到正常的屏幕状态，必须输入正确的口令（登录时的口令），否则是无法恢复的。

（4）设置外观。进入"显示属性"对话框中的"外观"选项卡，这时的对话框如图 2-29所示。在"窗口和按钮"下拉列表框中有"Windows XP 样式"和"Windows 经典样式"两个选项。对应两种样式，在"色彩方案"下拉列表框中列出了不同的选项，当用户选择了"Windows XP 样式"时，只有"默认（蓝）"、"橄榄绿"和"银色"3 种；当用户选择了"Windows经典样式"时，则有多种丰富的色彩方案。在"字体大小"下拉列表框中有 3 种选择："正常"、

"大"和"特大"。在对话框上部的预览框中会随时根据用户的设置显示新的外观，以便用户选择使自己视觉最舒服的色彩与字体的搭配。

图2-28　"显示属性"对话框的"屏幕保护程序"

图2-29　"显示 属性"对话框的"外观"

（5）视频显示设置。"显示属性"对话框的"设置"选项卡（见图2-30）可用来设置视频显示的各种属性，如分辨率、颜色质量和刷新频率等。

屏幕分辨率是指屏幕上像素的多少，包括宽度和高度两方面，如800像素×600像素和1024像素×768像素。分辨率越高，屏幕上显示的内容越多，但是字体会较小。颜色质量是指屏幕上能够显示的颜色的数目，如16色和256色。颜色数目越大，屏幕上显示的图片的色彩就会越逼真。刷新频率是指显示器的刷新速度，刷新频率太低，会使用户的眼睛感觉疲劳。因此，用户应该使用显示器所能支持的较高的刷新频率，以保护自己的眼睛。

用户可以从"显示"下拉列表框中查看计算机上安装的显示设备的型号，即"××上的××"。其中，前者为显卡，后者为显示器。在"屏幕分辨率"选项组中拖动滑块可以调整分辨率。在"颜色质量"下拉列表框中列出了系统能够支持的颜色数目，一般选择"最高（32位）"选项。

单击"高级"按钮，打开"高级设置"对话框，再单击"监视器"选项卡。在"屏幕刷新频率"下拉列表框中列出了系统能够支持的屏幕刷新频率范围。当用户改变了刷新频率并单击"确定"按钮时，系统会弹出警告信息，提示这种设置可能会导致运行异常，询问用户是否继续，单击"是"按钮，即可继续完成设置。

2. 设置键盘和鼠标

（1）设置键盘。使用键盘会有这样的感觉：当按下某个字母键且在屏幕上出现字母后，需要经历一个短暂的延迟时间才会出现第二个相同的字母（这称为重复延迟）；随后以某种连续、均匀的速度重复字母（称为重复率）。对键盘使用不熟练的用户来说，可能需要较长的延迟时间和较慢的重复率；而对键盘使用熟练的用户来说，则可能需要短暂的延迟时间和快速的重复率，从而加快输入速度。

在Windows XP中可以对重复延迟和重复率进行设置，以适应用户的需要。设置方法是单击"控制面板"窗口中的"打印机和其他硬件"链接，在打开的"打印机和其他硬件"窗口的"或选择一个控制面板图标"中单击"键盘"链接，这时弹出"键盘 属性"对话框，如

图 2-31 所示。

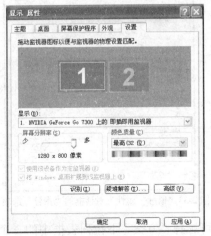

图 2-30 "显示属性"对话框的"设置"选项卡

图 2-31 "键盘属性"对话框

可以拖动"字符重复"选项组中的"重复延迟"和"重复率"滑块来进行设置。一般可将"重复延迟"调整到最短，并将"重复率"调整到最快。

若要测试定制的效果，可单击"字符重复"选项组中的文本框，然后随便按下一个字母或数字键，文本框中就会出现重复的字母或数字，测试满意后，单击"确定"按钮即可。

另外，在"键盘 属性"对话框中还有一个"光标闪烁频率"选项组，拖动其中的滑块可以设置光标的闪烁速度。一般可将闪烁速度设置为一个中等速度，太慢的速度不利于在编辑文档时查找光标的位置，太快的速度容易产生视觉疲劳。

（2）设置鼠标。单击"控制面板"窗口中的"打印机和其他硬件"链接，在"打印机和其他硬件"窗口的"或选择一个控制面板图标"中单击"鼠标"链接，这时弹出"鼠标 属性"对话框，如图 2-32 所示。

对鼠标的设置包括左右手习惯、双击速度、选择鼠标指针、指针速度与轨迹等。

① 设置鼠标键。鼠标一般是用右手来操作的，若习惯用左手操作鼠标，可以将鼠标的左右键调换过来，使右鼠标键作为主鼠标键。

调换后，就可以用左手进行操作了。这些操作包括用鼠标右键进行单击与双击操作、用鼠标右键进行拖放、用鼠标左键单击弹出的快捷菜单等。

在"鼠标 属性"对话框中进入"鼠标键"选项卡（这时的对话框如图 2-32 所示），然后在"鼠标键配置"选项组中选中"切换主要和次要的按钮"复选框。

单击与双击之间是以双击速度来区分的，高于这个速度的称为双击，低于这个速度的就称为两次单击。在图 2-32 所示的对话框中，拖动"双击速度"选项组中的滑块，就可以调整双击速度。

若要测试调整后的双击速度，可以双击"双击速度"选项组中的文件夹图标，如果此时Windows XP 可以识别出双击，文件夹就会打开，表示双击成功。

② 设置指针。Windows XP 中的鼠标指针形状可由用户改变。在"鼠标 属性"对话框中进入"指针"选项卡，这时的对话框如图 2-33 所示。

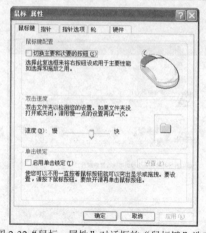

图 2-32 "鼠标　属性"对话框的"鼠标键"选项卡　　图 2-33 "鼠标　属性"对话框的"指针"选项卡

若要选择一种 Windows XP 提供的指针方案，可选择"方案"下拉列表框中的一个选项，系统会自动在"自定义"列表框中列出这种方案对应的一组系统事件的指针外观，以供用户预览与选择。用户可以选用整套的方案，也可以修改方案中的某个系统事件对应的指针外观。在"自定义"列表框中选中某个系统事件的名称，然后单击"浏览"按钮，便可在打开的对话框中选用其他指针外观。对方案进行修改后，可以单击"另存为"按钮，将自己精心设计的方案重新命名并保存下来，以便以后使用，也可以单击"使用默认值"按钮，将自己不满意的改动恢复为系统的默认外观。如果用户希望指针的外观具有立体感，可以选中"启用指针阴影"复选框。

③ 设置指针选项。在"鼠标　属性"对话框中选择"指针选项"选项卡，这时的对话框如图 2-34 所示。

在"移动"选项组中，用户可以拖动滑块调整鼠标指针的移动速度。指针的移动速度会影响鼠标移动的灵活程度，默认情况下，系统使用中等速度，并且启用"提高指针精确度"复选框，如果取消选择该复选框，可以提高移动速度，但是会降低鼠标的定位精确度。

在"取默认按钮"选项组中，如果选中"自动将指针移动到对话框中的默认按钮"复选框，鼠标指针将自动移动到当前打开的对话框中的默认按钮上，以便用户直接单击按钮。

在"可见性"选项组中，如果选中"显示指针踪迹"复选框，可使鼠标在移动时显示移动轨迹，以便用户跟随轨迹确定鼠标的位置，拖动滑块可调整轨迹的长短。如果选中"在打字时隐藏指针"复选框，则在进行文字输入时，指针会自动隐藏，以避免指针影响用户的视线。如果选中"当按【Ctrl】键时显示指针的位置"复选框，则当用户找不到指针的位置时，按下【Ctrl】键，系统便会特殊显示指针的位置。

3．设置区域

不同的国家和地区使用不同的日期、时间和语言，并且所使用的数字、货币和日期的书写格式也会有很大的差异，为了满足世界各地用户的不同需要，Windows XP 允许用户选择自己所在的区域，并启用对应该区域的标准时间、标准语言和标准格式。

Windows XP 的控制面板中的"日期、时间、语言和区域"包括"区域和语言选项"和"日期和时间"两部分。语言的设置将在输入法设置中进行讲解，这里主要介绍区域的设置。

打开"控制面板"窗口，单击"日期、时间、语言和区域设置"链接，在弹出的"日期、时间、语言和区域设置"窗口中单击"区域和语言选项"链接，这时打开"区域和语言选项"对话框，如图 2-35 所示。

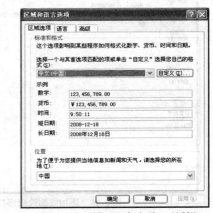

图 2-34 "鼠标 属性"对话框的"指针选项"选项卡 　　图 2-35 "区域和语言选项"对话框

在该对话框的"标准和格式"选项组中的下拉列表框中选择自己使用的语言，如"中文（中国）"；在"位置"下拉列表框中选择自己所在的国家，如"中国"，系统将自动启用该区域的标准的数字、货币、时间和日期的书写格式，并在对话框的"示例"区域中显示每一项的格式范例。

用户可以根据自己的习惯或工作需要修改标准格式，方法是单击"自定义"按钮，打开"自定义区域选项"对话框，该对话框中包括"数字"、"货币"、"时间"、"日期"和"排序"5 个选项卡，每个选项卡的设置方法基本相同。用户可以在某一项的文本框中输入自己需要使用的格式，也可以在下拉列表框中选择系统提供的其他格式，并可在对话框的"示例"中看到设置的综合效果。

4．添加和删除程序

Windows XP 为用户提供了一个功能强大的工作环境，而各种应用程序则可以为用户提供某一方面的特殊功能。用户可以根据自己的娱乐或工作需要，将一些应用程序安装到 Windows XP 中，使 Windows XP 成为能够满足自己各方面需要的工作环境。单击控制面板中的"添加/删除程序"按钮，即可打开"添加或删除程序"窗口，其中包括"更改或删除程序"、"添加新程序"、"添加/删除 Windows 组件"和"设定程序访问和默认值"4 个功能按钮。

（1）添加新程序。当需要安装应用程序时，首先将安装盘放入光驱（或在 Internet 上下载需要的程序），有些应用程序会自动启动安装程序，用户只需按照屏幕上的向导操作，即可完成程序的安装。有些程序则没有自动安装的功能，用户可以使用 Windows XP 提供的安装应用程序的功能进行安装，操作步骤如下。

① 在控制面板中单击"添加/删除程序"按钮，打开"添加或删除程序"窗口，在该窗口中单击"添加新程序"按钮，打开的设置界面如图 2-36 所示。

② 单击"CD 或软盘"按钮，打开"从软盘或光盘安装程序"对话框。单击"下一步"按钮，系统开始在软盘或光盘中搜索安装程序。

③ 搜索完毕，系统弹出"运行安装程序"对话框。如果系统搜索到了安装程序，则会在"打开"文本框中显示安装文件的路径；如果没有搜索到，系统会在对话框中显示提示信

息，用户可以单击"浏览"按钮，自己指定安装文件的位置。

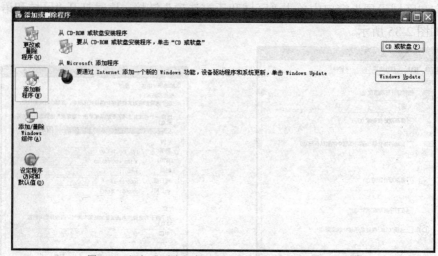

图 2-36 "添加或删除程序"窗口的"添加新程序"设置界面

④ 单击"完成"按钮，系统开始安装应用程序。

一般安装新的程序采用的方法是：将光盘插入到驱动器中，在光盘中找到安装程序（一般是 sepup.exe 文件），或将从 Internet 上下载的安装包进行解压，在解压后的文件夹中找到安装程序，双击安装程序，启动安装向导，按照安装向导的提示，就可以快速安装应用程序。

（2）删除程序。有些应用程序具有卸载功能，只要选择"开始"→"所有程序"菜单命令中应用程序的名称，便会在它的子菜单中看到"卸载××"或"Uninstall××"命令，然后按照提示逐步操作即可。有些程序则没有卸载功能，这时可使用 Windows XP 提供的删除应用程序的功能进行删除，操作步骤如下。

① 在控制面板中单击"添加/删除程序"，打开"添加或删除程序"窗口，单击"更改或删除程序"按钮，这时的设置界面如图 2-37 所示。

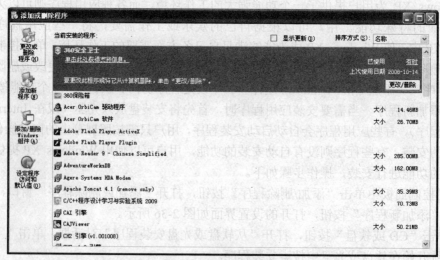

图 2-37 更改或删除程序

② 在该设置界面中，选中要删除的应用程序，系统将高亮显示该程序，并列出该程序

的详细信息，然后单击"更改/删除"按钮。

③ 系统会弹出确认对话框，询问用户是否删除该程序，单击"是"按钮，系统便开始删除该应用程序。

（3）添加/删除 Windows 组件。在安装 Windows XP 时，系统会安装所有基本的 Windows 组件，使用户能够使用操作系统的各项基本功能。在安装 Windows XP 之后，用户可以在任何时候添加其他组件，以便充分利用 Windows XP 的丰富功能，或者删除某个不需要使用的 Windows 组件，以便节省硬盘空间。其操作步骤如下。

① 在"添加或删除程序"窗口中，单击"添加/删除 Windows 组件"按钮，打开"Windows 组件向导"对话框，如图 2-38 所示。

在"组件"列表框中列出了可以添加或删除的 Windows 组件，在"描述"区域中介绍了选中的某个组件的内容和功能，并列出了安装组件需要的磁盘空间和磁盘可用空间，用户可以参考这些信息决定是否添加或删除该组件。

若某个 Windows 组件包含一个以上的子组件，当选中该组件时，单击"详细信息"按钮，即可在打开的对话框中查看子组件的信息。

② 要添加某组件，就选中该组件的复选框，再单击"下一步"按钮；若要删除整套组件，就取消该组件的复选框，再单击"下一步"按钮。

若要添加某个组件的部分子组件，可在单击该组件的名称后再单击"详细信息"按钮，并在打开的对话框中选中子组件的复选框，单击"确定"按钮，返回"Windows 组件向导"对话框，最后单击"下一步"按钮，系统则会添加用户选择的子组件。

5．定制任务栏与开始菜单

任务栏与开始菜单是操作中经常要用的，可以对它们进行设置来适应用户的需要。定制任务栏与开始菜单可以使用下列方法之一打开"任务栏和「开始」菜单属性"对话框。

■　选择"开始"→"控制面板"→"外观和主题"→"任务栏和开始菜单"菜单命令。

■　在任务栏的空白处单击鼠标右键，在弹出的快捷菜单中选择"属性"菜单命令。

（1）设置任务栏。进入"任务栏和「开始」菜单属性"对话框中的"任务栏"选项卡，这时的对话框如图 2-39 所示。该对话框中复选框的意义分别如下。

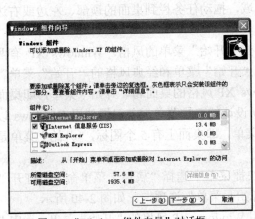

图 2-38 "Windows 组件向导"对话框

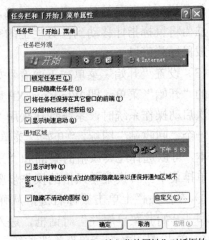

图 2-39 "任务栏和「开始」菜单属性"对话框的"任务栏"选项卡

- 锁定任务栏：选定后，任务栏将锁定在桌面上的当前位置，这样任务栏就不会被移动到新的位置，同时还锁定显示在任务栏上的任意工具栏的大小和位置，这样工具栏也不会被更改。

- 自动隐藏任务栏：选定后，在任何一个应用程序窗口中工作时，任务栏将在屏幕的最底部缩小为一条细线，为用户留出了整个桌面。若将鼠标指针移动到屏幕的底部，任务栏就可以重新显示出来，并可以使用。若将鼠标指针再向上移动，任务栏又返回到细灰线状态。

- 将任务栏保持在其他窗口的前端：默认情况下，任务栏总是显示着，这样对运行应用程序的窗口空间就有一些限制，若要为应用程序多留一些桌面空间，可以不选定该复选框，这时在最大化应用程序窗口时，窗口就会占据整个桌面。这时任务栏依然存在，只不过程序窗口覆盖在它的上面。若要使用任务栏与开始菜单，按【Ctrl+Esc】快捷键即可，在原窗口的任意位置单击鼠标，就可以返回到原来的状态。

- 分组相似任务栏按钮：选定后，如任务栏上的按钮太多，则同一个程序的按钮就会折叠为一个按钮，单击该按钮，就可以访问所需的文档，用鼠标右键单击该按钮，就可以关闭所需的全部文档。

- 显示快速启动：选定后，将在任务栏上显示快速启动工具栏。

- 显示时钟：选定后，可以在任务栏的通知区显示时间。

- 隐藏不活动的图标：选定后，可以隐藏不常用的图标。

（2）扩充任务栏。若打开的应用程序特别多，那么任务栏将会出现超载的现象：每个程序所占的空间非常小，从而很难识别出它代表什么。

若想将任务栏中的图标、字母都显示清楚，又不介意占用太多的屏幕空间，就可以采取扩充任务栏的方法，让任务栏显示多行的按钮。其方法是将鼠标指针指向任务栏的上边框，当鼠标指针变为 ↕ 形状时向上拖动，直到满意为止。

另外，在任务栏的快捷菜单中选择"工具栏"→"桌面"菜单命令，则可以将桌面上所有的快捷方式像运行的应用程序一样，在任务栏中显示出来。

任务栏一般总是被放在桌面的底部，也可以将任务栏移动到桌面的顶部、左边或右边。其方法为将鼠标指针移动到任务栏上的空白区域，拖动任务栏到桌面的顶部、左边或右边，再释放鼠标就可以了。

（3）设置"开始"菜单。下面看看如何改变"开始"菜单的风格。Windows XP 有两种风格的"开始"菜单，即 Windows XP 风格的"开始"菜单和经典风格的"开始"菜单。当第一次启动操作系统时，系统默认采用 Windows XP 风格的桌面和"开始"菜单，即桌面上只有一个"回收站"图标，"开始"菜单是全新设计的双排菜单。若习惯使用 Windows 以前的版本，可以选择经典风格的桌面和"开始"菜单，即桌面上有 5 个图标，"开始"菜单是老式的单排菜单。转换菜单风格的操作步骤如下。

① 在任务栏上单击鼠标右键，从弹出的快捷菜单中选择"属性"菜单命令，打开"任务栏和「开始」菜单属性"对话框，进入"「开始」菜单"选项卡，如图 2-40 所示。

② 单击"「开始」菜单"单选按钮，则使用 Windows XP 风格的"开始"菜单；选中"经典「开始」菜单"单选按钮，则使用经典风格的"开始"菜单。

下面看看如何自定义 Windows XP "开始"菜单。为了帮助用户更好地使用"开始"菜单，系统允许用户根据自己的需要和喜好自定义"开始"菜单，其操作步骤如下。

① 在"任务栏和「开始」菜单属性"对话框的"「开始」菜单"选项卡中，单击"自定义"按钮，打开"自定义「开始」菜单"对话框，如图 2-41 所示。

图 2-40　"任务栏和「开始」菜单属性"对话框　　　图 2-41　"自定义「开始」菜单"对话框的"常规"选项卡

② 在"常规"选项卡中，有 3 个设置区域。

■　"为程序选择一个图标大小"选项组用于选择在"开始"菜单中显示的图标样式，系统默认为大图标。

■　"程序"选项组用于指定在"开始"菜单中显示的常用程序的快捷方式的个数，系统默认为 6 个。

■　"在「开始」菜单上显示"选项组用于选定或取消选中"Internet"和"电子邮件"复选框，从而确定在"开始"菜单中是否显示网络应用程序，也可以从"Internet"和"电子邮件"右侧的下拉列表框中选择浏览网页和收发电子邮件的其他方式。浏览网页的方式有 Internet Explore 和 MSN Explore，收发电子邮件的方式有 Hotmail、MSN Explorer 和 Outlook Express。

③ 单击"高级"选项卡，这时的对话框如图 2-42 所示。其中有 3 个设置区域。

■　"「开始」菜单设置"选项组用于选择鼠标的响应方式和新程序的显示方式。

■　"「开始」菜单项目"选项组用于选择在"开始"菜单中显示的菜单项目及某些项目的显示方式。

■　"最近使用的文档"选项组：默认情况下，在"开始"菜单中没有"我最近的文档"选项，若希望显示这一项，选中"列出我最近打开的文档"复选框即可。当"我最近的文档"子菜单中列出的文件记录太多时，可以单击"清除列表"按钮，删除所有记录。

6. 输入法及其设置

Windows 支持汉字扩展内码规范 GBK。Windows XP 中文版内置的输入法有全拼、双拼、智能 ABC、区位、郑码和微软拼音输入法。

（1）安装/删除输入法。要安装/删除输入法，可单击控制面板中的"日期、时间、语言和区域设置"链接,然后单击"区域和语言选项"链接,弹出"区域和语言选项"对话框,进入"语言"选项卡,在该对话框中单击"详细信息"按钮,弹出"文字服务和输入语言"对话框(也可用鼠标右键单击语言栏,在弹出的快捷菜单中选择"设置"命令),如图 2-43 所示。当前已经安装的输入法会显示在"已安装的服务"列表框中。

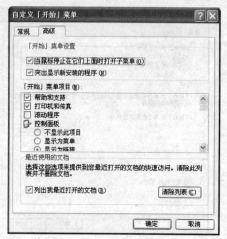

图 2-42 "自定义「开始」菜单"对话框的 "高级" 选项卡

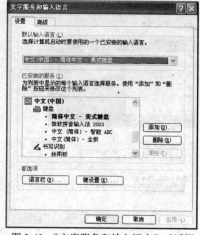

图 2-43 "文字服务和输入语言"对话框

① 安装输入法。在图 2-43 所示的"文字服务和输入语言"对话框中单击"添加"按钮,弹出"添加输入语言"对话框。在该对话框中选中"键盘布局/输入法"复选框,然后在"键盘布局/输入法"下拉列表框中选择需要的键盘布局/输入法,最后单击"确定"按钮,返回到"文字服务和输入语言"对话框,添加的输入法出现在"已安装的服务"列表框中。

② 删除输入法。要删除输入法,可在"文字服务和输入语言"对话框的"已安装的服务"列表框中选定它,然后单击"删除"按钮。

(2)输入法属性的设置。要设置输入法的属性,可在"文字服务和输入语言"对话框中选定要设置属性的输入法,然后单击"属性"按钮,这时弹出"输入法设置"对话框(或用鼠标右键单击输入法状态栏,在弹出的快捷菜单中选择"设置"命令)。

输入法属性的设置,一般有以下几项。

■ 光标跟随:选定时,表示光标跟随有效,即输入法的外码(编码)窗口和候选窗口随插入点的不同而移动。

■ 词语联想:选定时,表示允许词语联想,默认为不选定。

■ 逐渐提示:选定时表示允许检索提示,当不允许检索提示时,只有出现重码或有联想时,才有选择提示,默认为选定。

■ 词语输入:选定时,表示允许字词混合输入,否则只可输入单字,默认为选定。

■ 外码提示:选定时,表示外码提示有效,否则无效,默认为选定。

(3)设置语言栏。在进行文字输入或文字编辑时,用户通常习惯将输入法的语言栏显示在屏幕上,这样便于查看输入法的各项设置和状态。Windows XP 还提供了语言栏的设置功能,这样可以定义个性化的语言栏。设置语言栏的操作为:在"文字服务和输入语言"对话框中单击"语言栏"按钮,打开"语言栏设置"对话框;在该对话框中,可以启用语言栏内置的一些功能,例如,启用"处于非活动状态时,语言栏显示透明"功能;可以避免语言栏遮挡而妨碍用户使用其他的功能；启用"在桌面上显示语言栏"功能；则语言栏显示在桌面上；若要隐藏语言栏，可单击语言栏的最小化按钮；若要重新显示语言栏，可用鼠标右键单击任务栏上的语言栏，选择快捷菜单中的"还原语言栏"命令。

（二）优化系统性能

Windows XP 增强了系统的智能化特性，系统能够自动对自身的工作性能进行必要的管理和维护。同时，Windows XP 提供了多种系统工具，用户可以根据自己的需要优化系统性能，使系统更加安全、稳定和高效地运行。

1．优化磁盘性能

无论是存储、读取或删除文件，还是安装应用程序，都是在对磁盘中的数据进行操作，磁盘的性能总是显著地影响着系统的整体性能。因此，优化磁盘性能是优化系统性能时最常用的方法。Windows XP 提供了多种工具供用户对磁盘进行管理与维护，这些工具不仅功能强大，而且简单易用，用户完全不必担心由于自己的误操作而使磁盘中的数据丢失。

（1）磁盘碎片整理。磁盘使用一段时间后，由于经常增、删文件，会产生许多"碎片"文件。它减慢了磁盘访问的速度，并降低了磁盘操作的综合性能，Windows XP 提供的"磁盘碎片整理程序"可有效消除文件碎片，提高磁盘的响应速度。

单击"开始"按钮，依次指向"所有程序"、"附件"、"系统工具"选项，然后单击"磁盘碎片整理程序"选项，打开"磁盘碎片整理程序"（见图2-44）。

在"磁盘碎片整理程序"中选择要整理的磁盘，单击"碎片整理"按钮，Windows XP 开始在该盘上进行碎片整理工作，该工作可能会持续较长的时间。

（2）磁盘清理。磁盘清理程序能够搜索到磁盘中的临时文件和缓存文件等各种不再有用的文件，用户可以直接从系统提供的搜索结果列表中把它们删除。使用磁盘清理程序还可以避免错删某些有用的文件，从而保护应用程序能够正常运行。

选择"开始"→"所有程序"→"附件"→"系统工具"→"磁盘清理"菜单命令，弹出"选择驱动器"对话框，选择要进行磁盘清理的驱动器后，系统对磁盘进行扫描，会出现"本地磁盘（D:）的磁盘清理"对话框，如图2-45所示。

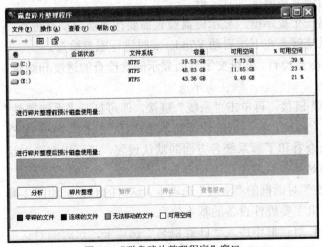

图2-44 "磁盘碎片整理程序"窗口

图2-45 "本地磁盘（D:）的磁盘清理"对话框

可以通过选中或取消这些文件前的复选框，来删除或保留文件。单击某个文件的名称，系统就会在"描述"选项组中提供关于该文件的简单介绍，以便用户参考，并决定是否删除此文件。单击"查看文件"按钮，则可以在打开的对话框中查看被选中的文件夹中所包含的文件。

选中需要删除的文件后，单击"确定"按钮，系统便会删除所有选中的文件。

（3）磁盘检查。磁盘检查程序可以扫描并修复磁盘中的文件系统错误，用户应该经常对安装操作系统的驱动器进行检查，以保证 Windows XP 能够正常运行，并维持良好的系统性能。进行磁盘检查的操作步骤如下。

① 打开"我的电脑"窗口，用鼠标右键单击要进行检查的磁盘，从弹出的快捷菜单中选择"属性"命令，打开"本地磁盘（D:）属性"对话框。

② 进入"工具"选项卡，这时的对话框如图 2-46 所示。

③ 单击"开始检查"按钮，打开"检查磁盘　本地磁盘（D:）"对话框，如图 2-47 所示。

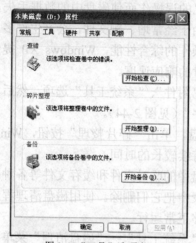

图 2-46 "工具"选项卡

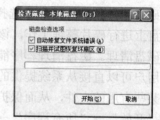

图 2-47 "检查磁盘　本地磁盘（D:）"对话框

④若希望修复文件系统的错误，可选中"自动修复文件系统错误"复选框；若希望恢复坏扇区内的数据，可选中"扫描并试图恢复坏扇区"复选框。

⑤单击"开始"按钮，系统会弹出一个提示框，显示磁盘检查需要在重新启动时进行，并询问是否执行，单击"是"按钮，系统就会在下次启动 Windows 时进行磁盘检查。

当计算机重新启动时，会自动进行磁盘检查，并以文字界面显示磁盘检查的进度和结果。

2．设置系统属性

打开控制面板，单击"性能和维护"链接，再单击"系统"链接，即可打开"系统属性"对话框（也可在桌面上右击"我的电脑"图标，在弹出的快捷菜单中选择"属性"命令）。在该对话框中共有 7 个选项卡，不仅可以查看和了解系统各方面的默认设置，还可以在该对话框中找到多种系统工具，以便根据需要对某些系统属性进行手工设置。

（1）查看常规属性。进入"系统属性"对话框的"常规"选项卡，这时的对话框如图 2-48 所示，在其中可以了解操作系统与计算机主要硬件设备的基本信息。

（2）设置计算机名。在"系统属性"对话框中进入"计算机名"选项卡，这时的对话框如图 2-49 所示。在其中可以查看计算机当前的名称和加入的工作组，也可以修改名称、加入其他工作组或某个域。

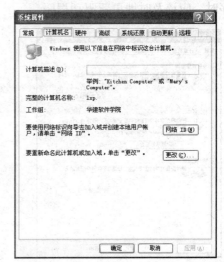

图 2-48 "系统属性"对话框的"常规"选项卡　　图 2-49 "系统属性"对话框的"计算机名"选项卡

单击"网络 ID"按钮，可以启动向导并进行加入域的设置。

单击"更改"按钮，打开"计算机名称更改"对话框，可以在"计算机名"文本框中输入新的计算机名；在"隶属于"选项组中，单击选中"工作组"单选按钮，便可以在下面的文本框中输入要加入的工作组的名称。

（3）设置硬件属性。在"系统属性"对话框中，进入"硬件"选项卡，如图 2-50 所示。在其中可以查看与设置所有安装在计算机上的硬件设备。

① 添加硬件。随着硬件技术的不断提高，计算机中安装的硬件设备大部分都是即插即用设备，系统能够自动检测这些设备并，安装相应的驱动程序。对于那些非即插即用设备，可采用类似添加打印机的操作过程进行硬件的添加。

② 设置驱动程序签名。为了保证在安装了各种类型的硬件设备之后，操作系统能够维持稳定的运行，Windows XP 会对大多数用户常用的硬件设备进行兼容性测试。如果安装的硬件驱动程序没有通过 Windows XP 的测试，系统则会自动采取预设的某种措施。单击"驱动程序签名"按钮，会打开"驱动程序签名选项"对话框，从中可以选择"忽略"、"警告"和"阻止"等措施。

③ 使用设备管理器。单击"设备管理器"按钮，打开"设备管理器"窗口，如图 2-51 所示。系统将所有安装在计算机上的硬件设备按照设备的类型排列在窗口中，单击任意一个类型左侧的"+"号，便可查看这种类型中具体的设备型号。

找到需要查看或修改属性的硬件设备后，用鼠标右键单击该设备，从弹出的快捷菜单中选择"属性"命令，便可打开它的属性对话框。以显示卡为例，用鼠标右键单击"NVIDIA GeForce Go 7300"选项，选择"属性"命令，打开它的属性对话框，如图 2-52 所示。在"常规"选项卡中可以了解该设备的类型、制造商、安装位置和当前的设备状态，还可以在"设备用法"下拉列表框中启用或停用该设备。

进入"驱动程序"选项卡，这时的显卡属性对话框如图 2-53 所示。可以单击相应的按钮查看、更新、返回或卸载硬件设备的驱动程序。对驱动程序进行更新，不仅可以更好地支持该硬件设备，而且可以提高硬件设备的整体性能。因此，当得到设备制造商发布的最新驱动程序时，应该及时地更新驱动程序。

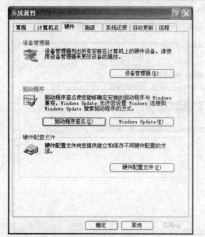

图 2-50 "系统属性"对话框的"硬件"选项卡

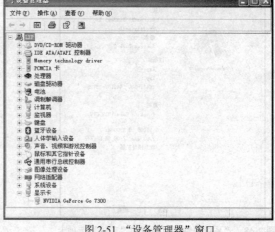

图 2-51 "设备管理器"窗口

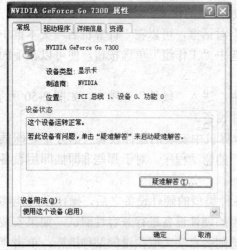

图 2-52 "显卡属性"对话框的"常规"选项卡

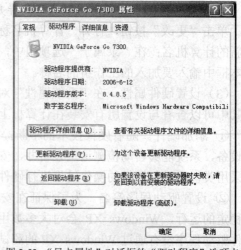

图 2-53 "显卡属性"对话框的"驱动程序"选项卡

④ 管理硬件配置文件。硬件配置文件能够在计算机的启动过程中给 Windows 系统提供一些关于硬件设备的信息，使 Windows 系统能够加载正确的硬件驱动程序，以保证各种硬件设备能够正常工作。若打算修改硬件设置，应该先将当前使用的硬件配置文件进行备份，这样，若由于新的设置造成系统无法工作，便可使用备份的配置文件启动系统。

若用户的系统中有多个硬件配置文件，系统会在启动时自动显示一个选择菜单，以供用户选用自己需要的配置文件。例如，如果多个用户使用同一台计算机，并且不同用户需要使用不同型号的硬件设备，就可以建立不同的硬件配置文件，并在启动时选用。这种功能可以使每个用户不必每次使用自己的设备时都要花费时间重新设置。

在"系统属性"对话框的"硬件"选项卡中，单击"硬件配置文件"按钮，可以打开"硬件配置文件"对话框，如图 2-54 所示。在"可用的硬件配置文件"列表框中列出了所有可用的硬件配置文件，并以"当前"文字标注了正在使用的硬件配置文件。可以使用列表框右侧的上、下箭头按钮，调整配置文件的顺序。在启动过程中，如果在预设的等待时间之内没有选择操作，系统就会自动启用第一个文件，因此应该把最常用的硬件配置文件放在第一个。

需要备份硬件配置文件时，单击"复制"按钮，并在打开的对话框中输入一个新的名称，单击"确定"按钮，返回"硬件配置文件"对话框，便会在"可用的硬件配置文件"列表框中看到新备份的文件。用户也可对已有的硬件配置文件进行属性设置、重命名或者删除。

在"硬件配置文件选择"选项组中，可以设置在启动过程中系统是否等待用户的选择。如果用户希望系统必须等待用户的选择操作，不能启用默认的硬件配置文件，可选中"等待用户选定硬件配置文件"单选按钮；如果希望系统在等待一段时间后，就自动启用列表框中的第一个文件，可选中"如果用户在 X 秒内还没有选定配置文件，就请从列出的文件中选择第一个"单选按钮，并可单击加减器调整等待时间。

（4）设置高级属性。单击"系统属性"对话框的"高级"选项卡，这时的对话框如图 2-55 所示。单击"性能"选项组中的"设置"按钮，可以在打开的对话框中设置视觉效果、处理器计划、内存使用和虚拟内存；单击"用户配置文件"选项组中的"设置"按钮，可以在打开的对话框中设置与用户账户相对应的桌面设置信息；单击"启动和故障恢复"选项组中的"设置"按钮，可以在打开的对话框中设置系统的启动方式与系统发生故障时可以采用的措施。

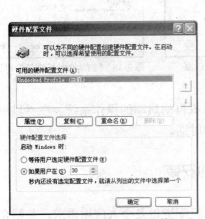

图 2-54　"硬件配置文件"对话框

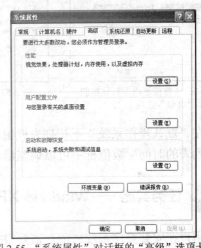

图 2-55　"系统属性"对话框的"高级"选项卡

① 设置虚拟内存。若计算机内存比较小，又不想花钱更换新的内存，可以通过设置虚拟内存解决由于硬件内存较低引起的系统性能不良的问题。使用虚拟内存，实质上是在硬盘上预留一部分空间，当计算机内存运行比较慢时，系统就会将硬盘中的这部分空间作为内存使用。设置虚拟内存是用户优化系统性能时最常用的方法之一，不仅能够节省额外的花费，而且对系统性能的优化效果非常显著。

在图 2-55 所示的对话框中，单击"性能"选项组中的"设置"按钮，打开"性能选项"对话框，再单击"高级"选项卡，这时的对话框如图 2-56 所示。

单击"虚拟内存"选项组中的"更改"按钮，可以打开"虚拟内存"对话框，如图 2-57 所示。在"驱动器"列表框中显示了驱动器当前的虚拟内存大小，通常情况下，系统只在安装操作系统的驱动器中创建虚拟内存。单击选中"自定义大小"单选按钮，便可在"初始大小"和"最大值"文本框中分别输入希望分配的硬盘空间。

② 设置系统启动方式。若计算机内仅安装了一套 Windows XP 操作系统，计算机会自动

启动这个唯一的操作系统。若计算机内安装了多套操作系统，例如 Windows 2000、Windows XP、Windows 2003 等，则每次启动计算机时，会出现启动菜单，可以使用【↑】或【↓】键选择使用某个操作系统，若在规定的时间内没有执行任何操作，计算机将自动启动菜单中显示的第一个操作系统。

用户也可以根据需要修改系统的启动方式。在"系统属性"对话框的"高级"选项卡中，单击"启动和故障恢复"选项组中的"设置"按钮，可以打开"启动和故障恢复"对话框，如图 2-58 所示。

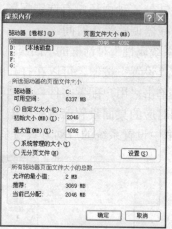

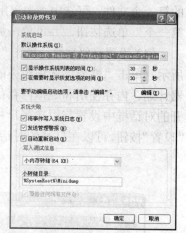

图 2-56 "性能选项"对话框的　　　图 2-57 "虚拟内存"对话框　　　图 2-58 "启动和故障恢复"对话框
　　　"高级"选项卡

在"默认操作系统"下拉列表框中可以指定计算机自动启动的操作系统。在"显示操作系统列表的时间"数值框中可以调整启动菜单显示的时间。

 任务实施——Windows XP 操作系统的安装

用户在安装操作系统之前，需要根据自己的计算机配置以及个人应用需求，并结合操作系统特点，选择合适的操作系统以及安装方式。下面以安装 Windows XP 为例，来讲解安装操作系统的一般过程。

一、Windows XP 的硬件要求

不同的操作系统对硬件配置有不同的要求，因此在选择操作系统时，应该根据自己的电脑配置情况进行选择。通常来说，电脑配置中 CPU 的频率和内存的大小对操作系统的影响最大。目前主流的电脑配置中，CPU 的主频都比较高，基本上能够满足所有操作系统的要求；而对于同样配置的电脑，内存的容量越大，操作系统运行起来也就越流畅。另外对于 Windows Vista 这样的新一代操作系统来说，还需要用户的显卡达到操作系统的要求。下面介绍 Windows XP 操作系统对硬件的需求情况。Windows XP 的最低硬件要求包括：

- Pentium 233MHz 或更快的处理器（建议 300MHz）；
- 至少 64MB 的 RAM（建议 128 MB）；
- 硬盘上至少有 1.5GB 的可用空间；

- CD-ROM 或 DVD-ROM 驱动器；
- 键盘和 Microsoft 鼠标或一些其他兼容指针设备；
- Super VGA（800×600）或更高分辨率的视频适配器和监视器；
- 声卡；
- 扬声器或耳机。

二、Windows XP 的安装过程

在安装 Windows XP 之前，需要进行一些相关的设置，如 BIOS 启动项的调整、硬盘分区的调整以及格式化等。正所谓"磨刀不误砍柴功"，正确、恰当地调整这些设置，将为顺利安装系统，乃至日后方便地使用系统打下良好的基础。

（一）BIOS 启动项调整

在安装系统之前首先需要在 BIOS 中将光驱设置为第一启动项。进入 BIOS 的方法随不同的 BIOS 而有所不同，一般来说，有在开机自检通过后按【Del】键或者【F2】键等。进入 BIOS 以后，找到"Boot"项目，然后在列表中将第一启动项设置为"CD-ROM"即可。不同品牌的 BIOS 设置有所不同，详细内容请参考主板说明书。在 BIOS 将 CD-ROM 设置为第一启动项，重启电脑之就会发现如图 2-59 所示的"boot from CD"提示符。当出现如图 2-59 所示的界面时，要快速按下【Enter】键，否则无法启动 XP 系统光盘安装。

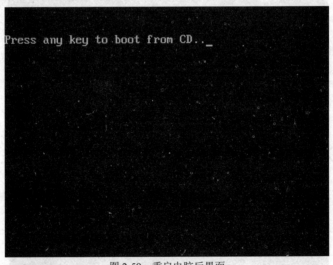

图 2-59　重启电脑后界面

（二）选择系统安装分区

从光驱启动系统后，就会看到如图 2-60 所示的 Windows XP 安装欢迎页面。根据屏幕提示，按下 Enter 键，来继续进入下一步安装进程。

接着会看到 Windows 的用户许可协议页面（见图 2-61）。当然，这是由微软所拟定的，普通用户是没有办法同微软来讨价还价的。如果要继续安装 Windows XP，就必须按【F8】键，同意此协议来继续安装。

现在进入实质性的 XP 安装过程了（见图 2-62）。新买的硬盘还没有进行分区，所以首先要进行分区。按【C】键进入硬盘分区划分的页面。如果硬盘已经分好区，就不用再进行分区了。

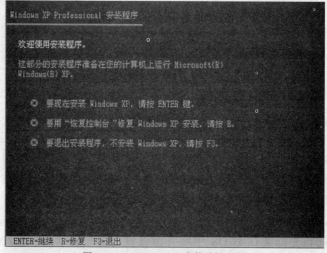

图 2-60　Windows XP 安装欢迎页面

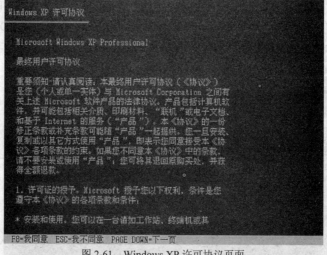

图 2-61　Windows XP 许可协议页面

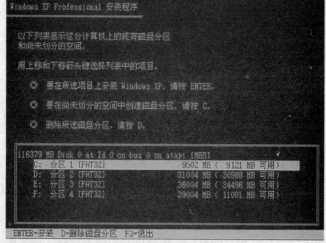

图 2-62　选择 Windows XP 安装分区

（三）选择文件系统

在选择好系统的安装分区之后，就需要为系统选择文件系统了，在 Windows XP 中有两种文件系统供选择：FAT32、NTFS。从兼容性上来说，FAT32 稍好于 NTFS；而从安全性和性能上来说，NTFS 要比 FAT32 好很多。作为普通的 Windows 用户，推荐选择 FAT32 格式。在本例中也选择 FAT32 文件系统（见图 2-63），这里用"向下或向上"方向键选择安装系统所用的分区，如果你已格式化 C 盘，请选择 C 分区，选择好分区后，按【Enter】键，出现图 2-63 所示界面内容。

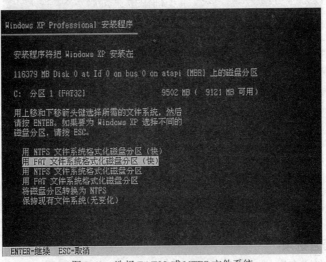

图 2-63 选择 FAT32 或 NTFS 文件系统

这里对所选分区可以进行格式化，从而转换文件系统格式，或保存现有文件系统，有多种选择的余地，但要注意的是，NTFS 格式可节约磁盘空间、提高安全性和减小磁盘碎片，但同时存在很多问题。OS 和 98/Me 下看不到 NTFS 格式的分区，在这里选"用 FAT 文件系统格式化磁盘分区（快），进行完这些设置后，Windows XP 系统安装前的设置就已经完成了，接下来就是复制文件。按【Enter】键，出现图 2-64 所示界面内容。

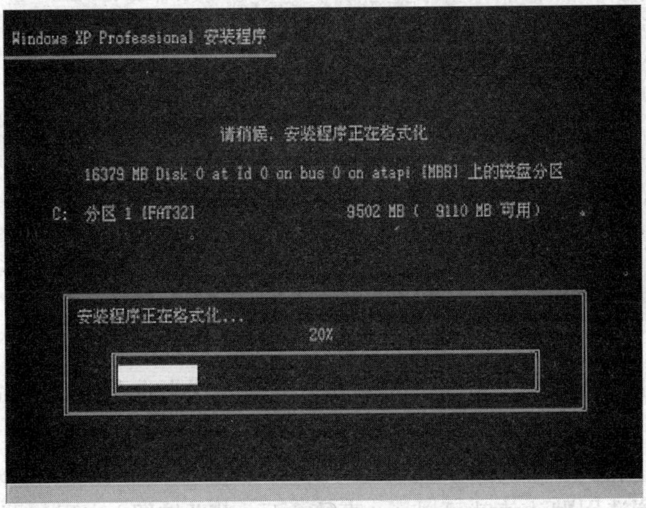

图 2-64 复制安装文件

在进行完系统安装前的设置之后，接下来系统就要真正安装到硬盘上面去，虽然 Windows XP 的安装过程基本不需要人工干预，但是有些地方，如输入序列号，设置时间、网络、管理员密码等项目还是需要人工干预的。

Windows XP 采用的是图形化的安装方式，在安装页面中，左侧标识了正在进行的内容，右侧则是用文字列举着相对于以前版本来说 Windows XP 所具有的新特性。如图 2-65 所示。

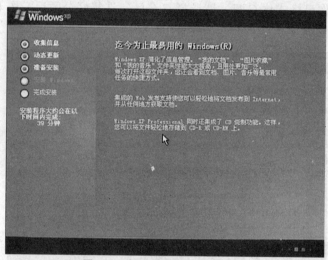

图 2-65 Windows XP 安装图形界面

（四）区域和语言选项

Windows XP 支持多区域以及多语言，所以在安装过程中，第一个需要设置的就是区域以及语言选项了。如果没有特殊需要的话，直接单击"下一步"按钮即可。如图 2-66 所示。

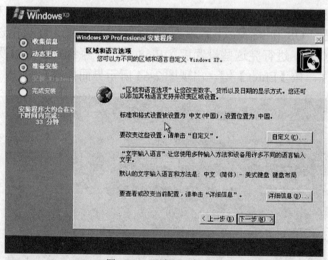

图 2-66   区域和语言选项

单击图 2-66 中的"自定义"按钮，即可进入"自定义"选项卡。Windows XP 内置了各个国家的常用配置，所以只需要选择某个国家，即可完成区域的设置。

（五）输入个人信息

区域和语言设置选用默认值就可以了，直接"下一步"按钮，出现如图 2-67 所示对话框，个人信息包括姓名和单位这两项。对于企业用户来说，这两项内容可能会有特殊的要求，对于个人用户来说，在这里填入你希望的任意内容即可。

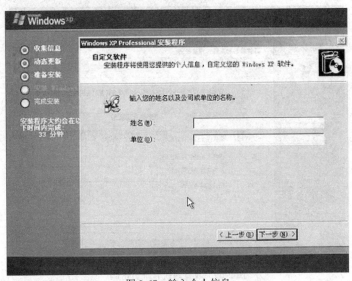

图2-67 输入个人信息

（六）输入序列号

个人信息设置好后，直接单"下一步"按钮，出现图2-68所示对话框，在这里需要输入Windows XP 的序列号，才能进行下一步安装，一般来说可以在系统光盘的包装盒上找到该序列号。

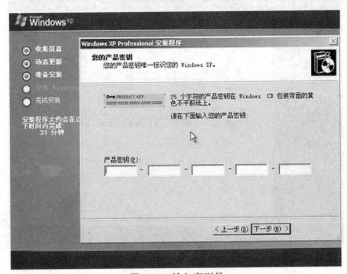

图2-68 输入序列号

（七）设置系统管理员密码

输入正确的序列号后，直接单"下一步"按钮，出现图2-69所示对话框，在安装过程中XP 会自动设置一个系统管理员账户。在这里，就需要为这个系统管理员账户设置密码。由于系统管理员账户的权限非常大，所以这个密码尽量设置得复杂一些。安装程序自动为你创建又长又难记忆的计算机名称，自己可任意更改。

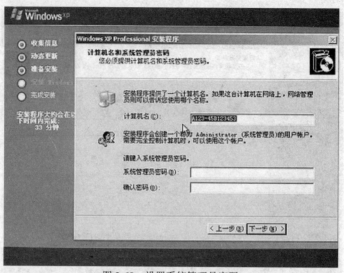

图 2-69　设置系统管理员密码

（八）设置日期和时间

接下来要进行设置的是系统的日期以及时间，如图 2-70 所示。当然，如果是在中国使用的话，直接单击"下一步"按钮就可以了。

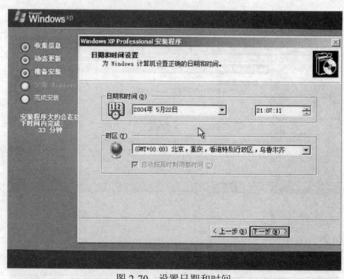

图 2-70　设置日期和时间

（九）设置网络连接

网络是 XP 系统的一个重要组成部分，也是目前生活所离不开的。在安装过程中就需要对网络进行相关的设置，如图 2-71 所示。如果你是通过 ADSL 等常见的方式上网的话，选择"典型设置"选项即可。

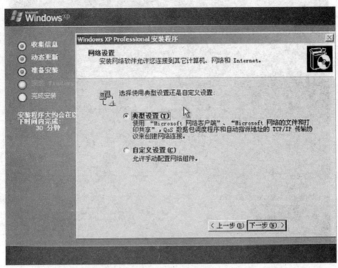

图 2-71 设置网络

在网络设置部分还需要选择计算机的工作组或者计算机域，如图 2-72 所示。对于普通的家庭用户来说，直接单击"下一步"按钮即可。

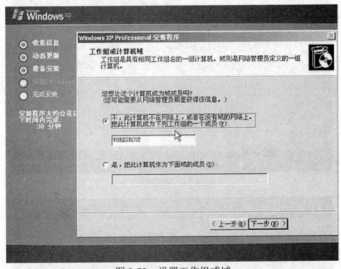

图 2-72 设置工作组或域

在 Windows XP 安装过程中需要设置的部分到这里就结束了，接下来将进入 XP 系统安装后的设置。

（十）系统安装后的设置

到这里就不用你参与了，安装程序会自动完成全过程。安装完成后会自动重新启动计算机，出现启动画面，如图 2-73 所示。

第一次启动需要较长时间，请耐心等候，接下来是"欢迎使用"画面，提示设置系统，如图 2-74 所示。

单击右下角的"下一步"按钮，出现设置上网连接画面，如图 2-75 所示。

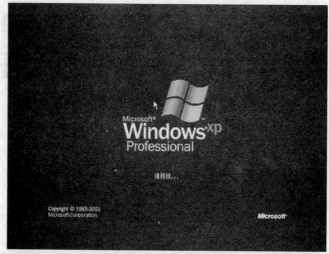

图 2-73　重启中界面

图 2-74　欢迎界面

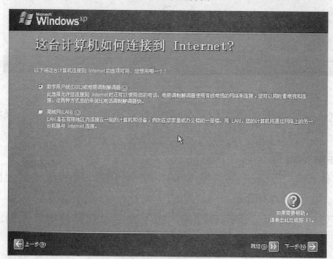

图 2-75　选择网络类型

这里建立的宽带拨号连接，不会在桌面上建立拨号连接快捷方式，且默认的拨号连接名称为"我的 ISP"（自定义除外）。进入桌面后，通过连接向导建立的宽带拨号连接，在桌面上会建立拨号连接快捷方式，且默认的拨号连接名称为"宽带连接"（自定义除外）。如果你不想在这里建立宽带拨号连接，请单击"跳过"按钮。在这里先创建一个宽带连接，选择第一项"数字用户线（ADSL）或电缆调制解调器"选项，单击"下一步"按钮，如图 2-76 所示。

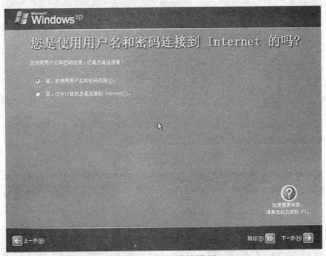

图 2-76　网络连接设置

目前使用的电信或联通（ADSL）住宅用户都有帐号和密码的，所以选"是，我使用用户名和密码连接"单选项，单击"下一步"按钮，如图 2-77 所示。

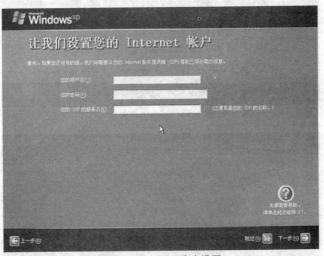

图 2-77　Internet 账户设置

输入电信或联通提供的账号和密码，在"你的 ISP 的服务名"处输入你喜欢的名称，该名称作为拨号连接快捷菜单的名称，如果留空系统会自动创建名为"我的 ISP"作为该连接的名称，单击"下一步"按钮，如图 2-78 所示。

已经建立了拨号连接，Microsoft 公司当然想现在就激活 XP 啦，不过即使不激活也有 30 天的试用期，又何必急呢?选择"否，请等候几天提醒我"选项，单击"下一步"按钮，如图 2-79 所示。输入一个你平时用来登录计算机的用户名，单击"下一步"按钮，出现如图 2-80 所示的对话框。

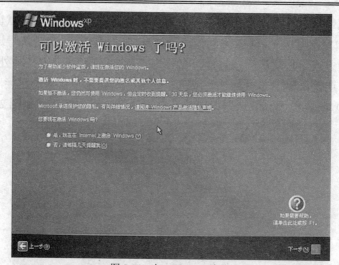

图 2-78　与 Microsoft 注册

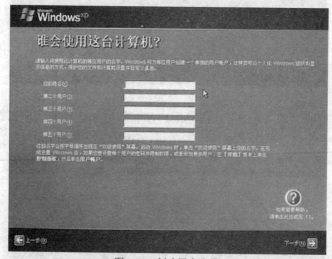

图 2-79　创建用户账号

图 2-80　Windows 安装完成界面

单击"完成"按钮，结束安装。系统将注销并重新以新用户身份登录。登录后将看到熟悉的画面——蓝天白云，如图 2-81 所示。至此，Windows XP 系统的安装算是大功告成了。

图 2-81　Windows XP 桌面

 任务小结

本任务主要介绍了计算机操作系统的知识，包括操作的发展、分类、应用；介绍了计算机操作系统的安装；介绍了 Windows XP 操作系统的基本操作，Windows XP 操作系统的管理和维护。在这些知识的基础上，最终落实到本任务的重点：Windows XP 操作系统的安装和配置。

任务三
文字处理软件 Word 2003 的应用

【知识目标】

- 熟悉 Word 2003 的使用环境。
- 文字录入及文档编辑。
- 表格处理。
- 图文混排。
- 高级应用。

【能力目标】

- 能够熟练操作 Word 2003 的使用环境。
- 能够使用至少一种输入法，输入文字并能熟练地对文档进行较为简单的编辑。
- 通过本章的学习，能够在 Word 2003 当中完成简单的表格处理。
- 了解 Word 2003 中的图片处理、高级应用，能使用一些高级应用完成一些复杂的文档编辑工作。

任务引入

通过本任务的学习，利用掌握的知识，按照一定的步骤完成一个通知的录入编辑和排版，如图 3-1 所示。

图 3-1　通知的编辑和排版

相关知识

一、熟悉 Word 2003 的使用环境

（一）Word 2003 的主要功能

由微软公司开发的 Office 系列软件，是世界上应用范围最广泛的办公自动化（OA）软件。究其原因，除了是微软的 Windows 操作系统的全球应用带来的连锁反应之外，还有 Office 软件本身的性能卓越、功能强大、操作简单。Office 家族中的每个组件都有其特定的功能：Word 主要应用于文档操作，Excel 主要应用于表格操作，Access 则主要应用于数据库的操作，等等。而在这些组件中，最有名、最广泛使用的又当属 Word。而 Word 2003 这个版本，在早期的 Word 版本基础上更加完善，主要有以下的功能。

1．编辑、排版文档

这是 Word 最常见、最普遍使用的功能。Word 2003 提供了很多的工具，使用户能够轻松实现文档格式化、创建协作文档、插入图形艺术字、表格、图片和生成索引和目录表等。使用 Word 2003 的排版工具，轻松编排文档，使文档更加美观并便于阅读。如图 3-2 所示。使用字符和段落格式设置，使文档变得更加整齐简洁；而边框和底纹设置、多种排版方式则可以改变文字浏览时的视觉效果。且 Word 2003 提供了打印预览，在实际打印之前，可以通过"打印预览"按钮查看打印效果，从而避免了打印之后效果不佳造成的浪费。

2．多文档共同操作

为了满足多种用户的需要，Word 2003 不仅可以处理一般的单个文档，也可以处理多文档。用户可以将多个文档窗口自行排列，极大地简化了用户在多个文档之间的各种操作。而利用拆分文档功能，更是使得用户可以在编辑文档后部分时，在同一屏幕查看当前文档的前部分。

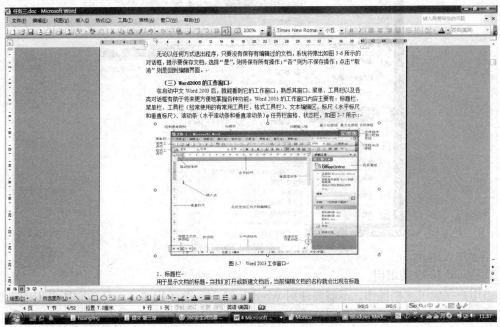

图 3-2　Word 2003 编排的一段文字图

3．高级排版技术

对于一般的用户，Word 2003 当中的简单的排版已经足够，而对于一些专业用户而言，就需要使用 Word 2003 当中增加的一些高级排版功能，如页面布局、分栏排版、应用样式和模板等，完全实现"多快好省"。

4．强大的 Web 应用功能

Word 2003 能够轻松创建 Web 页面，也可将编辑完的文档转换成 Web 页面。而编辑好的 Word 2003 文档可以通过 Office XP 中 Outlook 组件直接发送电子文档。Word 2003 最新的功能则可以在网络上展开讨论，允许多个审阅者在同一个文档中添加批语；若与 NetMeeting 及相关组件联合使用，则可以实现联机、实时交换和共享信息。

（二）**Word 2003 的启动和退出**

1．Word 2003 的启动

Windows 操作系统启动后，有多种方法进入 Word 2003，常用的有以下 3 种。

① 双击桌面上的 Microsoft Word 快捷方式图标，即进入 Word 窗口，并打开一个如图 3-3 所示 Word 空白文档。

② 执行"开始"→"程序"→"Microsoft Word"命令，如图 3-4 所示。即进入 Word 窗口，并打开一个 Word 空白文档。

③ 在"资源管理器"中，双击已存在的 Word 文档文件（其扩展名为.doc）启动 Word 2003，同时打开该文件。

图 3-3　启动 Word 2003 方法一

图 3-4　启动 Word 2003 方法二

2．Word 2003 的退出

当用户完成了文档操作，不需要使用 Word 2003 时，关闭程序可以释放它所占用的系统资源。所以推荐大家在使用结束之后及时关闭 Word 2003。以下方式中的任意一种都可以退出。

① 单击操作界面的最外层窗口的"关闭"按钮✕，退出程序。

② 执行"文件"→"退出"命令，如图 3-5 所示。

③ 命令的快捷键为【Alt+F4】。

无论以任何方式退出程序，只要没有保存编辑过的文档，系统将弹出如图 3-6 所示的对话框，提示要保存文档，单击"是"按钮，则将保存所有操作；单击"否"按钮，则为不保存操作；单击"取消"按钮，则是回到编辑界面。

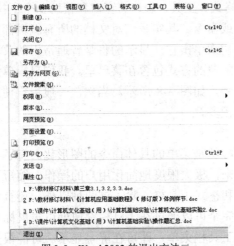

图 3-5 Word 2003 的退出方法二

图 3-6 询问是否保存对话框

（三）Word2003 的工作窗口

在启动中文 Word 2003 后，就能看到它的工作窗口，熟悉其窗口、菜单、工具栏以及各类对话框有助于将来更方便地掌握各种功能。Word 2003 工作窗口的内容主要有标题栏、菜单栏、工具栏（经常使用的有常用工具栏、格式工具栏）、文本编辑区、标尺（水平标尺和垂直标尺）、滚动条（水平滚动条和垂直滚动条）、任务栏窗格、状态栏，如图 3-7 所示。

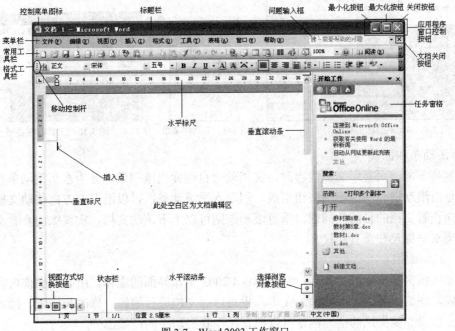

图 3-7 Word 2003 工作窗口

1．标题栏

标题栏用于显示文档的标题。当打开或新建文档后，当前编辑文档的名称就会出现在标题栏的左上方。在标题栏最右边是 3 个按钮，分别为"最小化"按钮　、"还原"按钮　、"关闭"按钮　。

2．菜单栏

菜单栏包括文件、编辑、视图、插入、格式、工具、表格、窗口和帮助 9 个下拉菜单项。在每个下拉菜单中均包含了一组相关的操作或命令。其实我们对文档的所有编辑都可以在菜单中找到。有些菜单并不是一次显示完毕，初次单击它，显示的将是普通常用的菜单内容。对于那些高级的，或者不常用的命令，会以隐藏的方式包含在菜单里。我们只需单击菜单底部的向下双箭头，就可以显示隐藏的菜单命令，如图 3-8 所示。当然，一般用户使用菜单的机率并不大。通常还是使用工具栏的情况比较多。

3．工具栏和标尺

工具栏由一系列按钮组成。其实按钮图标就是菜单的具体命令的图形化。有了工具栏，这些命令将用更方便、更直观的方式呈现出来，极大限度地简化用户的操作，缩短了用户编辑的时间。通常我们会用到的有常用工具栏和格式工具栏。除了这两种以外，还有绘图、表格和边框、艺术字、图片等工具栏，同学们完全可以通过在工具栏空白处单击鼠标右键，在弹出如图 3-9 所示菜单之后，选择您想要的工具栏菜单，即可在屏幕显示。可能很多同学感到初次学习的时候，这样多的工具栏按钮让人无所适从。其实，考虑到实用性，将鼠标放置在某个工具按钮超过两秒之后，即可显示该按钮的中文提示信息，如图 3-10 所示。当然，熟悉之后，就无需这些提示了，可以直接使用。

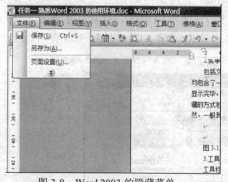

图 3-8　Word 2003 的隐藏菜单　　　　图 3-9　工具栏菜单　　　　图 3-10　工具按钮提示

4．滚动条和标尺

在屏幕不能一页显示文档内容时，文档就会自动弹出滚动条，分为水平滚动条和垂直滚动条，是由滚动框和几个滚动按钮组成。利用水平滚动条，可以沿左右方向移动文档，从而达到横向查看文档的目的；同理，垂直滚动条则可以上下滚动文档，实现纵向查看文档。标尺又分为水平标尺和垂直标尺。

5．文本编辑区

文本编辑区又称文本工作区，它是 Word 2003 工作界面的主体，所有的操作内容都是在其中完成。在编辑区内，可以输入文本，也可以对文档进行编辑、修改和排版、插入图片、表格等。如果非要类比的话，倒是可以把它比作我们写字的白纸部分。

6．任务窗格

这是 Word 2003 特有的新增工具，利用它可以更加方便地实现各种操作。初次启动 Word 2003 时，它会自动启动，如果想要让它关闭或者再次出现，通过"视图"菜单下"任务窗格"按钮来指定显示。其中包括多个任务窗口——新建文档、剪贴板、搜索、插入剪贴画、样式和格式、显示格式、邮件合并、翻译等 8 个窗口，其中的每个选项都是以蓝色字体的超链接形式显示。当鼠标指针移到该选项后，将变成小手图标，单击后即可执行该命令，更加轻松地简化了文档操作。

7．状态栏

主要用来显示当前操作命令、工具栏按钮、正在进行编辑或插入点所在位置的有关信息等。

（四）**Word 文档的建立、打开和保存**

1．Word 文档的建立

除了通过进入 Word 应用程序建立新的文档外，还可用其他方法建立新 Word 空白文档。

① 执行菜单栏"文件"→"新建"命令，打开任务窗格，如图 3-11 所示。在任务窗格的"新建文档"窗口下，找到"新建"区的空白文档蓝色链接，单击此链接，立即创建 Word 的空白文档。

② 在常用工具栏中单击"新建"按钮，或按【Ctrl+N】快捷键，将立即新建一个空白 Word 文档。

无论采用哪种方式建立了新的文档，新建的文档默认的文件名皆为"文档 1"，扩展名是".doc"。用户要想给新建立的文档起其他名，可"文件"→"另存为"命令，或者也可以对已经命名的文件重命名。出现如图 3-12 所示的对话框，输入文件名，如"计算机文化基础技术"，即可对建立的文档进行命名。

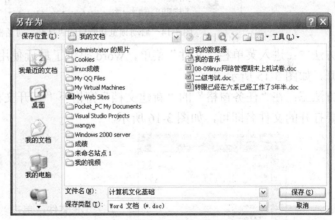

图 3-11　通过任务窗格新建文档　　　　　　　图 3-12　为建立的文档起名

在空白文档创建完毕后，就可以开始对它进行编辑了。

2．打开已存在的 Word 文档

在进入 Word 应用程序窗口后，要打开已存在的 Word 文档，可进行如下操作。

方法一：

① 执行"文件"→"打开"命令，或单击常用工具栏中的"打开"按钮，或者按【Ctrl+O】快捷键，即可出现"打开"对话框，如图 3-13 所示。

图 3-13 打开 Word 文档对话框

② 在对话框中双击要打开的已经存在的 Word 文档，即可打开该 Word 文档。

此外，Word 2003 还提供了 Word 文档"打开"对话框的"文件预览功能"，单击"打开"对话框中的"视图"按钮，选择"预览"命令启动"文件预览功能"，如图 3-14 所示。

图 3-14 启动预览功能后的"打开"对话框

方法二：进入菜单栏"文件"菜单，Word 提供了最近使用过的 4 个文件，单击文件名即可打开，如图 3-15 所示。

方法三：在"任务窗格"的"新建文档"窗格下"打开文档"处，查看最近使用的文件，单击要打开的文件名即可，如图 3-16 所示。

图 3-15 菜单中的最近使用文件

图 3-16 任务窗格中最近使用文件

3．Word 文档的保存

在编辑 Word 文档时，其实我们操作的内容均在内存当中，如果不及时保存，一旦停电或者发生其他情况，就很可能还没有保存到外存而丢失编辑信息。所以，保存非常重要。

（1）保存一个新建的 Word 文档。前面我们提到在新建文档时，Word 会自动给新建文档命名为"文档 1"。如果没有为新建的 Word 文档起名字，在退出程序时，系统会自动提醒保存文档，这时单击"是"按钮，系统弹出"另存为"对话框。系统将自动给文档命名，且 Word 会自动取文档中第一句话作为文档名字。如果对这个名字满意，只需单击"确定"按钮，就完成了文档的保存；如果不满意，就在"文件名"文本框中输入你为文档起的名字。操作步骤如下。

① 执行菜单栏中"文件"→"保存"命令，或单击工具栏"保存"按钮，或按【Ctrl+S】快捷键，即可调出"另存为"对话框。

② 在"另存为"对话框中，"保存位置"右侧的下拉列表中，选择当前文档要保存的路径，一般为驱动器名或文件夹名称。

③ 在"另存为"对话框的最下方，"文件名"的文本框中输入文档名称，在"保存类型"下拉列表中选择该文档要保存的类型（默认文档类型为.doc）。

④ 最后，单击右下角的"保存"按钮，确认以上设置，"另存为"对话框关闭，保存结束。

（2）保存已存在的文档，方法如下。

方法一：选择"文件"→"保存"命令，或按【Ctrl+S】快捷键。

方法二：单击常用工具栏中的"保存"按钮。

另外，对于已存在的文档，还可以另存为其他文件名的文档。方法同保存新建文档的步骤，如果和原文档在同一路径下，只需将文件名称更换即可。

若需要对多个文档进行成批保存，即一次保存多个文档。具体方法如下：按住【Shift】键不放，用鼠标单击"文件"菜单，原来的"保存"命令变成了"全部保存"命令，单击它就可以保存当前打开的所有文件。

（3）自动保存功能。Word 2003 提供的自动保存功能，就是为了将忘记自行保存的损失降到最低程度。顾名思义，即 Word 2003 会每隔一定时间自动将文件保存。Word 2003 在自动保存时，可以在界面的状态栏，清楚地看到系统保存的图标。

用户可以设置自动保存的间隔时间，方法如下。

① 执行"工具"→"选项"命令，调出"选项"对话框，单击"保存"标签，如图 3-17 所示。

② 再选中"自动保存时间间隔"复选框，在其右侧调整想要设定的自动保存间隔时间，Word 2003 默认值是 10 分钟。我们可以根据自己的实际需要来确定保存时间。时间不宜过长，如果自动保存间隔太长，与没有这个功能一样，在发生意外前还是没有保存；若太短，Word 2003 会不断保存，影响到计算机的反应速度。

③ 单击"选项"对话框右下角的"确定"按钮，

图 3-17　设置自动保存间隔时间

使本次设置生效。

4．Word 文档的关闭

关闭 Word 文档的方法通常有以下几种。

方法一：选择"文件"→"关闭"命令，或按【Ctrl+F4】快捷键。

方法二：单击"文档"菜单栏最右侧的"关闭"按钮。

方法三：单击操作界面最外层窗口的"关闭"按钮，连同 Word 2003 应用程序一起关闭。

二、文字录入及文档编辑

（一）文字录入

1．一般文字的录入

在应用 Word 2003 的情况下，文字输入主要包括英文和中文输入。在 Windows 操作系统下，打开 Word，系统默认为英文输入方式。若要在不同输入法之间切换，可以单击操作系统任务栏右下角标有"EN"输入法或者■处（注：这是在 Vista 系统下），在弹出的界面中直接选择所需要的输入方式。也可以利用【Ctrl+Shift】快捷键在计算机业已安装的各种输入方式间切换，当然也可以使用快捷键【Ctrl+Space】在当前中文输入法和英文输入法之间进行选择，更加方便快捷。

2．特殊符号的录入

录入文档信息有时需要录入一些特殊的符号，比如：π，$\therefore$ 等，这些就经常在录入数学试卷中出现。中文 Word 2003 提供了很多符号集。该如何直接应用这些符号集当中的符号呢？我们以"ϖ"字符为例：执行"插入"→"符号"命令，弹出如图 3-18 所示的"符号"对话框。找到"符号"选项卡中的"字体"下拉列表，选择你想要的一种符号的字体类型，再在"子集"下拉列表中选择你想要的字符代码子集选项。而我们要寻找的"ϖ"就在 Symbol 字体下，接着就用鼠标直接双击"ϖ"所在的位置，即可在光标停留的位置成功插入你选择的符号了。

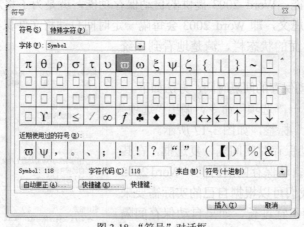

图 3-18 "符号"对话框

3．选择正文

在我们把文字录入完毕后，就可以对文档进行编辑，即对文字的内容设置字体、字号、格式等，说白了就是把文字修改得符合格式要求。而编辑也要做到"有水之源"，首先要选中才行。

如若想要选择连续的一部分，将光标放置在想要选择的文本区域单击，接着按住鼠标左键不放，向前或向后拖动到要选择的文本区域结束点，放开鼠标左键，即选中你要的文本区域。如果要选择整段，也可以使用从段头拖到断尾，也可以在段落中连续三击鼠标左键。在段落中，如果想选择其中某一句话，也可以通过按住【Ctrl】键，单击想要选择的一句话，即可选中该整句。想要全选时，直接使用【Ctrl+A】快捷键。想要选择多行文本，可以巧用【Shift】键。比如选择本段内容中的"在段落中"到"Ctrl+A"，先在"在"字前单击鼠标左键，接着选择到"Ctrl+A"，按下【Shift】键，在"A"字后单击鼠标左键。效果如图 3-19 所示。

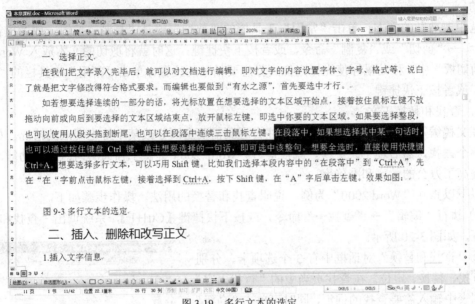

图 3-19　多行文本的选定

4．插入文字信息

可能大家都还记得，小时候我们写作文打草稿的时候，时常会忘记、漏输或增加一些文字信息，又或者是需要删除一些多余的文字，或者是要进行一些改写。这些都要用到一些工具或是符号。那么，在 Word 2003 中，应当如何实现呢？

先将光标定位在想插入文字的地方，再在键盘上直接输入文字即可；也可以利用 Word 2003 提供的"剪切板"中的文字信息，直接"粘贴"在你想要插入信息的地方。

5．删除文字信息

用【BackSpace】键逐个删除光标所在位置之前或者用【Del】键逐个删除光标所在位置之后的字符；也可以用鼠标先选定要删除的内容，再按【BackSpace】键或【Del】键，将删除多行文本信息。同时，也可以按下【Ctrl+BackSpace】或【Ctrl+Delete】快捷键，删除光标所在位置之前或之后的整个单词。

6．改写文字信息

改写文本也就是将文本内容中某些文字删除，替换上某些新的文字，这相当于我们用涂改液涂掉不需要的文字，并将正确的文字书写在原来的位置上。具体操作如下所述。

将光标定位于要改写文本的位置，双击 Word 2003 状态栏右下方的"改写"指示器或按下【Insert】键切换到"改写模式"下。可以看到"改写"指示器加亮显示，改写 表示"改写模式"启用。然后用户输入要改写的内容，我们将看到光标后面的内容被正确的文字部分覆盖了。在启用"改写模式"后，无论我们输入多少字，都将覆盖掉光标后已有的文字，所以在不需要"改写"时，应及时关闭"改写模式"，双击"改写"指示器或重新按【Insert】键，这时 改写 呈灰色，表示已不可用。

7．剪切、复制和粘贴文本

剪切（Ctrl+X）或复制（Ctrl+C）之后需要粘贴（Ctrl+V）才能达到目标。剪切和复制还是有区别的，打个比方，剪切就像是把原件寄给需要的人，而复制呢？更像是传真，是保留原件的。

选中要剪贴的文本。单击"常用"工具栏的"剪切"或是"复制"按钮，或者执行菜单"编辑"→"剪切"或"复制"命令，或者按下快捷键，这时就将剪切的文本放入 Word 2003的"剪切板"中。移动鼠标使光标定位到你想要粘贴的位置，单击"常用"工具栏的"粘贴"按钮，或者按下快捷键。

8．查找和替换正文

在文稿编写过程中或结束之后，往往会遇到需要全面修改某个特定词汇的情况。如果用眼睛逐个去找，然后逐个去更换，就很费力。Word 2003 提供了强大的词语纠正功能，从而大大提高了办公的效率和准确率。

以下以查找"Word 2000"为例，说明查找和替换的用法。操作步骤如下。

① 执行"编辑"→"查找…"命令，或按下快捷键【Ctrl+F】，系统调出"查找和替换"对话框，如图 3-20 所示。

② "查找和替换"对话框中有 3 个选项卡，分别为：查找、替换、定位。在查找页当中的"查找内容"下拉列表中输入需要查找的词汇，同时可单击"高级"按钮设置查找的高级选项。单击"高级"按钮后，该按钮自动显示为"常规"字样。如果要查找多处，可以单击"查找下一处"按钮。

③ Word 2003 会从当前光标所在位置自动开始查找，每发现一个，将会自动选中查找的内容。当用户不需要再继续查找时，可以单击"取消"按钮，来结束"查找"。并且查找只是其中的一个功能，还可以直接替换为其他的词汇。

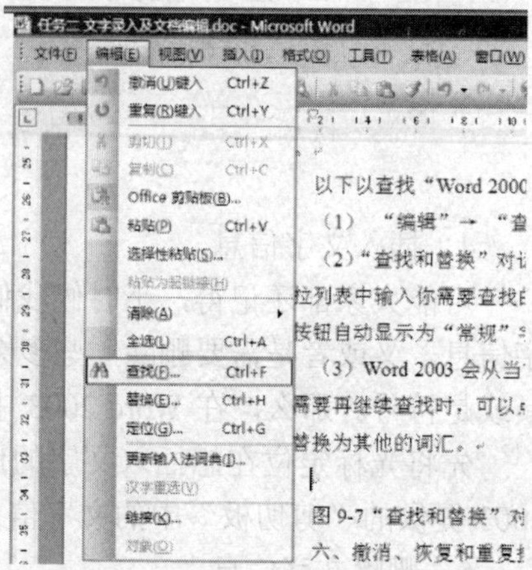

图 3-20 "查找和替换"对话框"查找"标签页

9．撤消、恢复和重复操作

Word 2003 会自动记录刚刚进行的操作，利用这个功能，就可以恢复到最近进行的某次操作。比如说进行了一些误操作，想要恢复到原先的状态；比如误删或误调整了某些文本的内容，那么简单地单击常用工具栏中"撤消" 按钮，恢复到操作前的状态。而和"撤消"按钮比邻的就是"恢复" 按钮。"撤消"和"恢复"是一对逆操作。打个简单的比方，比如你在原地，往前走了两步，觉得不对，又退了两步回来，这就相当于"撤消"，撤消完之后又觉得还是应该走那两步的，怎么办？直接使用"恢复"。同学们在使用的时候可以注意一下，如果前面没有"撤消"操作，那么"恢复"按钮就是灰色的，不可用的。此外，Word 2003 中文版还提供了一种叫"重复"的功能，利用重复功能，可以不断重复上一次操作。以刚刚进行了一次粘贴为例，按下【Ctrl+Y】快捷键即可完成再一次粘贴操作。

（二）Word 文档的排版

掌握了上述知识点之后，我们已经能够对文档进行必要的信息录入和编辑了。为了改变文档的外观，还需要对文档进行必要的设置和修改，例如改变字体的类型、字体的大小和颜色，版面的重新设置等。在学习排版前，必须先对 Word 2003 的视图作一定的了解，因为有了视图，就可以看到文档排版效果。显示视图的模式有普通视图、Web 版式视图、页面视图、大纲视图、阅读版式。

1．显示视图的模式

（1）普通视图。执行菜单"视图"→"普通"命令，也可以单击工作区水平滚动条左侧的"普通视图"按钮，文档将以"普通视图"方式显示。在"普通视图"模式下，可以很方便地进行文本输入、改写和编辑，但是在此视图下用户不能够查看文档的页码、页眉、页脚和页边距，也不能进行文本框的设置操作和竖直排版等。如图 3-21 所示为普通视图下显示的文档。

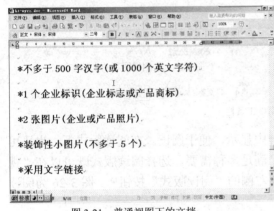

图 3-21　普通视图下的文档

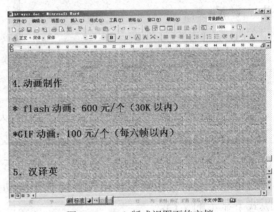

图 3-22　Web 版式视图下的文档

（2）Web 版式视图。执行菜单"视图"→"Web 版式"命令，也可以单击工作区水平滚动条左侧的"Web 版式视图"按钮，文档将以"Web 版式视图"显示。在"Web 版式视图"模式下，阅读和显示文档的效果是最佳的，文字显示将会更大，并适当地换行排列适应新的窗口大小，也可以改变文档背景颜色和图案，而且使联机阅读变得更加方便。同时在该模式下，还支持浏览和制作网页等功能。如图 3-22 所示，Web 版式视图下显示的具有背景的文档。

（3）页面视图。执行菜单"视图"→"页面"命令，也可单击工作区水平滚动条左侧的"页面视图"按钮，文档将以"页面视图"显示。在"页面视图"模式下，我们可以清楚地看到文档的垂直标尺，文档的页眉、页脚和页码，也可以查看文件中对象在实际打印页面中的位置。一般我们使用最多的也就是该视图，由于支持很多操作，譬如：调整页边距、修改图形对象、设置边框，所以通常会占用系统的很多内存资源，在浏览文本时会降低系统的速度。其中垂直标尺只能在"页面视图"模式下显示。使用它们可以查看正文、图片、表格和文本框相对于页面的位置，以及它们所占的宽度和高度，也可以对正文进行排版，如进行段落缩进、设置制表位等。如图 3-23 所示页面视图下显示的文档。

（4）大纲视图。单击菜单"视图"下"大纲"命令项，也可单击工作区水平滚动条左侧的"大纲视图"按钮，文档将以"大纲视图"显示。在"大纲视图"模式下，可以很方便的查看文档的结构，同时可以通过拖动标题来快速地移动、复制或重新组织文档中内容。而且还可以对文档进行必要的折叠、扩展操作。图3-24为大纲视图下显示的文档。打开"大纲视图"时，我们可以看到工具栏又多了一个，就是"大纲"工具栏如图3-25所示，利用这个工具栏。操作大纲将会更快、更方便，如果选定一个标题和其子标题及正文，只需单击该标题前面的加号或减号，就可以扩展或折叠正文内容。

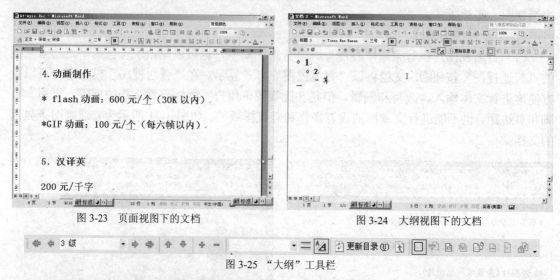

图3-23　页面视图下的文档　　　　　　　　图3-24　大纲视图下的文档

图3-25　"大纲"工具栏

（5）阅读版式。阅读版式可以将多页在一屏中显示，便于阅读。在阅读版式下，也还可以进行文档结构图或是缩略图的方式进行查看，满足多种需要。选择阅读版式既可以在"视图"菜单下进行，也可以单击工作区水平滚动条左侧的"阅读版式"按钮。图3-26为阅读版式下显示的文档。

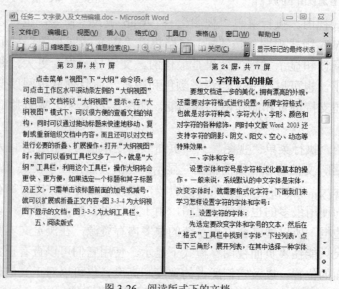

图3-26　阅读版式下的文档

2. 字符格式的排版

要想进一步美化文档，使其拥有漂亮的外观，还需要对字符格式进行设置。

（1）字体和字号。设置字体和字号是字符格式化最基本的操作。一般来说，系统默认的中文字体是宋体，改变字体时，就需要格式化字符。下面来学习怎样设置字符的字体和字号。

① 设置字符的字体。先选定需要改变字体和字号的文本，进入"格式"→"字体"下拉列表，单击下三角形按钮，展开列表，在其中选择一种字体选项。系统提供了 15 种中文字体格式，且这些字体都是以实际外观显示。譬如：字体"隶书"显示为"隶书"。选中需要的字体后，选定文本就变成了你想要的字体了。这个操作也可以使用常用工具栏当中的 宋体 设置按钮。

② 设置字符的字号。选中要改变字号的字符，和字体类似，进入"格式"→"字号"下拉列表，单击下三角按钮，展开列表，在其中选择一种字号选项。对于中文字号，Word 2003 提供了从初号到八号的选项，英文的字号单位为磅值，系统提供了从 5 磅到 72 磅的选项。当然，如果需要超大号字，是可以自行写的。比如：100 自动的单位仍是磅，无需手动填写。

（2）字形和文字颜色。所谓字形，是指字符的粗体、斜体和下划线。而且这些字形可以同时使用。操作方法如下。

① 先选中文本中想要改变字形的字符。

② 在"格式"工具栏中找到"加粗"按钮 B 、"斜体"按钮 I 、"下划线"按钮 U，其中"下划线"具有下拉列表，可以展开列表选择其中一种下划线样式，单击选中其中一个或多个字形。要取消当前字符的字形，只需再次单击字形按钮即可。

除了可以改变字符的字形外，Word 2003 还提供了对字符颜色的设置。不仅可以使文本版面更加整齐，还可以使文本色彩多样化。操作方法如下。

① 选中要改变颜色的文本字符。

② 在"格式"工具栏中找到"字体颜色"按钮 A，单击右侧的下三角按钮，展开颜色列表，用户可以从中选择一种颜色，也可以单击列表中"其他颜色…"选项来自定义字符的颜色。

（3）字符间距与文字效果。字符间距是指字符与字符之间的距离，一般要改变字符间的紧与松时，才会用到此功能。过紧的字符，给人感觉很拥挤，过松的字符，会让人觉得空旷。所以改变字符间距对于美化文本也非常重要。具体操作步骤如下。

① 选中要调整字符间距的文本。

② 执行菜单"格式"→"字体"命令，调出如图 3-27 所示的"字体"对话框。

③ 进入"字符间距"选项卡，在"间距"下拉列表中选择一种调整字距的方式，这里包括 3 种：标准、加宽、缩紧。在其右边的"磅值"微调文本框中输入相应的数值，可以准确修改字符间距的大小。

④ 单击"确定"按钮，即可完成对选定文本字符间距的设定。

要想文本文档具有特殊的动态效果，就需要用到"文字效果"功能，Word 2003 为文本内容提供了很多的动态效果，可以让我们要设定的文本区域里的字符在屏幕上不停地闪烁和跳动。有了"文字效果"，使我们的文本更加生动。具体添加"文字效果"的步骤如下。

① 选中想要添加"文本效果"的文本区域。

② 执行菜单"格式"→"字体"命令，调出"字体"对话框。

③ 进入"字体"对话框中"文字效果"选项卡，对话框如图 3-28 所示。在"动态效果"列表框中，Word 2003 提供了 6 种动态效果：赤水情深、礼花绽放、七彩霓虹、闪烁背景、乌龙绞柱、亦真亦幻。用户可以选中其中的一种，默认情况是"无"动态效果。

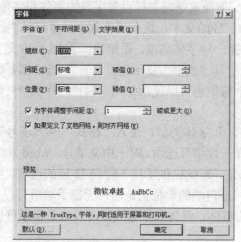 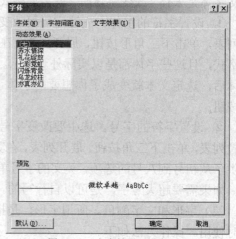

图 3-27 "字体"对话框   图 3-28 "文字效果"设定

④ 单击"确定"按钮，即可完成对选定文本的"文字效果"设定。此时对话框自动关闭，返回到用户的编辑状态下。我们就可以看到具有"文字效果"的文本区域了。

3. 段落的排版

段落指的是以按 Enter 键为结束的内容。段落可以包括文字、图片、各种特殊字符等。一般情况下，文本行距取决于各行中文字的字体和字号。如果删除了段落标记，则标记后面的一段将与前一段合并，并采用该段的间距。

（1）中文 Word 2003 的标尺。标尺的作用就是用来给文档的文本内容位置作精确定位，通过标尺可以设定文档内容的尺寸大小，也可以设定文档页面尺寸大小。对于段落的起始位置和段落的格式，也是通过标尺进行精确定位的。有了标尺后，就可以设置和使用 Word 2003 提供的制表位，方便地对文档内容进行准确排版。下面来说明标尺和制表位使用的操作过程。

当使用 Word 2003 的工作区没有标尺时，执行菜单"视图"→"标尺"命令，调出"标尺"功能。Word 2003 提供了多个制表位，分别是左对齐、居中对齐、右对齐、小数点对齐、竖线对齐。对于初学者来说，使用制表位可能会感觉到困难，为了使问题简单化，下面使用一个实例来说明用法。

① 首先在文档开始部分，设定一个左对齐的制表位。我们知道，系统默认也是将文本按左对齐方式显示。可以在 Word 2003 工作区部分的左上角看到对齐的设置图标，系统默认的左对齐方式图标为 ⌊，在水平标尺 1 厘米的地方，单击鼠标左键，设置一个左对齐制表位，如图 3-29 所示。同时，还可以拖动刚刚设定的制表位，重新改变制表位的位置。

② 再次单击工作区部分的左上角对齐设置图标。更换对齐方式为居中对齐，其图标为 ⊥。此时在水平标尺的距离左端 5 厘米处单击鼠标左键，在该处就设定了一个居中对齐的制表位。

③ 单击工作区部分的左上角对齐设置图标。更换对齐方式为居右对齐，其图标为 ⌐。此时在水平标尺的距离左端 9 厘米处单击鼠标左键，在该处就设定了一个居右对齐的制表位。

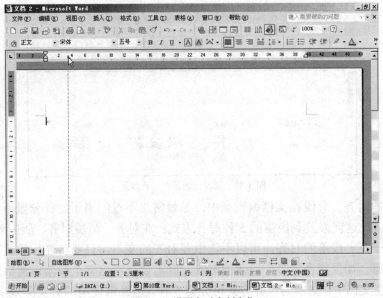

图 3-29 设置左对齐制表位

④ 单击工作区部分的左上角对齐设置图标。更换对齐方式为小数点对齐，其图标为 。此时在水平标尺的距离左端 12 厘米处单击鼠标左键，在该处就设定了一个小数点对齐的制表位。

⑤ 单击工作区部分的左上角对齐设置图标。更换对齐方式为竖线对齐，其图标为 。此时在水平标尺的距离左端 6 厘米处单击鼠标左键，在该处就设定了一个竖线对齐的制表位。同时在光标所在行，可以看见多出了一条竖线。5 种制表位设置完成，结果如图 3-30 所示。

图 3-30 设置完成的 5 个制表位

⑥ 下面就可以利用刚刚设置的制表位，对文档输入的信息进行自动的对齐显示了。在录入文本的过程中，我们使用【Tab】键在行中各个不同的制表位间切换，输入一些文本后，按一次【Tab】键，将使当前光标跳到下一个制表位。当一行输入完毕后，按【Enter】键换行进行下一行的文本输入。所有刚刚输入的文本将按预先设置的制表位自动对齐。

⑦ 最后将看到如图 3-31 所示的效果。"学号"一栏自动对齐在左对齐的制表位下靠左对齐；"姓名"一栏自动对齐在居中对齐的制表位下居中对齐；"班级"一栏自动对齐在右对齐的制表位下靠右对齐；"总分"一栏自动对齐在小数点对齐的制表位下以小数点位置对齐；竖线制表位下用竖线隔开了左右两侧。最终就好像做了一张表格一样。

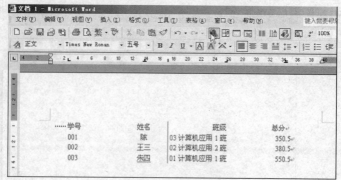

图 3-31　制表位的最终对齐效果

（2）段落的对齐。分段在文档编辑当中，是最常见不过的事了。在分段后，一般要对段落进行设置对齐，这就涉及到段落的 5 种对齐方式：左对齐、两端对齐、居中对齐、右对齐、分散对齐。对于某一段落的对齐，可以不选中要对齐的文本，只要将光标放置在想要设置对齐的段落中即可。如果要设置多个段落的对齐，则需要选中这多个段落，然后同时设置它们的对齐方式。在文档中，文本的对齐方式可分为 5 种，但经常使用的有实际效果的只有 3 种。

文本对齐方式的作用只有在两种不同字号大小的段落中才有效果，特别是在图片与文字之间，效果就特别明显。设置文本对齐方式的方法是，执行"格式"→"段落"→"中文版式"命令。下面分别介绍一下这几种对齐方式：

① 左对齐。设置整个段落在页面中靠左对齐排列。由于该对齐方式在工具栏中没有相应的按钮，所以只能使用它的快捷键【Ctrl+L】来让段落靠左对齐，这种对齐方式我们很少用到，在实际工作中，大多情况我们使用两端对齐，对于用户录入文本为中文时，两者外观几乎没有差别。但如果输入是英文，差别则会较大。大家可以自己对比一下。

② 居中对齐。设置整个段落在页面中居中对齐排列。将光标放置在想要调整对齐方式的段落中，然后单击"格式"工具栏中"居中对齐"按钮，或按下快捷键【Ctrl+E】。完成对当前段落的居中对齐排列。效果如图 3-32 所示。

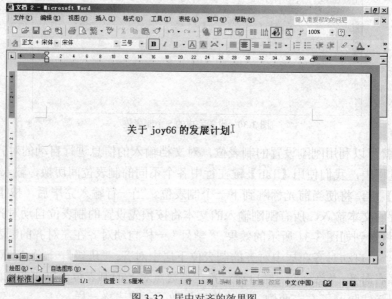

图 3-32　居中对齐的效果图

③ 右对齐。设置整个段落在页面中靠右对齐排列。将光标放置在想要调整对齐方式的段落中，然后单击"格式"工具栏中"右对齐"按钮▤，或者按下【Ctrl+R】快捷键。完成对当前段落的靠右对齐排列。效果如图 3-33 所示。

图 3-33 右对齐效果图

④ 两端对齐。中文版 Word 2003 的默认对齐方式。在打开或启动 Word 时，文本的输入总是以这种方式显示。如果在段落设置中，想要强制使用该对齐方式，可以单击"格式"工具栏中"两端对齐"按钮▤，也可以使用【Ctrl+J】快捷键。要想观察其明显效果，需将每行输入的文本占满整行。效果如图 3-34 所示。

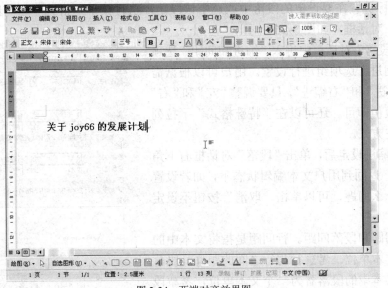

图 3-34 两端对齐效果图

⑤ 分散对齐。设置整个段落在页面中分散对齐排列。让段落中不足一行的文本均匀散落在一行中占满整行。将光标放置在想要调整对齐方式的段落中，然后单击"格式"工具栏

中"分散对齐"按钮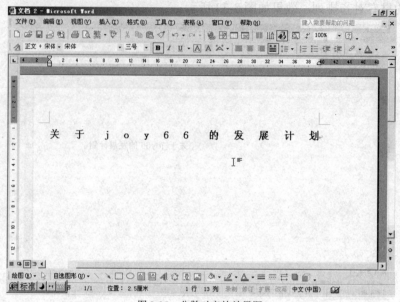，或者按下【Ctrl+Shift+D】快捷键。完成对当前段落的分散对齐排列。效果如图 3-35 所示。

图 3-35　分散对齐的效果图

（3）段落的缩进。段落的缩进就是指段落两侧与页面的距离。中文版 Word 2003 对于段落的缩进提供了 4 种形式，分别为首行缩进、悬挂缩进、左缩进和右缩进。要想实现段落的缩进，方法多种多样。设定"段落"对话框可以更精确地控制缩进的大小和方式，其具体步骤如下所述。

① 将光标放置在要设定的段落中或选中该段落，执行菜单"格式"→"段落"命令，弹出"段落"对话框，如图 3-36 所示。

② 在"段落"对话框中进入"缩进和间距"选项卡，找到"缩进"选项组进行设置。用户可以根据需要设置"左缩进"和"右缩进"，只要调整"左"和"右"微调框中的数值即可。还可以在"特殊格式"下拉列表中选择缩进方式。

③ 完成缩进设定后，单击"段落"对话框右下角"确定"按钮，返回到用户文本编辑状态下，如若设置过程中出现什么问题，可以单击"取消"按钮不设定本次的缩进。

（4）行间距和段落间距。行间距是指将文本中的行看为一个文本单位，考察行与行之间的距离。段落间距是指将文本中的段落看为一个文本单位，考察段落与段落之间的距离。

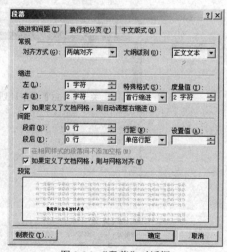

图 3-36　"段落"对话框

方法一：选择要改变行距的段落或将光标定位在段落中，单击"格式"工具栏中"行距"按钮，展开下拉菜单，在其中选择适合的行间距。完成对段落中行间距的设定。

　　方法二：选择要改变行距的段落或将光标定位在段落中，调出"段落"对话框，在"缩进和间距"选项卡中，找到"间距"选项组。在"行距"下拉列表中可以选择一种间距方案，用户也可以通过"设置值"文本框自定义自己想要的行距，注意这里设置的间距单位为磅。

　　设置段落间距的步骤如下所述。

　　① 选择要改变段落间距的段落，执行菜单"格式"→"段落"命令，弹出"段落"对话框。

　　② 在"缩进和间距"选项卡中，找到"间距"选项组中的"段前"和"段后"微调框，改变间距值，即可改变当前整个段落段前和段后与上下段落的间距值。

　　③ 单击"段落"对话框右下方的"确定"按钮，完成段落间距的设定，返回到编辑状态下。

　　（5）段落的自动编号。文章往往是有层次和结构的，所以一般我们用编号来标明文章的层次和大纲，这样不仅使文章内容一目了然，也使文章结构更加清晰。中文版 Word 2003 提供了段落的自动编号功能，大大简化了用户在设定文章结构和层次时的操作。

　　段落的编号是针对段落而言的，也就是一个段落编上一个号码，号码的次序和类别决定了文章的层次和结构。添加段落编号的具体方法有以下 2 种。

　　方法一：当将某一段落的开头标上如"1、（1）、一、（一）"等类似的编号时，在当前段落编写完毕，按【Enter】键产生新段落时，系统会自动根据上一段落标记的编号，自动继续标记编号。同时，中文版 Word 2003 提供了实时提醒功能，在自动编号时，将出现一个浮动的工具按钮，形如 ，单击它将展开下拉菜单，用户此时可以选择是否使用自动编号。

　　方法二：选中要标记编号的多个段落，执行菜单"格式"→"项目符号和编号…"命令，调出"项目符号和编号"对话框，选择"编号"选项卡，在列举的编号样式中选择一种样式。完成段落的自动编号，单击"确定"按钮，返回编辑状态下，如图 3-37 所示。

　　当我们对某些段落编号不满意时，就要取消这些段落编号。取消段落编号的方法也有 2 种。

　　方法一：选中要取消编号的段落，然后在"格式"工具栏中找到"编号"按钮 ，在选择的段落已经有了编号后，会看到"编号"按钮外面是有个黑框的，这时单击它，就取消了段落的自动编号。

　　方法二：选中要取消编号的段落，然后执行"格式"→"项目符号和编号…"命令，调出"项目符号和编号"对话框，选择"编号"选项卡，在列举的编号样式中选择"无"样式。单击"确定"按钮，立即取消了段落的自动编号。

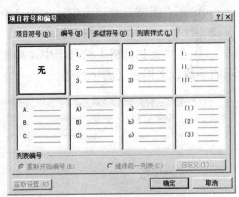

图 3-37　"项目符号和编号"对话框

　　4．页面的排版

　　在前面我们已经学习了文档中字符和段落的排版了，在此基础上，还可以使文档进一步美化，使文档的总体布局更加美观，也就是对文档的页面进行排版。

　　（1）页面设置。页面设置的内容涉及到文档总体版面的设置和纸张大小的选择。设定好页面后，它将影响文档中所有的页面，所以对于用户来说，页面的设置好坏对文档的总体布局非常重要。具体步骤如下所述。

执行菜单"文件"→"页面设置"命令项，弹出"页面设置"对话框。在对话框中可以看到 4 个选项卡：页边距、纸张、版式和文档网格。分别单击，会有不同的选项。如图 3-38 所示。

① 在"页边距"选项卡中，如图 3-38 所示，可以设置页边距、排版方向等。选择完毕后，单击"确定"按钮。也可以使用 Word 2003 的默认设置，只要单击左下角"默认"按钮，再确定即可。

② 在"纸张"选项卡中，如图 3-39 所示，可以设置纸型、选择纸的大小等。单击"确定"按钮后，完成该项设定。

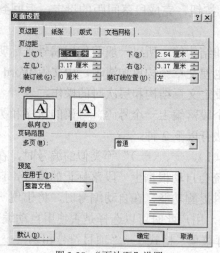

图 3-38 "页边距"设置

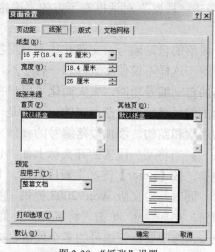

图 3-39 "纸张"设置

③ 在"版式"选项卡中，如图 3-40 所示，可以设置文档节的起始位置、文档的页眉、页脚、行号，并对边框进行设置。

④ 在"文档网格"选项卡中，如图 3-41 所示，可以设置文档每页显示的行数，每行显示的字数、文档正文的字号等。

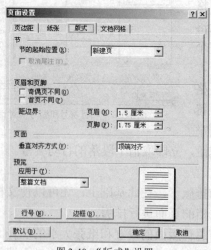

图 3-40 "版式"设置

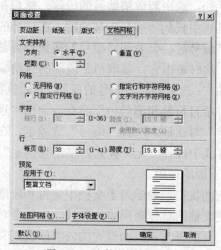

图 3-41 "文档网络"设置

（2）边框和底纹。在需要对某些文本区域突出显示时，就可以通过给这些文本添加边框和底纹以示强调。中文版 Word 2003 与以前版本相比提供了更多的边框线。通常添加边框和底纹，可以分为对文字、段落和页面添加。下面来学习操作步骤。

① 选中要添加边框和底纹的文本区域。执行菜单"格式"→"边框和底纹…"命令，弹出"边框和底纹"对话框。如图 3-42 所示。

② 选中"边框"选项卡，在"设置"选项组中，选择一种边框样式。然后在"线型"列表框中选择一种线型，同时也可在"颜色"列表框中选择一种颜色，在"宽度"列表框中选择该线型的宽度。保持在"应用于"列表中选择"文字"选项。

③ 单击"底纹"标签，在"填充"选项中，选择底纹的颜色。在"图案"中，选择底纹一种样式和颜色。同时在右侧"预览"中可以看到设定后的效果图。最后保持在"应用于"列表中选择"文字"选项，如图 3-43 所示。

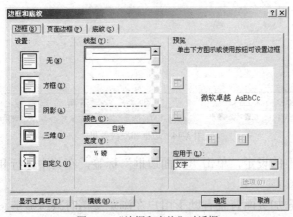

图 3-42 "边框和底纹"对话框

④ 单击"确定"按钮，完成对"边框和底纹"的设定。完成后的效果如图 3-44 所示。

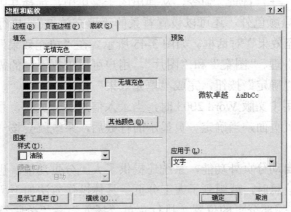

图 3-43 "底纹"标签页

对于"段落"的边框和底纹设定也类似于"文字"的边框和底纹设定。只需将"应用于"下拉列表的选项改为"段落"即可。在此不再详述，同学们可以自己对比一下效果，并请在设置时必须要注意使用范围。

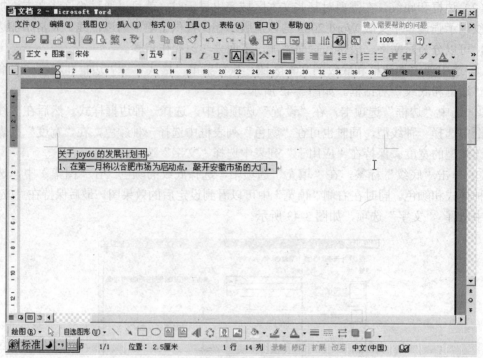

图 3-44　边框和底纹效果

对于"页面边框"的设定，单击"页面边框"标签，在其中进行和"文字"边框类似的设定即可。

（3）页面背景。添加页面背景有助于用户在浏览文档时减缓疲劳，因为长时间观看没有背景的文档容易对眼睛造成劳累，所以通过改变页面的背景，可以使单调的白色背景更换色彩和图案，最终使用户浏览起来感到轻松。设置背景步骤如下所述。

执行菜单"格式"→"背景"命令，从弹出的子菜单中，选择其中一种颜色。

除了可以设置背景颜色外，还可以设置背景的"填充效果"。执行"背景"→"填充效果"命令，弹出"填充效果"对话框。如图 3-45 所示。在"填充效果"对话框下有 4 个选项卡：即"过渡"、"纹"理、"图案"和"图片"。用户可以根据不同的需要，来选择不同的填充效果，选中后单击"确定"按钮，完成"填充效果"设定。

（4）分页。在使用中文版 Word 2003 时，当录入信息满一页时，系统就会自动分页。前面我们学习了怎样设置页面，当确定一页显示的行数后，系统就会按一页只显示规定的行数后进行自动分页。

除了系统提供的自动分页外功能，系统还提供了人工分页功能。也就是说，当一页行未占满，需要换页输入信息时，就用到了人工分页。具体操作方法如下所述。

① 将光标定位在需要分页的位置。执行菜单"插入"→"分隔符"命令，弹出"分隔符"对话框，如图 3-46 所示。

② 在"分隔符"对话框中找到"分隔符类型"选项组，在其中选择"分页符"。

③ 单击"确定"按钮，此时将看到想要分页的位置插入了一个分页符，鼠标光标后面的内容立即转到下一页显示。其效果如图 3-47 所示。

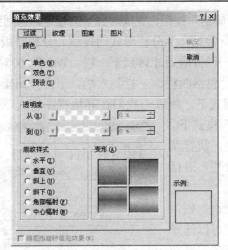

图 3-45　"填充效果"对话框　　　　　　　　　　　　图 3-46　"分隔符"对话框

④　如果觉得插入的"分页符"位置不对，也可以删除"分页符"，将光标移到"分页符"位置，按【BackSpace】键即可删除。

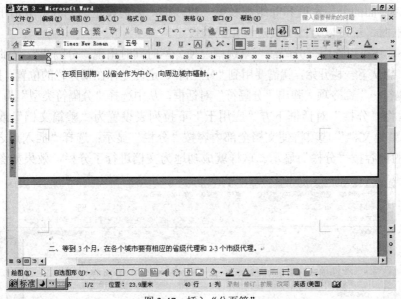

图 3-47　插入"分页符"

（5）分节。使用"分节"功能也可以调整文档的布局，当我们要为自己的文件或报告的章节进行排列时，就用到了分节。使用分节的方法如下。

①　将光标定位在想要分节的文本位置，然后执行菜单"插入"→"分隔符…"命令，弹出"分隔符"对话框。

②　在"分节符类型"选项组中可以看到有 4 种类型的分节符："下一页"是指光标后内容将成为新的下一节开始，且产生的新节将在下一页开始；"连续"是指光标后内容将成为新的下一节开始，但是产生的新节仍然是在本页；"偶数页"是指光标后内容将成为新的下一节开始，且产生的新节将在下一个偶数页开始；"奇数页"是指光标后内容将成为新的下一节开始，且产生的新节将在下一个奇数页开始。

③ 选择其中一种"分节符"，单击"确定"按钮，完成对分节的设定，返回到光标停留处。

（6）分栏。在报纸和杂志的页面中，常见会到分栏形式的排版。分栏排版是指文本在页面中按垂直方向对齐逐行排列文字，当一栏占满后才转到下一栏。Word 2003 提供了多种分栏排版的形式。用户可以自己选择分栏，包括两栏、三栏到六栏。下面介绍操作步骤。

① 分栏只能显示于"页面视图"模式下，所以当我们在其他视图模式下时，要使用分栏功能，系统会自动切换到"页面视图"模式下。

② 将光标定位于想要分栏的位置上，执行菜单"格式"→"分栏…"命令，调出"分栏"对话框，如图 3-48 所示。

③ 在"分栏"对话框中，找到"预设"栏，可以看到系统提供了 5 种分栏样式，用户可以选择其中一种样式进行分栏，也可以根据自己的需要在"栏数"微调框自定义分栏的个数。

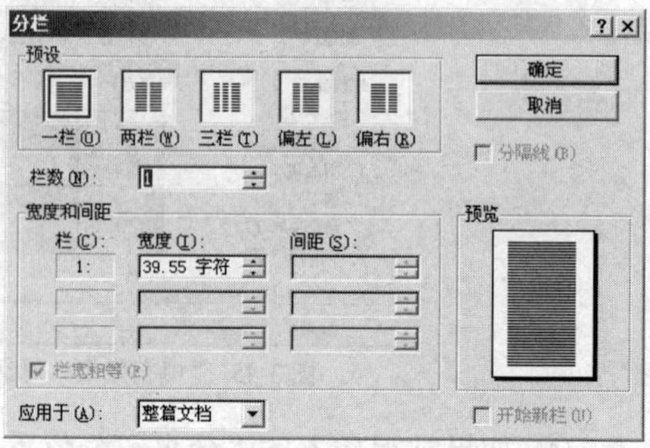

④ 在"宽度和间距"栏中，可以设定分栏的

图 3-48 "分栏"对话框

宽度和各栏之间的距离。当我们选中了"栏宽相等"复选框时，只需设定第一栏的宽度和间距即可，因为后面的分栏宽度和间距都和第一栏一样，无需设定。当我们取消了选中"栏宽相等"复选框时，就可以为每一栏进行相应的设定。

⑤ 此外，还可以选中"分隔线"复选框，使分栏时同时出现"分隔线"。有时，当一栏还没有占满时，想从下一栏开始，就需要用到"分栏符"。定位光标在要分栏的位置，执行菜单"插入"→"分隔符…"命令项，弹出"分隔符"对话框，从中选择"分隔符类型"为"分栏符"。

⑥ 最后将"分栏"对话框下方"应用于"下拉列表设置为"整篇文档"或"插入点之后"，选择"整篇文档"选项将使文档全部内容按"分栏"显示；选择"插入点之后"选项将使光标后面的内容按"分栏"显示。这样就成功地为文档进行了分栏，效果如图 3-49 所示。

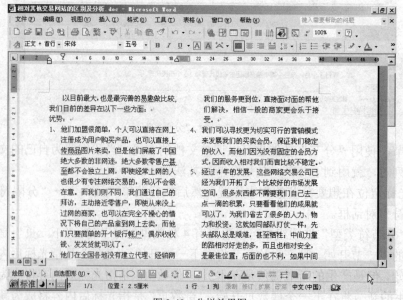

图 3-49 分栏效果图

（7）页眉和页脚。页眉和页脚是我们经常使用的功能。例如我们的课本，每一页的上方或者下方都有标识，有的标识着课本的页数或是其他信息。那么上方的自然就是页眉，而下方的是页脚。

执行"视图"→"页眉和页脚"命令，Word 2003 进入编辑页眉和页脚状态下，在页面顶部和底部出现虚线框，此时只能编辑页眉和页脚部分了。同时，弹出"页眉和页脚"工具栏。如图 3-50 所示。如果所有的页眉页脚是统一要求的话，那么只需在某一页的虚线框中，输入信息就可以了。

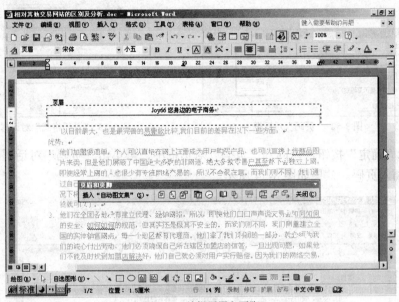

图 3-50　编辑页眉和页脚

利用"页眉和页脚"工具栏，还可以在页眉和页脚插入页码、时间和自动图文集等内容。

编辑好页眉和页脚后，单击"页眉和页脚"工具栏中的"关闭"按钮，或者双击变灰的正文，系统又返回到正文编辑状态下。此时页眉和页脚变成灰色。

此外，要想编辑奇偶页不同的页眉和页脚，先单击"页眉和页脚"工具栏中的"页面设置"按钮，或者执行菜单"文件"→"页面设置"命令，打开"页面设置"对话框。在"页面设置"对话框中，选中"版式"标签，保持"奇偶页不同"复选框为选中状态，如图 3-51 所示。然后回到虚线框中，分别编辑奇数页和偶数页的页眉和页脚即可。

（8）插入页码。当处理长的文档时，就需要用到页码。有了页码之后，就可以很方便地打印文档、装订文档。Word 2003 提供了多种页码外观，适用于各种风格的文档，下面介绍插入页码的操作步骤。

① 执行菜单"插入"下"页码…"命令，调出"页码"对话框，如图 3-52 所示。

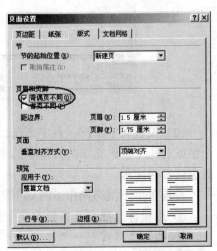

图 3-51　编辑奇偶页不同的页眉和页脚

② 在"页码"对话框中，可以看到"位置"和"对齐方式"两个下拉列表框。"位置"是用来设置页码放置的位置，譬如页眉或页脚。"对齐方式"是用来设置页码的显示方式，譬如右侧、外侧等。在对话框右侧可以看到插入页码的效果。

③ 为了改变"页码"的格式，单击"页码"对话框左下角的"格式"按钮，调出"页码格式"对话框。如图3-53所示。在"页码格式"对话框中，选择不同的页码外观，如罗马数字方式Ⅰ、Ⅱ、Ⅲ、Ⅳ等。

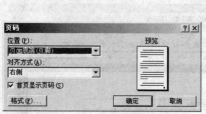

图3-52 "页码"对话框 图3-53 "页码格式"对话框

④ 单击"确定"按钮，返回到"页码"对话框中，再单击"页码"对话框中的"确定"按钮，完成插入页码。效果如图3-54所示。

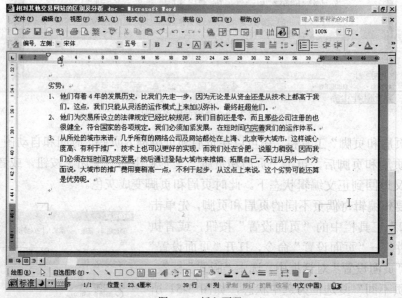

图3-54 插入页码

（9）设置首字下沉。首字下沉，这个效果经常在报纸上看到的。指文章或者段落的第一个字或前几个字比文章的其他字的字号要大，或者用不同的字体。这样可以突出段落，更能吸引读者的注意。

设置首字下沉的操作步骤如下所述。

① 用鼠标选择文章需要首字下沉的那一段。

② 执行"格式"→"首字下沉"命令。弹出"首字下沉"对话框，如图3-55所示。

③ 在"首字下沉"对话框中的"位置"选项组中有"无"、"下沉"和"悬挂"3个框。

一般使用"下沉"比较多，也比较适合中文的习惯。通常下沉行数不要太多，大概2~5行间就适合了。否则文字太突出，反而影响文章的美观。在"字体"、"下沉行数"和"距下文"3个选项里，在微调框中输入下沉的字符与段落正文的间距量。最后，单击"确定"按钮。如果觉得效果不是很好，可以重复上面的操作步骤，直到满意为止。

（10）控制段落的自动分页。排版的时候，Word 一般会自动按照用户所设置页面的大小进行分页，以美化文档的视觉效果，简化用户的操作，不过系统自动分页的结果并不一定就符合用户的要求，这时需要手工对文档的分页状况加以调整。

其实 Word 的分页功能十分强大，它不仅允许用户手工对文档进行分页，还允许用户调整自动分页的有关属性，如，用户可以利用分页选项避免文档中出现"孤行"、避免在段落内部、表格行中或段落之间进行分页等，可满足用户的任何要求。

尽管 Word 会根据页面大小及有关段落的设置自动对文档进行分页，但我们仍然可以对Word 自动分页时的有关禁忌规则进行适当的修改，以达到控制 Word 的自动分页状态的目的。调整 Word 自动分页属性的具体操作步骤如下。

选定需调整分页状态的段落，执行"格式"→"段落"命令，从"段落"对话框中选择"换行和分页"选项卡，如图 3-56 所示。

图 3-55 "首字下沉"对话框

图 3-56 "换行和分页"选项卡

我们在这里介绍的录入和编辑操作都是比较常见的操作，同学们应该勤于练习，更快地掌握这些操作。

三、表格的制作

表格作为一种简明扼要的表达方式，以行和列的形式来组织信息，具有结构严谨、效果直观、信息量大的特点。

表格是由行和列组成的，水平方向称为行，垂直方向称为列。一行和一列的交叉处就是表格的单元格，表格的信息包含在单元格中。信息可以是文本，也可以是图形等其他对象。

（一）新建表格

可以先生成空的表格，然后填充内容，也可以根据已有的内容将其转换为表格。Word

对表格的大小没有限制，对超过一页的表格，系统会自动添加分页符，根据需要可以指定一行或多行作为表格的标题，并在每页表格的顶部显示。

1. 创建空的表格

创建空的表格可用常用工具栏中的"插入表格"按钮，也可使用"表格"→"插入"→"表格"菜单命令。使用后者功能更强。创建表格前必须将光标移动到要插入表格的位置。

（1）使用"插入表格"按钮 。使用常用工具栏中的"插入表格"按钮，可以快速插入表格。用这种方式插入的表格不能设置自动套用格式或设置表格的行高与列宽（其行高和列宽及表格格式采用 Word 的默认值），只能在建立表格后再设置。

单击"插入表格"按钮后，会出现表格选择框。拖动鼠标穿过这些网格，到需要的网格行数和列数后松开鼠标即可。拖动时，Word 会将被拖动过的网格高亮显示，同时在底部的提示栏中显示相应的行列数。

（2）使用"插入表格"菜单命令。使用"插入表格"菜单命令可以对表格设置行数、列数、列宽和表格格式等。

执行"表格"→"插入"→"表格"菜单命令，这时出现的"插入表格"对话框，如图 3-57 所示。在该对话框中可以设置表格的参数。这些参数包括列数、行数和列宽。固定列宽的默认值为自动，它表示用文本区的总宽度/列数作为每列的宽度。列宽也可根据窗口、内容自动匹配。

2. 将文本转换为表格

在已经输入文本的情况下，可以使用将文本转换为表格的方法来建立表格，其操作步骤如下。

（1）将需要转换为表格的文本用相同的分隔符分成行和列。一般用段落标记来标记行的结束，而列与列之间的分隔符可用段落、逗号、制表符、空格或其他符号。但这些符号绝不能出现在文本信息中。

（2）选定需要转换为表格的文本。

（3）执行"表格"→"转换"→"文字转换成表格"菜单命令，打开"将文字转换成表格"对话框，如图 3-58 所示。

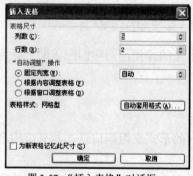

图 3-57 "插入表格"对话框

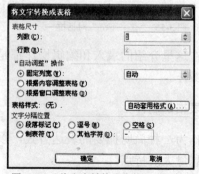

图 3-58 "将文字转换成表格"对话框

（4）在"文字分隔位置"选项组中选定用于分隔表格列的分隔符，与第 1 步的选择要相同。在"'自动调整'操作"选项组中选定列宽。

一般来说，表格的行数、列数不需用户选择，其中已经显示出了要转换的表格的行数、列数。若不符合，说明列与列之间的分隔符不正确，可取消操作，返回第 1 步重新设置。

3．表格嵌套

嵌套表格就是在表格的单元格中创建新的表格。嵌套表格的创建方法与正常表格的创建方法完全相同。

（二）添加内容到表格

对建立的空表格，可自行录入信息，并可做必要的格式化处理和编排。但若要在单元格中插入制表符及跨单元格的编辑操作，如删除、复制多个单元格的操作，还是有一点区别。

1．输入内容

在表格的单元格中编辑文本和图形的方法与一般的编辑方法基本相同。首先单击该单元格，然后输入文本。在输入的过程中，若按了【Enter】键，则在同一个单元格中开始新的段落。Word 2003 中视每个单元格为一个小的文档，从而可以对它进行文档的各种编辑和排版。若要在单元格中插入图片，可使用"插入"→"图片"菜单命令。

2．表格中的移动

若要将光标移动到需要的单元格，用鼠标单击该单元格即可。如若使用键盘，也可以，下面简单介绍几种相对来说常用的键盘操作，来移动表格单元格：按【Tab】键移向当前单元格的下一个，按【Shift+Tab】键移向当前单元格的上一单元格。而小键盘当中的【↑】【↓】【←】【→】则是快速地进行上下左右选择的好帮手。

在大多数情况下，表格中文本的选定方法与在文档中的选定方法是一样的。如用鼠标选定一段文本、双击一个词选定整个词、选定一行或多行等。

当然，也可以使用其他方法来选择。将鼠标指针移动到任何一个单元格的左边界处，它都会变为一个向右的黑箭头◢，这说明箭头正好指在该单元格的选定栏上，如若单击，就可以选中当前这个单元格。若将鼠标指针移动到一列的顶部，它会变为一个向下的黑箭头↓，表示正好指在该列的选定栏上，同理，单击选中的就将是这一列。将鼠标指针移到表格的左上角，当鼠标指针变为⊞时，表示正好指在整个表格的选定栏上，单击鼠标就将选中整张表格。

要选定表格行、列或整个表格，也可首先单击需要选定的表格行、列，然后执行"表格"→"选择"→"表"、"列"、"行"、"单元格"菜单命令。

3．表格的对齐方式

表格中单元格的对齐方式，除了在前面段落中使用的左对齐、右对齐、居中对齐、两端对齐和分散对齐等操作方法，还提供了一些特殊的对齐工具：左顶端对齐、顶端居中对齐、右顶端对齐、左居中对齐、垂直居中对齐、右居中对齐、左底端对齐、底端居中对齐和右底端对齐。其操作方法是先选定需要对齐操作的单元格，然后单击鼠标右键、选择快捷菜单中"单元格对齐方式"中相对应的命令即可。操作方法如图 3-59 所示。

4．表格的文字方向

表格中的文字方向可分为水平排列和垂直排列两类，共有 5 种排列方式。设置表格中的文本方向，使用下面的操作步骤。

① 选定需要修改文字方向的单元格。

② 执行"格式"→"文字方向"菜单命令，如图 3-60 所示。

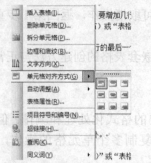

图 3-59　表格中的九种对齐方式　　　　图 3-60　五种文字方向

③ 在打开的对话框的"方向"选项组中选定需要的文字方向。

（三）修改表格

对设计好的表格，若不满意，还可以进行修改，如表格行列的增删、行列宽度的调整、单元格的增删、单元格的拆分与合并、拆分表格等，以得到满意的效果。

1．行、列的增删

表格建立好后，发现行、列多了或少了，重新创建显然太麻烦，这时有方便的添加和删除方法。

（1）行的增删。使用菜单命令，在表格中增加行的操作步骤如下。

① 选定要在某一行上面或下面插入行的行，要增加几行则选定几行。

② 执行"表格"→"插入"→"行（在上方）或"表格"→"插入"→"行（在下方）"菜单命令，如图 3-61 所示。

若要在表格末增加一行，只要将光标移到最后一行的最后一个单元格框线外，按【Tab】键即可。

对表格中不再需要的行，可以删除。其方法是选定要删除的行，然后执行"表格"→"删除"→"行"菜单命令。注意：若按【Del】键删除的是行中的内容，表中的行仍存在。

（2）列的增删。列的插入和删除操作与行的操作是类似的。在表格的最右侧增加一列的操作步骤如下。

① 将鼠标指针移到最后一列的单元格框线外。

② 当鼠标指针变为↓时单击，选定该列。

图 3-61　在表格中插入列或行

③ 选择"表格"→"插入"→"列（在左侧）"或"表格"→"插入"→"列（在右侧）"菜单命令，这时就在表格的最右侧增加了一列。

2．行、列的调整

行、列的调整是指重新调整单元格的行高与列宽。

（1）使用标尺调整行高与列宽。若要调整行高，可将光标移动到要调整行高的任意单元格中，然后移动鼠标指针到该行的上框线或下框线处，当鼠标指针变为上下方向的箭头⇕时，上下拖动鼠标到需要的位置即可。

对于列宽，需要调整哪些列就选定哪些列，然后移动鼠标指针到该列的左框线或右框线处，当鼠标指针变为左右方向的箭头↔时，左右拖动到需要的位置即可。

当建立了表格后，垂直标尺为每个单元格的行高都设置了刻度，水平标尺为每个单元格的列宽设置了刻度。当选定表格后，在标尺上会显示出行标记符（垂直标尺上）和列标记符（水平标尺上）。当鼠标指针移动到这些标记符上时，鼠标指针形状变为左右箭头↔（在水平标尺上）或上下箭头↕（在垂直标尺上），这时左右、上下移动鼠标就可以调整列宽、行高。

在拖动鼠标时按住【Alt】键，在标尺上会显示出行高或列宽的具体数值，供在调整时参考。

（2）使用对话框调整行高与列宽。选定需要调整的行或列，然后选择"表格"→"表格属性"菜单命令，在弹出的"表格属性"对话框中进入"行"选项卡可以调整行高，进入"列"选项卡可以调整列宽。

3．单元格的拆分与合并

一个单元格可以拆分为多个，多个单元格也可合并为一个单元格。

（1）单元格的拆分。单元格拆分的操作步骤如下。

① 选定要拆分的单元格。

② 选择"表格"→"拆分单元格"菜单命令，在打开的如图 3-62 所示的"拆分单元格"对话框中，选择单元格要拆分成的行数和列数。

（2）单元格的合并。单元格合并的操作步骤如下。

① 选定要合并的单元格。

② 选择"表格"→"合并单元格"菜单命令。

这时，Word 就会删除所选单元格之间的分界线，建立一个新的单元格。

4．插入和删除单元格

插入和删除也可以单元格为单位进行。

（1）插入单元格。插入单元格的操作步骤如下。

① 选定单元格。插入的单元格和选定的单元格的数目是相同的。

② 选择"表格"→"插入"→"单元格"菜单命令，打开"插入单元格"对话框，如图 3-63 示。

③ 选定插入的方式。

（2）删除单元格。删除单元格是插入单元格的逆操作。当要删除的单元格被选定后，选择"表格"→"删除"→"单元格"菜单命令，出现的"删除单元格"对话框如图 3-64 所示，选择需要的选项，按下"确定"按钮即可。

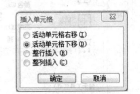

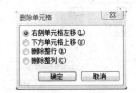

图 3-62　拆分单元格　　　　图 3-63　"插入单元格"对话框　　　图 3-64　"删除单元格"对话框

5．拆分表格

拆分表格的含义是将表格拆分为两个独立的表格，其操作方法是将光标移动到要拆分为第 2 个表格的首行处，选择"表格"→"拆分表格"菜单命令就可以了。

（四）**表格格式**

表格格式指的是表格的边框、底纹、字体等组成的表格的修饰效果，它们使表格更加美观，内容清晰整齐。另外，表格格式还包括表格与文本的排版位置关系。

1. 自动套用格式

Word 2003 为用户预定义了 42 种表格格式，只要套用一下这些格式，就可以满足要求。表格自动套用格式的操作步骤如下。

① 将光标放在表格中的任意单元格中，或选定表格。

② 选择"表格"→"表格自动套用格式"菜单命令，打开"表格自动套用格式"对话框，如图 3-65 所示。

③ 在该对话框中选择需要的表格格式，也可以向"表格样式"列表框中加入自定义的表格格式，这可通过单击"新建"按钮来完成。

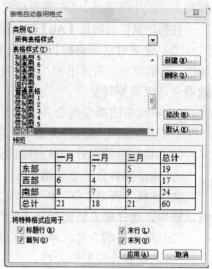

2. 边框和框线

用表格自动套用格式可以给表格添加边框和框线。但在不满足需要或没有表格边框和框线时，就必须自己设置。

设置表格边框和框线可使用"边框和底纹"对话框，也可以使用表格和边框工具栏。

使用表格和边框工具栏设置表格边框和框线的操作步骤如下。

图 3-65 "表格自动套用格式"对话框

① 选定要添加边框和框线的单元格或整个表格。

② 用鼠标右键单击表格，选择"表格属性"选项，弹出如图 3-66 所示的对话框。

③ 选择"表格属性"对话框里的"边框和底纹"选项，弹出如图 3-67 所示的"边框和底纹"对话框。

图 3-66 "表格属性"对话框

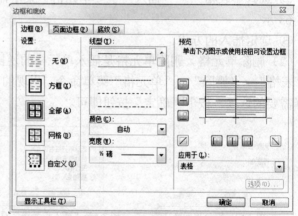

图 3-67 "边框和底纹"对话框

④ 在对话框中可以选择边框的框线、线型、颜色、宽度等。

⑤ 选择完毕，按下"确定"按钮即可。

3. 底纹

对表格的单元格设置底纹，也可使用"边框和底纹"对话框来完成。请同学们自己尝试。

4. 表格与文本的对齐方式与环绕

表格与文本的对齐方式包括左对齐、居中对齐和右对齐。对于每一种对齐方式来说，环绕方式包括有和没有两种。

确定表格与文本的位置关系可使用下面的操作步骤。

① 将光标放在表格的任意单元格内。

② 选择"表格"→"表格属性"菜单命令，打开"表格属性"对话框，如图 3-66 所示，然后进入"表格"选项卡。

③ 在"对齐方式"选项组中选择对齐方式，有左对齐、居中对齐和右对齐 3 个选项。选择左对齐方式后，还可以在"左缩进"数值框中设置左端缩进量；

④ 在"环绕方式"选项组中选择有无环绕；

⑤ 单击"确定"按钮。

（五）表格高级功能

在 Word 2003 当中制作表格，不仅可以输入和编辑，更可以排序与求和计算等，真正地快捷方便。

1．排序

若有些时候要求表格中项目的顺序，而输入过程中并非按顺序进行，那么，是不是需要重新输入呢？其实直接使用表格中的几步操作，便可重新排序。对表格进行排序的操作步骤如下。

① 将光标选定在表格中的任意单元格内。

② 选择"表格"→"排序"菜单命令，这时 Word 2003 选定整个表格，并打开"排序"对话框，如图 3-68 所示。

③ 选择排序依据、类型及排序方式。

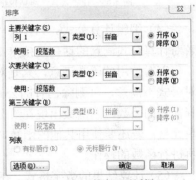

"主要关键字"、"次要关键字"和"第三关键字"下拉列表框中选择的内容是排序的依据，其选项为标题行中各单元格的内容。这里的"主要关键字""次要关键字"和"第三关键字"顾名思义，则是主要根据哪一项来排序，在主要关键字出现条件相同无法排序的情况时，再用次要关键字排序。在"类型"下拉列表框中可以选择排序依据的值的类型，如笔画、数字、日期、拼音。排序方式可选择"升序"或"降序"。

图 3-68 "排序"对话框

> **注意**：若表格第一行为标题，在"列表"选项组中选定"有标题行"单选按钮，则排序不对标题行排序；若选定"无标题行"单选按钮，则排序时将包括标题行。

2．计算

对表格中的某些列进行运算，可使用下面的操作步骤。

① 将光标移动到目标单元格中。

② 选择"表格"→"公式"菜单命令，打开"公式"对话框，如图 3-70 所示。

③ 确定表格计算的公式和计算结果的数字格式。

对于表格的计算说明如下。

（1）表格中单元格的引用。表格中的单元格可用 A1、A2、B1、B2 之类的形式来引用。其中的字母代表列，而数字代表行。比如：A1 就是指第一行第一列。

在公式中引用单元格时，用逗号分隔，而选定区域的首尾单元之间用冒号分隔。如 SUM（A1:A3）表示对单元格 A1、A2、A3 求和；SUM（A1:C2）表示对单元格 A1、A2、B1、B2、C1、C2 求和；SUM（A1，A3，C2）表示对 A1、A3 和 B2 求和。

若要引用一整行或一整列，有两种方法。其一是用 n:n 表示第 n 行，其二是用 A1:C1 表示一行（A1 为该行的第一个单元格，C1 为该行的最后一个单元格）。

（2）表格中的数学公式。"公式"对话框中的"公式"文本框中以"="开始，后面是计算用的数学公式及所要参加计算的单元格。具体实例如图 3-69 所示，在这个例子里，求和函数求出的结果是 A1 单元格中的值和 B1 单元格中的值的和。

（3）函数。计算所用的函数，可在"粘贴函数"下拉列表框来选择，常用的函数有绝对值函数 ABS、平均值函数 AVERAGE、取整函数 INT、最小值函数 MIN、最大值函数 MAX、求余函数 MOD、乘积函数 PRODUCT、符号函数 SIGN、求和 SUM。具体实例如图 3-70 所示，在这个例子里，求和函数求出的结果是 A1 单元格中的值和 A2 单元格中值的和。

图 3-69　在"公式"对话框输入公式

图 3-70　在"公式"对话框中输入函数

（4）编辑计算公式。当打开"公式"对话框时，"公式"文本框中一般会有 SUM 函数，若对计算公式满意的话，直接单击"确定"按钮就可以了。

若对使用的函数满意，只是对计算的单元格不满意，则需对引用的单元格进行编辑；若对公式不满意，可删除已有的公式（注意不能删除"="），在"粘贴函数"下拉列表框中选择需要的函数，则函数出现在"公式"文本框中，然后在函数括号"（）"中输入需要计算的单元格；若还要使用其他的函数，输入一个函数之间的运算符号（"+"，"-"，"*"，"/"等），再进行函数的操作。

（5）计算结果的数字格式。在"数字格式"下拉列表框中可以选择计算结果的数字格式，有整数、小数、带百分比、带人民币符号等格式。

（6）更新计算结果。由于在公式、函数的计算过程中，引用的是单元格中的值，当单元格中的值发生变化的时候，或者由于计算公式变化时，均可先选定计算结果单元格，按 F9 键即可更新计算结果。

顺便提一句，这种方法和在同学们以后学习的 Excel 2003 中是一样的。在学习过程中，要注意融会贯通。

四、图文混排

（一）图片的插入

Word 2003 中满足各种用户对于图片处理的需要，既可以直接复制已有的图片，也可以对其进行大小、效果的修改，还可以根据自行需要来绘制图形，并设置特殊效果。

在 Word 2003 中，可以便捷地插入各种图片在文档中的任意位置。Word 可以插入多种格式保存的图形、图片，包括从剪辑库中插入剪贴画和图片、从其他程序或文件夹中插入图片，以及插入扫描仪扫描的图片。

1．插入剪贴画中的图片

① 如图 3-71 所示，执行"插入"→"图片"→"剪贴画"菜单命令，打开"剪贴画"任务窗格，单击"管理剪贴画"链接，弹出剪辑管理器窗口。

② 在该窗口的"收藏集列表"列表框中选择"Office 收藏集"，然后在其下选择需要的类别，从右边的窗格中选择一张图片。

③ 单击图片右侧的下拉按钮，在弹出的下拉菜单中选择"复制"菜单命令。

④ 将光标放到需要插入图片的位置粘贴即可。

图 3-71 插入剪贴画

2．插入文件中保存的图片

Word 允许将其他程序生成的图形、图像文件插入到文档中，如插入计算机中已经存储的图形文件、或用画图软件编辑的图像文件等。

在 Word 中将其他程序生成的图形、图像文件插入到文档中，采用下面的操作步骤。

① 将光标放到需要插入图片的位置。

② 选择"插入"→"图片"→"来自文件"菜单命令，弹出"插入图片"对话框。

③ 在"插入图片"对话框中选择要插入的文件即可。

3．设置图片的格式

图片的格式包括颜色、线条、大小和版式等。首先单击要设置格式的图片，然后选择快捷菜单中的"设置图片格式"命令，这时弹出的"设置图片格式"对话框如图 3-73 所示。

（1）颜色和线条。在"设置图片格式"对话框中进入"颜色与线条"选项卡，这时的对话框如图 3-72 所示。可以设置图片的填充色、填充的透明度、图片的边框，以及线条的颜色、线型、虚实和粗细，以及线条始端样式、末端样式和始端、末端箭头的大小。

（2）图片的尺寸。在"设置图片格式"对话框中，进入"大小"选项卡，这时的对话框如图 3-73 所示。

图 3-72 设置"颜色与线条"

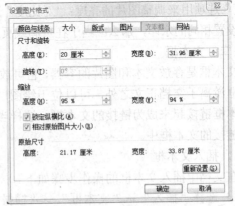

图 3-73 设置"大小"

可以设置图片的高度、宽度和旋转角度，可定量地调整图片的大小。

（3）图片的版式。插入图片后，由于是图文混排，需要注意图片和文字之间的关系，根据不同的需要选择环绕方式，更能满足编辑的需要。Word 2003 当中提供以下这几种环绕方式：

在"设置图片格式"对话框中，进入"版式"选项卡，这时的对话框如图 3-74 所示。

嵌入型：将对象置于文档的插入点处，使对象与文字处于同一层。

四周型：将文字环绕在所选对象的矩形边界框的四周。

紧密型：将文字紧密环绕在图像自身的边缘（而不是对象矩形边界框）的周围。

浮于文字上方：选择该选项，会取消文字环绕格式，将对象置于文档中文字的上面，覆盖着部分文字，对象将浮动于自己的绘图层中。

衬于文字下方：选择该选项，会取消文字环绕格式，将对象置于文本层之下的层，让文字覆盖对象。

（4）图片控制。在"设置图片格式"对话框中，进入"图片"选项卡，这时的对话框如图 3-75 所示。

图 3-74　设置"版式"

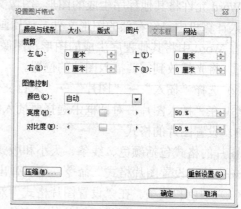

图 3-75　设置"图片"

可对图形进行裁剪，裁剪的边包括上、下、左、右，"颜色"下拉列表框用来控制图片的颜色，其选项包括"自动"（图片的颜色和插入前的颜色相同）、"灰度"（指各种颜色按照灰度变成相应的灰色）、"黑白"（指图片只有黑、白两种颜色）、"水印"（指图片具有水印的效果）；"亮度"选项用来调整图片的亮度；"对比度"选项用来调整图片的对比度。若要在文档的每一页都设置相同的水印，那么应当于在页眉或页脚中插入图片，并将其设置为水印效果。

（二）文本框

文本框是存放文本和图片的容器，它可放置在页面的任意位置，其大小可以由用户指定。文本框游离于文档正文之外，可以位于绘图层，也可以位于文本层的下层。用户还可以将多个文本框链接起来成为链接的文本框，这样当文字在一个文本框中放不下时，自动排版到另一个链接的文本框中。

1．插入文本框

在文档中插入文本框的操作步骤如下。

① 选择"插入"→"文本框"→"横排"或"插入"→"文本框"→"竖排"菜单命令，这时鼠标指针变为十字形，编辑区域如图 3-76 所示，"横排"表示文本框中的文字水平排列，"竖排"表示文本框中的文字垂直排列。

② 将鼠标指针移到要插入文本框的左上角，按住鼠标并拖动到要插入文本框的右下角，

画出一个文本框，如图 3-77 所示。

图 3-76　插入文本框　　　　　　　　　　　　　　　图 3-77　横排文本框

③ 向文本框中输入文字。若输入的文字过多，有些文字在文本框中会暂时不可见，通过调整文本框的大小，即可显示出其余的文字。

2．调整文本框

插入文本框后，其大小可根据需要来调整。为此单击文本框可选定它，选定的文本框有 8 个控制点。文本框左右两边中间的控制点用于调整文本框的宽度，上下两边中间的控制点用于调整文本框的高度，4 个角的控制点用于同时调整文本框的高度和宽度。将鼠标指针放在文本框边框上时，鼠标指针变为十字形状，拖动鼠标可移动文本框的位置。删除文本框的操作与删除文字的操作一样，首先选定文本框，然后按【Del】键即可。

3．设置文本框格式

选定文本框后，单击鼠标右键选择快捷菜单中的"设置文本框格式"命令，会弹出如图 3-78 所示的"设置文本框格式"对话框，该对话框上的"颜色与线条"选项卡、"大小"选项卡、"版式"选项卡与前面介绍的"设置图片格式"对话框中的相应选项卡是相同的，操作也是相同的。"文本框"选项卡用于设置文本框内文字到文本框边框之间的上、下、左、右距离。

（三）自选图形

除了插入用其他软件编辑的图片，或是插入因特网上的图片之外，也可以直接在 Word 2003 中编辑图形。通常我们使用自选图形。用以前使用过的方法调用出"绘图"工具栏之后，可以看到在界面的左下方有　自选图形(U)·图标，单击该图标便会弹出如图 3-79 所示面板。基本上常见常用的图形都已被囊括其中。

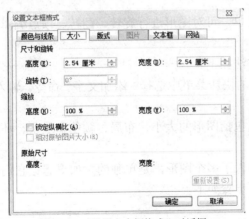

图 3-78　"设置文本框格式"对话框　　　　　　　图 3-79　自选图形

1．自选图形的种类

自选图形的种类包括线条、基本形状、箭头总汇、流程图、星与旗帜和标注。

2．自选图形的绘制方法

绘图时可以使用绘图工具栏。使用 Word 2003 中提供的自选图形功能，几乎可以满足所有用户的需要。

① 确定需要绘制的图形。如若图形相对比较复杂，就需要将图形分解为简单的，如直线、箭头、矩形或椭圆等。

② 单击绘图工具栏上简单图形对应的按钮，如"直线" ╲ 、"箭头" ↘ 、"矩形" □ 或"椭圆" 按钮 ○ 等，把鼠标指针移动到文本区，这时鼠标指针变为十字形。

③ 选定绘制图形的起点，按住鼠标左键，然后拖动鼠标到需要的大小，这时就会产生需要的图形。

对图形的编辑方法和对文本的编辑方法类似。例如，先单击要编辑的图形，就可以进行复制、粘贴、移动等操作了。移动方法与图片的移动操作是类似的。

3．改变图形形状

（1）选定图形。选定单个图形用鼠标单击即可。选定图形后，图形周围出现的小方块称为控制点。

同时选定多个图形的操作方法是用鼠标单击第一个图形，然后按住【Shift】键，再单击每一个要选定的图形。或单击绘图工具栏中的"选择对象"按钮，拖动鼠标将需要选定的图形包含在鼠标拖曳的矩形区域中。

（2）改变图形的大小。选定要改变大小的图形，将鼠标指针移到控制点上，鼠标指针变成双向箭头后，拖动控制点即可。

（3）旋转图形。选定要旋转的图形，再单击绘图工具栏上的"自由旋转"按钮，出现 4 个旋转顶点，当鼠标指针包围顶点时，拖动鼠标进行旋转即可。

（4）为图形添加阴影或立体效果。选定要添加阴影或立体效果的图形，再单击绘图工具栏上的"阴影"或"三维效果"按钮，选择其中的一种样式即可。

（5）改变直线的形式。直线除了可以旋转、添加阴影或立体效果外，还可以改变实（虚）线型和箭头样式。改变的方法是：选定要改变形式的直线，再单击绘图工具栏中的线型或虚线线型按钮，选择样式即可。

另外，利用绘图工具栏中的绘图菜单，可对图形进行旋转、翻转、顶点编辑等操作。

4．在图形上添加文字

在图形上可以添加文字，其操作方法如下。

选中图形，单击鼠标右键，在弹出的快捷菜单中选择"添加文字"命令。输入文字即可。

5．图形的格式

（1）设置图形的格式。图形的格式包括图形的大小、布局、颜色和线条、环绕等，其操作与图片的操作类似。

（2）组合图形。很多时候，我们插入了多个图形，是单独的，如果想让它们作为一个整体来操作，就必须组合图形。具体操作步骤如下。

① 选定要组合的一组图形；

② 单击绘图工具栏上的"绘图"按钮，在打开的菜单中选择"组合"命令即可。这时这一组图形只在最外围出现 8 个控制点，表明这一组图形已组合起来了。

（四）艺术字

艺术字体是具有特殊效果的文字，比如说可带阴影、倾斜、旋转和延伸，变成特殊的形状等。艺术字在合适的位置使用，具有引起人们注意并产生美感的作用。在文档中插入艺术字体，可使用下面的操作步骤。

① 选择"插入"→"图片"→"艺术字"菜单命令，打开"艺术字库"对话框，如图 3-80 所示。

② 在"艺术字库"对话框中选择一种艺术字式样。选择完成后，出现"编辑艺术字文字"对话框。

③ 在该对话框的"文字"列表框中输入需要的文字。对输入的文字还可以进行简单的格式操作，包括字体、字号、黑体和粗体。输入完成后，单击"确定"按钮，这时艺术字就插入到文档中了。

艺术字和图形一样，可以进行移动、缩放和旋转等操作，其操作和图形的操作是类似的。请同学们自行尝试。

图 3-80　"艺术字库"对话框

（五）公式编辑

有一些文档中经常处理公式，比如有些数学教材等。有的同学可能说，这该怎么办呢？要不要使用其他软件呢？答案是不必的，完全可以使用 Word 2003 当中提供的公式编辑器，可以在文档中插入各种类型的公式，既方便又快捷。

1. 插入公式

这里以下面的求和公式为例说明插入公式的操作步骤。

$$f(t) = \sum_{i=0}^{\infty} x_i^2(t)$$

（1）将光标移动到要插入公式的位置。

（2）选择"插入"→"对象"菜单命令，弹出"对象"对话框，进入"新建"选项卡，这时的对话框如图 3-81 所示。

（3）在"对象"对话框的"对象类型"列表框中选择"Microsoft 公式 3.0"，然后单击"确定"按钮，这时就启动了公式编辑器，进入公式编辑器窗口，同时出现公式工具栏，如图 3-82 所示。

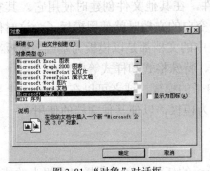

图 3-81　"对象"对话框

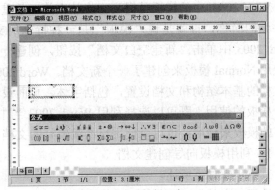

图 3-82　公式编辑器窗口

公式工具栏的顶行提供了公式中常用的一系列符号，底行提供了一系列工具样板供用户选择。常用的符号包括关系符号、间距和省略号、修饰符号、运算符号、箭头符号、逻辑符号、集合论符号、其他符号、希腊字母（大、小写）等。工具模板包括围栏模板、分式和根式模板、下标和上标模板、求和模板、积分模板、底线和顶线模板、标签箭头模板、乘积和集合论模板、矩阵模板等。

（4）输入公式的左端和等号：

f(t) =

其中的括号和等号可用键盘直接输入，也可用工具栏上提供的符号。

（5）输入求和符号，即单击公式工具栏中求和模板按钮 Σ Σ ，在该工具板中选择带有上下限的求和公式 Σ ，则插入选定的求和公式。

（6）输入求和的上下限。将光标移动到求和的下限位置（用鼠标单击），输入：

i = 0

然后将光标移动到求和的上限位置（用鼠标单击），单击公式工具栏中的"其他符号"按钮 ，打开工具模板，选择其中的"∞"符号。

（7）输入级数平方和表达式。单击公式工具栏中的下标和上标模板 ，选择带有上下标的公式样板 ，然后在主体小方框中输入"x"，在上标小方框中输入"2"，在下标小方框中输入"i"，最后输入"(t)"。

（8）完成公式编辑后，在公式以外的文档任意位置单击，即可退出公式编辑窗口，返回到 Word 编辑窗口。

2．修改公式

这里要强调一下，插入的公式其实是一个整体对象。单击公式所在的位置，就选定了该公式。与文本一样，公式也可以进行复制、粘贴、删除等操作。公式和图形一样，也可以移动、缩放和旋转，其操作和图形的操作是类似的。使用鼠标拖动选定公式周围的小框，可以改变公式的长度、宽度和大小。对已有的公式进行编辑，可双击公式进入公式编辑器的编辑窗口来进行。

五、高级应用

（一）模板与样式

Word 2003 中的模板是提高工作效率的一条重要的途径。所谓"模板"，实际上是"模板文件"的简称，也就是说"模板"是一种特殊的文件，在其他文件创建时使用它。其实在 Word 2003 中单击"新建空白文档"按钮，创建一个空白的文档时就使用模板了，这时候默认使用 Normal 模板来创建了一个新文档。Word 2003 中的文档都是以模板为基础，模板决定了文档的基本结构和文档设置，包括字体、页面设置、特殊格式和样式等内容。

模板的使用，既可以选择利用 Word 2003 当中自带的模板，或者可以在 Internet 上寻找更多的模板来使用；也可以使用已经编辑好的文档存为模板，以便其他文档的使用。

1．利用模板向导创建文档

具体步骤如下所述。

选择"文件"→"新建"命令，弹出如图 3-83 所示的任务窗格，选择"本机上的模板"（如若在此选择"网站上的模板"，则可以连接到网络上寻找更多的模板）选项，弹出"模板"对话框，如图 3-84 所示，根据需要来选择。然后根据弹出的页面添加自己需要的内容，就可以完成全部编辑，事半功倍。

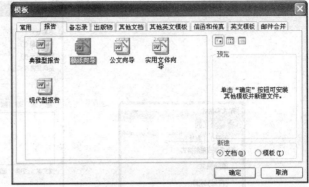

图 3-83 任务窗格 　　　　　图 3-84 本机上的模板

2．自己制作模板

如果没有合适使用的现成的模板，也可以自己制作模板。将编辑好的文档存为模板的步骤是：选择"文件"→"另存为"命令，弹出"另存为"对话框，选择"保存类型"下拉菜单中的"文档模板"命令，如图 3-85 所示。这里提醒同学们注意一下，后缀名为.dot，而并非.doc。在"文件名"中输入模板的名称，并选择保存的路径，单击"保存"按钮即可。这样一来，以后每次需要使用相同的文档的基本结构和文档设置时，就可以直接打开这个模板，并在此基础上进行编辑，大大节约了时间和精力。

图 3-85 文档模板的制作

3．样式

除了文档的录入之外，我们的大部分时间都花在文档的修饰上。而样式则正是专门为提高文档的修饰效率而提出的。花些时间学习好样式，可以让工作效率成倍提高，节约大量的时间，因此学好样式的使用是非常有意义的。所谓样式，就是将修饰某一类段落的一组参数，其中包括如字体类型、字号大小、字体颜色、对齐方式等，命名为一个特定的段落格式名称。通常，我们就把这个名称叫做样式，也可以更概括地说：样式就是指被冠以同一名称的一组命令或格式的集合。

选择要应用样式的段落，或者将光标定位在该段落中，接下来的步骤如下所述。

① 选择"格式"→"样式和格式"命令，弹出"样式和格式"对话框，如图 3-86 所示。

② 新建样式：在"请选择要应用的格式"列表框中，单击"新样式"按钮，选择"标题 1"，右侧下方弹出"新建样式"对话框，如图 3-87 所示。在对话框里可以修改样式，修改完成之后注意保存。

图 3-86 "样式和格式"对话框　　　　　　　图 3-87 "新建样式"对话框

③ 修改样式：单击"样式和格式"任务栏中"请选择要应用的样式"列表任意样式下拉菜单中的"修改"命令。对于用户自己定义的样式，单击其右侧的下拉菜单，可以看到灰色的"删除"选项高亮度显示，单击"删除"选项。

（二）大纲文档

1．大纲文档的建立

想要查看大纲文档，必须是在大纲视图之下。选择"视图"→"大纲视图"命令，如图 3-88 和图 3-89 所示。

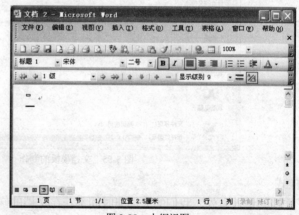

图 3-88　大纲视图的调用　　　　　　　　　图 3-89　大纲视图

2．调整标题级别

调整大纲级别的方法：选择需要调整大纲级别的标题部分，在"大纲视图"下，在显示级别的部分选择"提升"或者"降低"选项，大纲级别从"正文文本"到"9 级"，如图 3-90 所示。

（三）自动生成目录

目录自动生成的两个前提：第一，文档必须已有大纲；第二，目录是标题和页码的对应，所以需要文档已具有页码，具体操作如下：选择"插入"→"引用"→"索引和目录"命令，

图 3-90　"大纲视图"下的大纲级别

如图 3-91 所示，弹出如图 3-92 所示的"索引和目录"对话框，选择"目录级别"，比如我们选择"标题 3"，那么目录自动到三级目录为止，大纲为 4 级的标题就不显示了。单击"确定"按钮，自动插入目录，简单快捷。

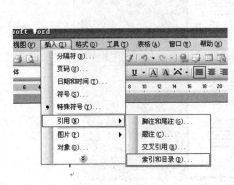

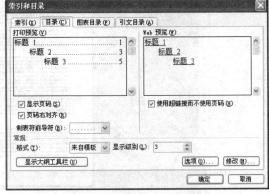

图 3-91　插入目录　　　　　　　　　图 3-92　"索引和目录"对话框

（四）打印文档

当一篇文档编写和排版完毕后，很多时候需要打印出来，成为纸质的书籍或文件。中文版 Word 2003 为文档的打印提供了很多功能，我们就经常使用的一些来看一看。

1．打印预览

有了打印预览功能后，使打印文档的效果得到了更好的控制，因为在打印之前，完全可以先查看打印后的效果，有不对或不满意的地方可以及时修改，减少了打印错误和纸张浪费。

① 执行"文件"→"打印预览"命令，或单击常用工具栏的"打印预览" 按钮。文档的预览则显示在屏幕上，如图 3-93 所示。

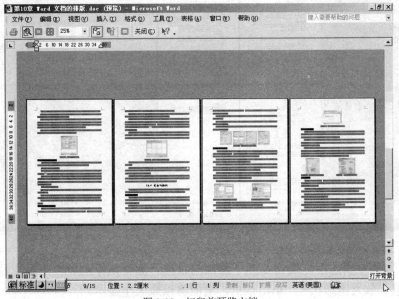

图 3-93　打印前预览文档

② 如果想要预览某一整页，在预览状态下，单击工具栏上的"单页"按钮，文档将以单页方式进行预览，效果如图 3-94 所示。

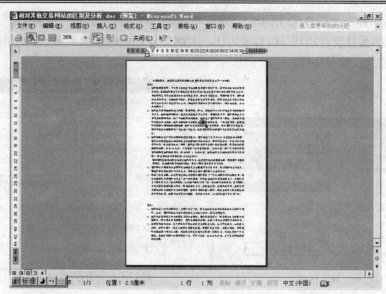

图 3-94　单页预览

③ 对于文档页面很多的情况，有时需要多页同时预览，只要在预览状态下，单击工具栏上"多页"按钮，在展开的下拉列表中拖动选择一种乘积格式如"2×3"，选择完毕之后释放鼠标左键，效果如图 3-95 所示。

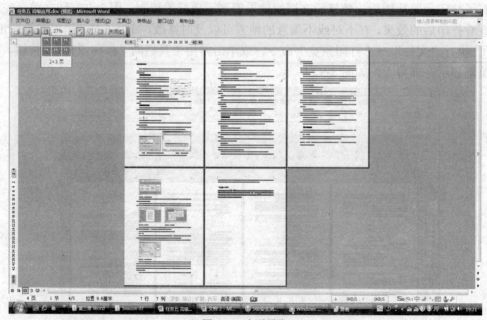

图 3-95　多页预览

④ 在打印预览状态下，通常都处于缩放的状态。如将鼠标放置在想要查看的页面上，此时光标变成了放大镜形状，单击该页，页面将以原大小显示。

⑤ 预览结束，单击预览状态下"关闭"按钮，返回到编辑状态下。

2．打印

在成功安装好打印机后，就可以打印编辑好的文档了。Word 2003 提供了多种打印的方法，以下几种是最常见的。

（1）执行"文件"→"打印"命令，或按下【Ctrl+P】快捷键，调出"打印"对话框。如图 3-96 所示。

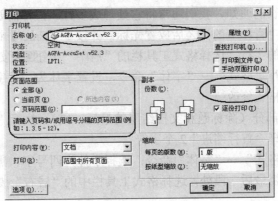

图 3-96 "打印"对话框

（2）在"打印机"选项组当中的"名称"下拉列表中，选择要使用的打印机。在"页面范围"选项组中，我们看到有 4 个选项，可以根据需要选择其中的一个。"全部"是表示打印文档所有页面；"当前页"是表示只打印当前选择的页面；"所选内容"是表示只打印当前选中的文本区域，在使用这项时，需先选中一段要打印的文本，此选项才由灰色变亮；"页码范围"是表示只打印在其文本框中列举的页面，多个页面的页码用逗号隔开。

（3）在"副本"选项组中，调节"份数"微调框可以指定打印的份数。如果选中"逐份打印"复选项，则表示第一份副本的所有页面打印完后，开始打印第二份副本、第三份副本等；如果没有选中"逐份打印"复先项，则表示打印第一页所有副本后，再打印第二页所有副本、第三页所有副本等。

 任务实施——通知的编排

一、通知的录入

① 建立一个文件名为"通知.DOC"的文档。

② 双击"通知.DOC"文档，在打开的空白 Word 文档中，录入如图 3-97 所示的文字内容。

图 3-97 通知的内容

二、通知的排版

1. 将正文标题部分格式修改

① 一般标题比较长的通知，我们通常将它处理成多行。但都需要居中。

② 在"关于"和"青年节的"之后放置光标，并按下【Enter】键来确定分行。

③ 选择标题所在的 3 行，选择格式工具栏的"居中"按钮▤来实现标题的居中。

④ 选择标题，执行"格式"→"字体"命令，设置字体为二号字、黑色、黑体。

2. 对正文部分的格式修改

① 选择所有正文部分（除标题和文档结尾的最后一段），执行"格式"→"段落"→"特殊格式"命令，选择"首行缩进"2 个字符。

② 同时，执行"格式"→"字体"命令，选择字体为四号字、黑色、宋体。

③ 将光标放到文档最后一段处，选择格式工具栏中的"居右"按钮▤来实现最后一段的居右对齐。

三、加入公章图片

1. 制作公章

① 在工具栏空白处单击鼠标右键，在弹出的对话框中选择"绘图工具栏"，绘图工具栏一般出现的位置在视窗的左下方。如图 3-98 所示。

图 3-98 "绘图"工具栏

② 选择"自选图形"→"流程图"命令，选择其中的圆形，弹出画布，并在画布中单击鼠标左键，便出现一个圆形，并根据需要对圆形大小进行调整。

③ 在第二步中出现的画布里，选择"自选图形"→"流程图"命令，选择五角星，如②的操作，调整五角星的大小，并双击五角星所在位置，在弹出的"设置对象格式"对话框中选择其"填充颜色"为红色。

④ 在绘图工具栏当中单击"插入艺术字"按钮◢，弹出"插入艺术字"对话框，如图 3-99 所示。选择"细上弯弧"的形状，在弹出的"编辑艺术字"对话框中，输入文字，插入艺术字，并对其大小进行设置。

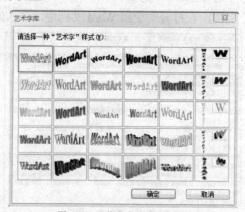

图 3-99 "艺术字库"对话框

⑤按下【Ctrl】键的同时，单击圆形、五角星、艺术字，将以上图形和艺术字组合成一个整体图形，构成一枚公章。观察整体效果。

2．放置公章

① 在制作好的公章上单击鼠标右键，在弹出的"叠放次序"下拉菜单中选择"衬于文字下方"选项。

② 将公章放置到要求的位置即可。设置完成后效果如图 3-100 所示。

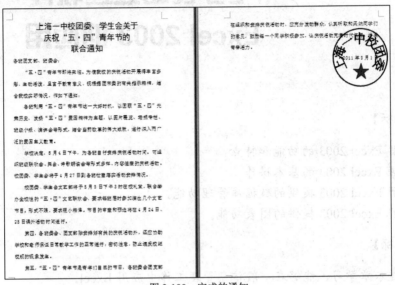

图 3-100　完成的通知

 **任务小结**

本任务主要介绍了 Word 2003 的使用环境、文字录入及文档编辑，以及在此基础上的表格处理、图片处理和综合的高级应用。可以说，Word 2003 是现在应用人群最广泛、使用频率最高的办公自动化软件之一。对它的掌握程度也直接关系到对 Office 办公软件其他组件的使用情况，其重要地位不言而喻。

任务四

电子表格处理软件
Excel 2003 的应用

【知识目标】

■ 了解 Excel 2003 的功能和特点。
■ 掌握 Excel 2003 的基本操作。
■ 了解 Excel 2003 提供的数据库管理功能。
■ 了解 Excel 2003 提供的图表功能。

【能力目标】

■ 通过本章学习，能够在一般信息管理工作中应用 Excel。

任务引入

通过相关知识的学习，掌握 Excel 2003 的基本操作，并且能够利用了解的知识，按照一定的步骤完成班级信息的管理，如图 4-1 所示。

	学号	姓名	政治	高数	英语	体育	计算机	C语言	总分	平均分	名次
2	学号	姓名	政治	高数	英语	体育	计算机	C语言	总分	平均分	名次
3	20110101	张三	83	82	70	84	94	79	492	82	2
4	20110102	李四	77	82	75	93	91	82	500	83.33333	1
5	20110103	王二	75	76	72	83	93	82	481	80.16667	4
6	20110104	张晨	50	59	65	85	94	69	422	70.33333	10
7	20110105	王飞	70	79	72	82	77	75	455	75.83333	8
8	20110106	丁三	81	64	57	75	91	55	423	70.5	9
9	20110107	吴俊	87	81	62	90	84	86	490	81.66667	3
10	20110108	李明	77	75	69	87	75	76	459	76.5	7
11	20110109	王明	71	82	80	84	82	76	475	79.16667	5
12	20110110	李刚	71	79	75	82	77	77	461	76.83333	6
13											
14		人数	10	10	10	10	10	10			
15		总分	742	759	697	845	858	757			
16		平均分	74.2	75.9	69.7	84.5	85.8	75.7			
17		合格人数	9	9	9	10	10	9			
18		合格率	90.00%	90.00%	90.00%	100.00%	100.00%	90.00%			
19		不合格人数	1	1	1	0	0	1			
20		不合格率	10.00%	10.00%	10.00%	0.00%	0.00%	10.00%			
21		最高分	87	82	80	93	94	86			
22		最低分	50	59	57	75	75	55			
23	100	90-100分	0	0	0	2	5	0			
24	89	76-89分	5	7	1	7	4	7			
25	75	60-75分	4	2	8	1	1	2			
26	60	60分以下	1	1	1	0	0	1			

基本信息表 ╲ 第一学期成绩表 ╲ Sheet3

图 4-1　班级成绩分析

相关知识

Excel 是 Microsoft 公司开发的 Office 套件中的一组组件，是一种电子表格处理软件，它对由行和列组成的二维表格数据进行处理，可以帮助用户组织财务信息，提供各种专业的电子表格，并且能够显示表格数据用于不同场合的图表、数据分析、预测图等，被广泛地应用于办公、管理、分析和统计等方面，是非常受人欢迎的电子表格处理软件。

Excel 的主要功能如下。

① 方便的表格制作功能：在 Excel 中可以制作各种表格，尤其是作侧重于数据处理的表格非常方便。

② 强大的计算分析能力：Excel 提供了大量丰富的公式和函数，可以对表格的数据进行计算与分析，这是 Excel 重要的特色。

③ 提供丰富的图表功能：Excel 提供了各式各样的图表，可以使用这些图表让单调的数据变得生动起来，使问题变得一目了然。

④ 具有数据库管理功能：Excel 具有简单的数据库管理能力，可以对数据进行排序、筛选、分类汇总等操作。

⑤ 具有数据共享的功能：在 Excel 中，通过设置，可以实现多个用户共享数据。

一、熟悉 Excel 2003 的使用环境

（一）Excel 2003 的启动与退出

1. Excel 2003 的启动

通常可用 3 种方法：通过桌面快捷方式、"开始"菜单或打开已有的 Excel 文档。

① 如果桌面上有 Excel 的快捷方式图标，则双击它，即可启动。

② 执行"开始"→"程序"→"Microsoft Office"→"Microsoft Office Excel 2003"菜单命令，即可启动。

③ 通过使用"我的电脑"或"资源管理器"找到已有的工作簿文件（扩展名为.xls），双击该文件即可启动 Excel，并打开它。

2. Excel 2003 的退出

通常可用 4 种方法：通过"文件"菜单命令、"关闭"按钮、系统控制菜单或键盘快捷方式。

① 执行"文件"菜单→"退出"命令，即可退出。

② 单击标题栏右上角的"关闭"按钮退出。

③ 执行标题栏左上角"系统控制菜单"→"关闭"菜单命令，或者直接双击该"系统控制菜单"图标，即可退出。

④ 按【Alt＋F4】快捷键退出。

退出 Excel 将关闭所有打开的工作簿文件，如果对文件作了修改而未存盘，则会弹出如图 4-2 所示的对话框，单击"是"按钮存盘后退出，单击"否"按钮不存盘直接退出，单击"取消"按钮则取消退出操作。

图 4-2　提示保存对话框

（二）Excel 2003 的窗口

Excel 2003 启动后，将会看到如图 4-3 所示的窗口。

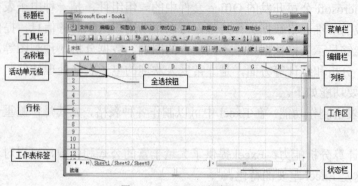

图 4-3　Excel 2003 的窗口

1．标题栏

标题栏位于窗口的最上方，用于标明当前应用程序名称 Microsoft Excel 和当前正在编辑的工作簿文件名称，它由 6 个部分组成：系统控制菜单、应用程序名、工作簿文件名、最小化按钮、最大化/还原按钮和关闭按钮。

用鼠标单击最左端的系统控制菜单，或使用【Alt + Space】快捷键，会弹出一个窗口控制菜单，可实现对系统窗口的操作，如移动窗口、改变窗口大小、最小化窗口、最大化窗口、关闭窗口等。

2．菜单栏

位于标题栏下面的菜单栏列出了 Excel 2003 中各种操作命令的选项，包括文件、编辑、视图、插入、格式、工具、数据、窗口和帮助等 9 个选项，单击其中的一项，会打开其下拉菜单，即可选择执行与该项有关的某一命令。

菜单栏右端 3 个按钮都是用来对当前正在编辑的工作簿文件窗口进行操作的，进入最左端的工作簿控制菜单，同样可以实现对当前工作簿窗口的操作，如移动、改变大小、最小化、最大化、关闭等。

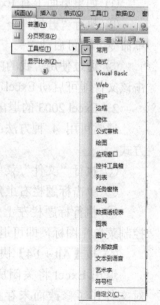

图 4-4　"工具栏"菜单

3．工具栏

工具栏是一些常用命令的按钮形式，大部分的按钮都可以在菜单中找到与其功能相应的命令，熟练使用工具栏中的按钮，可以加快操作速度。用户可以设置工具栏的显示或隐藏，执行"视图"菜单→"工具栏"命令，弹出如图 4-4 所示的二级菜单，选择菜单选项可设置该工具栏是否显示。

4．编辑栏

编辑栏一般位于工具栏的下方，是 Excel 比较特殊的地方，用于显示工作表中当前活动单元格的名称及单元格中存储的数据。如果直接在单元格中输入和编辑数据，输入和编辑的内容会同时在编辑栏中显示。单击编辑栏准备输入数据时，名称框和编辑栏的中间会出现如图 4-5 所示的 3 个按钮："×"按钮可以恢复到单元格输入以前的状态;"√"按钮用来确定输入栏中的内容为当前选定单元格中的内容;"fx"按钮可以在单元格中插入函数。

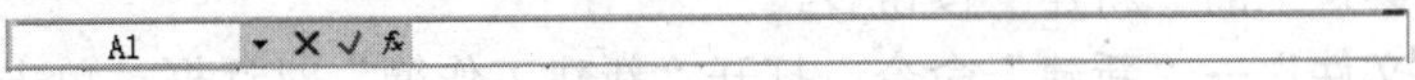

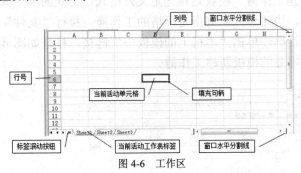

图 4-5　编辑栏

5．工作区

Excel 2003 工作区如图 4-6 所示。

图 4-6　工作区

（1）工作表。工作表就是一张电子表格，是 Excel 存储和处理数据最重要的部分。一个工作簿可以包含很多工作表，在工作簿窗口下方显示的 Sheet1、Sheet2、Sheet3 等称为"工作表标签"，是工作表的名称，默认情况下只列出 3 张工作表。单击某一工作表标签可完成各工作表之间的切换；双击某一工作表标签可对该工作表重命名；用鼠标右键单击工作表标签，弹出快捷菜单，可插入、删除、移动或复制工作表。

（2）单元格。工作表由 65536 行，256 列组成，行标用 1、2、3…自然数表示，列标用 A、B、C…字符表示。工作表的每一行和列交叉处所构成的方格称为单元格，它是 Excel 工作表的基本操作单位，单元格内可存储文字、数字或公式。单击某一单元格，该单元格即成为当前活动单元格，此时该单元格呈粗轮廓高亮显示，在当前活动单元格中可直接输入、编辑数据，数据内容同时在编辑栏中显示。

为了便于对单元格的引用，每个单元格都有一个名称，由列字符和行号组成，例如图 4-6 中，当前活动单元格为第 D 列和第 6 行交叉点上的单元格，其名称为"D6"。

（3）窗口水平/垂直分割线。拖动窗口分割线，可将当前工作窗口分割为两个或 4 个能单独控制的窗口。

6．状态栏

窗口的最下端为状态栏，用于显示当前工作状态或提示进行适当的操作。

（三）工作簿的新建与打开

在 Excel 2003 中，一个工作簿是一个独立的磁盘文件（扩展名为.XLS），用于计算和存储数据。启动 Excel 2003 时，系统会自动创建一个名为"Book1"的工作簿，Excel 2003 可以同时打开多个工作簿，如果新建更多的工作簿，系统自动为新建工作簿依次命名为"Book2"、"Book3"……文件在存盘时可以重新命名。每个工作簿中都可以包含多张工作表（最多 255 张），因此可以在单个文件中方便地管理各种类型的相关信息。

1．工作簿的新建

Excel 2003 提供了两种新建工作簿的方式：新建空白工作簿、使用模板新建工作簿。

（1）新建空白工作簿。

■ 启动 Excel 2003 后，系统即建立一个文件名为"Book1"的空白工作簿。

■ 单击工具栏上的"新建"按钮 ▯。

■ 执行"文件"→"新建"命令，打开"新建工作簿"对话框，单击"空白工作簿"链接。

■ 使用【Ctrl+N】快捷键。

（2）使用模板新建工作簿。模板是预先定义好格式、公式的工作簿，可以直接利用这些模板，输入新的内容，快速建立具有指定风格的工作簿。执行"文件"→"新建"命令，打开"新建工作簿"对话框，单击"本机上的模板…"链接，打开如图 4-7 所示的"模板"对话框，即可选择一个需要的模板新建工作簿。

图 4-7 "模板"对话框

2．工作簿的打开

（1）执行"文件"→"打开"命令。

（2）单击工具栏上的"打开"按钮 ☞。

（3）使用【Ctrl+O】快捷键。

使用以上任意一种方法都会弹出"打开"对话框，在对话框中选择要打开的工作簿文件，即可将其打开。

在 Excel 2003 中允许同时打开多个工作簿文件，在"打开"对话框中的"文件名列表"中，如果需要打开多个相邻文件，可按住【Shift】键选中打开；如果需要打开多个不相邻文件，则按住【Ctrl】键选中打开。

3．多个工作簿之间的切换

Excel 允许同时打开多个工作簿进行编辑，通常在这些同时打开的工作簿之间进行切换，有以下几种方法。

（1）单击任务栏上某个工作簿窗口按钮，切换该工作簿为当前编辑文件。

（2）打开"窗口"菜单，列出了当前打开的所有工作簿名称，单击某个工作簿名称即可完成切换。

（3）按住【Alt】键不放，反复按【Tab】键，直到选中希望编辑的工作簿图标后松开键盘。

（四）工作簿的保存与关闭

1．工作簿的保存

编辑后的工作簿文件需要及时保存，另外，在编辑过程中需要注意随时保存自己的工作成果，以防因断电等原因造成的输入数据丢失。保存时执行"文件"→"保存"命令，或单击工具栏上的"保存"按钮，或者使用【Ctrl＋S】快捷键。如果是对新建立的工作簿文件进行保存，则会弹出"另存为"对话框，在该对话框中选择要保存的位置和输入保存文件名即可。

如果工作簿文件已经保存过，当再次执行保存操作时，系统将不再弹出"保存"对话框，而是自动按已确定的文件名和位置保存。

如果希望把当前的工作做一个备份，或不想改动当前文件的内容，而是要把所做的修改结果保存到另一文件中，这时就应执行"文件"→"另存为"命令，在弹出的"另存为"对话框中重新选择保存位置和输入文件名。

如果要为工作簿设置密码以保护数据，在"另存为"对话框中，执行"工具"→"常规选项"命令，将会弹出如图 4-8 所示的"保存选项"子对话框，在该对话框中输入相应的密码即可完成。

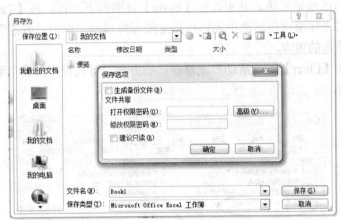

图 4-8　"另存为"对话框

Excel 2003 中默认工作簿文件的扩展名为.XLS。

2．工作簿的关闭

关闭当前工作簿，通常有以下几种方法。

（1）执行"文件"→"关闭"命令。

（2）单击工作簿窗口右上角的"关闭"按钮。

（3）双击"文件"菜单项最左端的工作簿控制菜单图标。

（4）使用【Ctrl＋F4】快捷键。

如果希望同时关闭所有已打开的工作簿，可按住【Shift】键，再单击"文件"菜单中的"全部关闭"命令即可。

二、输入和编辑数据

（一）单元格里输入数据

在 Excel 单元格中可以输入两种类型的数据：常数和公式。"常数"是不会自动改变的，除非特意去修改，否则它会一直存储在工作表中，可以是文字、数字、日期、时间、逻辑值、误差值等，还可以是图形和声音等数据；"公式"是根据输入的常数进行计算的表达式，如果改变了公式计算的条件，相应单元格中的计算结果会自动改变。

1. 输入数据的方法

在单元格中输入数据的具体操作步骤如下。

① 单击工作表中要输入数据的单元格，则该单元格用粗黑框显示，表示被选中为活动单元格，此时可以在该单元格中输入数据。

② 在单元格中输入或修改数据，有以下几种方法。

■ 直接输入数据。

■ 用鼠标双击单元格，此时鼠标指针变为一条竖线，即可输入或修改数据。

■ 单击编辑栏，此时鼠标指针也变为一条竖线，即可输入或修改数据。

当向活动单元格中输入数据时，输入的内容会同时在编辑栏中显示，如果发现输入错误，可以按【Backspace】和【Del】键更正。

③ 输入完成后，可单击"输入"按钮、按【Enter】键、【Tab】键或光标键，来确定下一个要输入数据的活动单元格。其中，按【Enter】键跳到下一行，按【Tab】键向右移动，按上、下、左、右光标键可使活动单元格按指定的方向移动。单击"取消"按钮或按【Esc】键，可撤消当前输入的内容。

如果要改变按【Enter】键后活动单元格移动的方向，可执行"工具"菜单的"选项"命令，如图 4-9 所示。

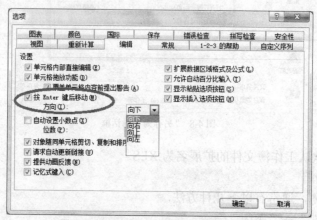

图 4-9 "选项"对话框中的"编辑"选项卡

2. 输入文本

文本通常是指字母、数字、汉字或符号的组合，只要不被系统解释成数字、日期、时间、公式、逻辑值，都视其为文本。在单元格中输入文本时，默认为左对齐方式。

如果需要在同一个单元格中显示多行文本，执行"格式"→"单元格"命令，在"对齐"选项卡中选择"自动换行"选项，则当输入的文本超过单元格右边界时自动换行。如果要在单元格中输入硬【Enter】，按【Alt+Enter】快捷即可插入换行。

对于全部由数字组成的字符串文本，如电话号码、邮政编码、产品编码等，为避免系统将其按数字型数据处理，改变其显示方式，忽略前导 0 字符等现象，应在这些输入项之前添

加单引号，或者把数字串用双引号括起来，前面再加一个等号。例如：将手机号 13966677788
作为文本处理，可按以下方法输入：

（1）'13966677788

（2）="13966677788"

3．输入数值

有效的数值只能是以下字符或字符的合法组合：

0 1 2 3 4 5 6 7 8 9 + - （ ） ，/ ￥ $ % . E e

如果在数值中间出现任一字符或空格，都将其视为一个字符串，即文本。例如，score001、
1 2 3 等。

输入数值时，默认为右对齐方式，并按常规格式显示数值，可参照如下规则输入数值数据：

■ 在数字前输入的正号被忽略。

■ 输入负数，在数字前加上一个负号"-"或用圆括号"（）"将数字括起来。例如输入"-50"或"（50）"都可表示-50。但在公式中不能用圆括号来表示负数。

■ 可在数字中包括逗号，如"123,456,789"。但在公式中不能用逗号来分隔千位。

■ 数值项目中的单个句点作为小数点来处理。

■ 输入分数，如果该分数又是合法的日期（如 1/11），应先输入一个数字"0"和一个空格，再输入该分数，否则系统将自动视其为日期，并显示为"1 月 11 日"。而对于形如不合法日期的分数（如 13/32），可以直接输入。

当输入一个较长的数值时（超过 11 位数字），系统将自动转换为科学计数法表示该数。例如，输入"123456789012"时，单元格中的显示为"1.23457E + 11"。若数据的长度超过单元格的宽度，单元格中会填满"####"，此时只需手动扩大单元格的列宽，即可看到完整的数值。

4．输入日期和时间

Excel 将日期和时间均视为数值处理，提供了多种日期和时间显示格式，执行"格式"→"单元格"命令，弹出"单元格格式"对话框，选择【数字】选项卡，在"日期"栏和"时间"栏中可以选择所需要的日期和时间的显示格式，如图 4-10 所示。

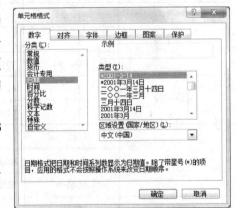

图 4-10 日期和时间显示格式

■ Excel 可识别的日期格式为：例如输入 2003 年 5 月 23 日，可按以下任意一种格式输入，2003-5-23、5-23-2003、5/23/2003、2003/5/23、23-May-2003、5-23-03。

■ Excel 可识别的时间格式为：14:30、2:30 PM、14:30:00、2:30:00 AM、2003-5-23 14:30。

按格式输入日期后，日期在单元格中右对齐。如果输入的是 Excel 不能识别的格式，则被视为文本，并在单元格中左对齐。若在单元格中同时输入日期和时间，中间要用空格分开，先输入日期或先输入时间均可，但要注意此时的时间必须用 24 小时制。

5．快速输入数据

（1）同时向多个单元格输入相同的内容如下所述。

① 选定要输入相同内容的单元格区域。

② 在当前活动单元格中输入数据。

③ 同时按下【Ctrl】和【Enter】键，则被选定的多个单元格都被相同的输入内容填充。

（2）记忆式输入。当在某个单元格中输入数据的开始几个字符与该列中已输入的内容相同时，系统会自动填充剩余的字符，此时，按【Enter】键接受建议的输入文本；否则，继续输入；如果要删除自动填充的字符，可按【Backspace】键。

（3）选择列表。只适用于文本，可以在某一列重复输入文本。

① 选定要输入文本的单元格。

② 单击鼠标右键，在弹出的快捷菜单中选择"从下拉列表中选择"命令，则该列中所包含的所有不同文本显示在列表中。

③ 在列表中选择需要的文件。

（4）序列填充。输入一张工作表时，经常遇到一些输入序列数据的情况，例如，学生的学号信息、重复的班级信息、日期"星期一、星期二、……"等，对于这些特殊的数据序列，它们都有一定的规律。序列填充可以用来快速自动填充数据和快速复制数据。在 Excel 中提供的内置数据序列包括数值序列、星期序列和月份序列等，也可根据需要自定义序列。

- 序列填充类型。Excel 能够自动识别 4 种类型的序列，表 4-1 给出了对选定的一个或多个单元格执行自动填充序列的实例。使用序列填充能快速输入数据，大大提高了工作效率。

表 4-1　　　　自动填充序列的实例

序列类型	选定区域的数据	扩展序列
等差序列	1，2	3，4，5，6...
	1，3	5，7，9，11...
	100，90	80，70，60，50...
等比序列	1，2	4，8，16，32...
	2，5	12.5，31.25，78.125，195.31...
日期	日	一、二、三、四、五、六、日...
	Jun-05	Jul-05、Aug-05、...、Dec-05、Jan-05...
	星期一	星期二、星期三、...、星期日、星期一...
自动填充	一月	二月、三月、...、十二月、一月...
	10:00	11:00、12:00、...23:00、0:00、1:00...
	Book1,BookA	Book2、BookA、Book3、BookA...
	甲	乙、丙、丁、戊...

- 自定义序列

对于经常输入的特殊数据序列，可以将其定义为一个序列，以便进行自动填充。具体操作步骤如下。

① 执行"工具"→"选项"命令，出现"选项"对话框。

② 进入"自定义序列"选项卡。

③ 单击"自定义序列"列表框中的"新序列"选项。

④ 在"输入序列"文本框中输入自定义的序列项，每一项以【Enter】键结束输入。

⑤ 单击"添加"按钮，新定义的序列出现在"自定义序列"列表框中。

⑥ 单击"确定"按钮。

如果要将工作表中已输入的数据作为自定义序列，请选定这些单元格，然后在对话框中单击"导入"按钮。

■　输入序列的方法。使用鼠标拖动输入序列最为方便，具体操作步骤如下所述。

① 选定要填充区域的第一个单元格，输入序列的起始值。

② 选定要填充区域的第二个单元格，输入序列的第二项值。

③ 在单元格的右下角有一个填充柄，将鼠标指针移向它，当鼠标指针变成黑色十字形时，按住鼠标左键可以向上、下、左、右 4 个方向拖动，沿着要填充序列的方向拖动。

④ 松开鼠标左键，完成填充。

如果要指定序列的类型，用鼠标右键拖动填充柄，松开鼠标后，在弹出的快捷菜单中选择相应的命令即可。

6. 设置输入数据的有效性

系统允许设置在单元格中输入的数据类型和范围，还可以设置输入数据的提示信息、输入错误后的提示信息等。选定需要设置的单元格或单元格区域，执行"数据"→"有效性"命令，弹出如图 4-11 所示的"数据有效性"对话框，即可根据需要进行设置。

（二）选定工作区

前一部分介绍向单元格中输入数据，都必须先选定单元格使，其成为活动单元格，才能输入或编辑数据。

1. 选定单元格

系统启动后自动选定第一列第一行，即"A1"单元格作为当前活动单元格，要选定其他单元格，用鼠标单击即可。也可以使用键盘上的光标键、【Page Up】键、【Page Down】键及其组合键来快速完成单元格的选定，各键盘按键及其功能如表 4-2 所示。

图 4-11　"数据有效性"对话框

表 4-2	使用键盘选定单元格的方法
按键	**功能**
←　→　↑　↓	向左、右、上或下方向移动一个单元格
Page Up	上移一屏
Page Down	下移一屏
Home	移动到当前行的第一个单元格
Ctrl + ←	向左移动到由空白单元格分开的单元格

按键	功能
Ctrl + →	向右移动到由空白单元格分开的单元格
Ctrl + ↑	向上移动到由空白单元格分开的单元格
Ctrl + ↓	向下移动到由空白单元格分开的单元格
Ctrl + Home	移动到当前工作表中的 A1 单元格
Ctrl + End	移动到工作表中使用的最后一个单元格
Tab	横向移动到下一单元格
Enter	向下移动到下一单元格

2．选定单元格区域

（1）选定连续的区域

选定一个连续的操作区域通常有 3 种方法：鼠标拖动、用【Shift】键、用【F8】键。

■ 使用鼠标拖动。将鼠标指针指向区域顶角的单元格，按住鼠标左键拖动到区域的对角单元格后，释放鼠标键，即可选定一个连续的矩形单元格区域。

■ 使用【Shift】键。单击区域顶角的单元格，按住【Shift】键，单击区域的对角单元格；或者，按住 Shift 键，同时按光标键进行单元格区域的选定。

■ 使用功能键【F8】。单击区域顶角的单元格，按下【F8】键，此时状态栏上出现"扩展"进入扩展模式，然后单击区域的对角单元格，再次按下【F8】键，完成单元格区域的选定，并退出扩展模式。

（2）选定不连续的区域

首先用鼠标选定需要的一个单元格或区域，然后按住【Ctrl】键选定单元格或单元格区域，松开鼠标键和【Ctrl】键完成选定。

3．选定整行、整列或整个工作表

（1）整行。用鼠标单击工作表上的行标即可选定整行单元格。按住鼠标左键在行标上拖动，可选定相邻的多行；也可以在选定一行后，按住【Shift】键单击选定区域最后一行的行标，来选定相邻的多行单元格；按住【Ctrl】键单击行标，可选定不相邻的多行单元格。

（2）整列。用鼠标单击工作表上的列标即可选定整列单元格。按住鼠标左键在列标上拖动，可选定相邻的多列；也可以在选定一列后，按住【Shift】键单击选定区域最后一列的列标，来选定相邻的多列单元格；按住【Ctrl】键单击列标，可选定不相邻的多列单元格。

（3）整个工作表。单击"全选"按钮即可选定全表。如图 4-12 所示。

4．定位选定

对工作区的选定还可以使用定位的方法，操作步骤如下所述。

① 执行"编辑"→"定位"命令，弹出如图 4-13 所示的对话框。

② 在"引用位置"文本框中输入需要编辑的单元格或单元格区域的引用。

③ 单击"确定"按钮，系统将按指定的要求选定单元格。

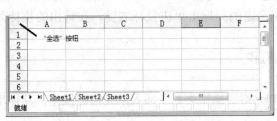

图 4-12 "全选"按钮

图 4-13 "定位"对话框

5. 取消选定区域

用鼠标单击工作区中任一位置，即可取消选定区域。

（三）编辑工作表

1. 复制或移动单元格内容

工作表中的单元格或单元格区域的内容可以复制或移动到同一个工作表的其他位置或另一个工作表中。利用剪贴板或鼠标拖动，都可以方便地实现数据的复制或移动。

使用剪贴板的方法与 Word 中介绍的相同，在此不再赘述。在单元格中包含公式、数值、格式、批注、数据有效性等内容，因此使用剪贴板直接粘贴的话，粘贴所有这些内容，若只需粘贴其中一项内容，可以执行"编辑"→"选择性粘贴"命令，在弹出的"选择性粘贴"对话框中选择要粘贴的内容，如图 4-14 所示。

图 4-14 "选择性粘贴"对话框

使用鼠标拖动复制或移动单元格内容的操作步骤如下。

① 选定需要复制或移动数据所在的单元格或单元格区域。

② 将鼠标指针移动至单元格的边框上，当鼠标指针由 ✛ 变成空心箭头时，按下鼠标左键拖动到目标位置，然后释放鼠标左键完成移动操作；如果拖动过程中按住【Ctrl】键，则完成的是复制操作。

2. 插入单元格、行、列

有时需要对工作表结构进行调整，可以插入或删除单元格、行、列。

（1）插入单元格或单元格区域。

① 选定要插入的单元格或单元格区域。

② 执行"插入"→"单元格"命令，或在选定范围内单击鼠标右键，在弹出的快捷菜单中选择"插入"命令，都将弹出如图 4-15 所示的"插入"对话框。

③ 在对话框中根据需要选择一项后，单击"确定"按钮。

（2）插入整行。

① 单击要插入位置的行标或该行上任意一个单元格。

② 执行"插入"→"行"命令，或在选定的行标上单击鼠标右键，在弹出的快捷菜单中选择"插入"命令。

③ 完成在当前行上方插入行，当前行下移。

（3）插入整列。

① 单击要插入位置的列标或该列上任意一个单元格。

② 执行"插入"→"列"命令，或在选定的列标上单击鼠标右键，在弹出的快捷菜单中选择"插入"命令。

③ 完成在当前列左边插入行，当前列右移。

3．删除单元格、行、列

（1）删除单元格或单元格区域。删除单元格的操作类似于插入单元格的操作，具体步骤如下。

① 选定要删除的单元格或单元格区域。

② 执行"编辑"→"删除"命令，或在选定范围内单击鼠标右键，在弹出的快捷菜单中选择"删除"命令，都将弹出如图 4-16 所示的"删除"对话框。

图 4-15 "插入"对话框　　　　图 4-16 "删除"对话框

③ 在对话框中根据需要选择一项后，单击"确定"按钮。

（2）删除整行或整列。

① 选定要删除的行或列。

② 执行"编辑"→"删除"命令，或在选定的行、列标上单击鼠标右键，在弹出的快捷菜单中选择"删除"命令。

③ 选定的行或列被删除。

4．清除单元格内容

删除单元格是将选定的单元格从工作表中删除，使工作表中相邻的单元格结构作出相应的调整；而清除单元格只是将单元格中的内容删除，单元格本身仍然保留在工作表中，表的结构没有变化。具体操作步骤如下。

① 选定需要清除的单元格或单元格区域。

② 按【Del】键即可清除其中的内容，或者执行"编辑"→"清除"命令，弹出"清除"子菜单，如图 4-17 所示。

③ 单击需要清除的项目，即可完成相应的清除操作。

5．查找

在 Excel 中可查找指定的任何数据，包括数值、文字、日期，或查找一个公式、批注等。查找的具体操作步骤如下。

① 选定要查找的单元格区域，默认为工作表中的所有单元格。

② 执行"编辑"→"查找"命令，弹出"查找和替换"对话框。

③ 单击对话框中的"选项"按钮，展开如图 4-18 所示的对话框。

④ 在"查找内容"文本框中输入要查找的字符串，可以使用通配符"*"代表任意长度的字符，通配符"?"代表单个字符。设置必要的查找选项。

⑤ 单击"查找下一个"按钮依次找到符合条件的单元格，并使其成为活动单元格。也可以单击"查找全部"按钮，系统将找到的符合条件的单元格名称列表显示在对话框下方。

⑥ 单击"关闭"按钮，结束查找。

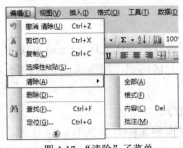

图 4-17 "清除"子菜单

图 4-18 "查找和替换"对话框"查找"选项卡

6．替换

替换是把查找的单元格内容更新为指定的内容。具体操作步骤如下。

① 执行"编辑"→"替换"命令，弹出如图 4-19 所示的对话框。

图 4-19 "查找和替换"对话框"替换"选项卡

② 在"查找内容"文本框中输入要查找的字符串，在"替换为"文本框中输入要替换的新内容。选项设置与查找操作相同。

③ 单击"查找下一个"按钮开始查找。

④ 单击"替换"按钮，将查找到的单元格内容替换为指定的新内容，每次替换一个单元格数据。如果不想替换当前查找到的单元格内容，可以继续单击"查找下一个"按钮。如果单击"全部替换"按钮，则将指定范围内与"查找内容"文本框中内容相匹配的单元格内容全部自动替换。

⑤ 单击"关闭"按钮，结束替换操作。

7．撤消与恢复

在对工作表进行编辑的过程中，可能会出现误操作，这时可以利用系统提供的"撤消"操作，撤消最近一步或多步的操作，恢复到之前的状态。撤消操作可以通过执行"编辑"→"撤消"命令，或单击工具栏上的"撤消"按钮 来实现。

如果希望将撤消的操作重新恢复，可以执行"编辑"→"恢复"命令，或单击工具栏上的"恢复"按钮 。

8．隐藏行和列

当工作表太长或太宽，在屏幕上无法全部显示时，可以把一些行或列隐藏起来以便查看。具体操作步骤如下。

① 选定要隐藏的行或列。

② 执行"格式"→"行"或"列"命令，在弹出的子菜单中单元"隐藏"命令。

如果要重新显示被隐藏的行或列，只需执行"格式"→"行"或"列"子菜单中的"取消隐藏"命令。

（四）美化工作表

工作表建立并编辑后，为了使外观美化，可以对工作表进行格式化处理，Excel 2003 提供了丰富的格式化处理功能，可以执行调整工作表大小，设置单元格格式，添加边框和底纹等工作。

1．调整行高、列宽

调整行高、列宽有两种方法：拖动鼠标和使用菜单命令。

（1）使用鼠标拖动快速调整。将鼠标指针指向工作中需要调整行高的行标下格线上，或需要调整列宽的列标右格线上，当鼠标指针变成 ✦ 或 ✦ 形状时，按住鼠标左键拖动即可调整。

双击行标的下格线或列标的右格线，可以自动设置当前的最佳高度和宽度。

（2）使用菜单命令精确调整。选定需要调整的整行或列，执行"格式"→"行"或"列"子菜单中的"行高"或"列宽"命令，弹出如图 4-20 所示的对话框，在对话框中输入所需的数值，然后单击"确定"按钮即可。

图 4-20　"行高"与"列宽"对话框

如果使用"行"或"列"子菜单中的"最适合的…"命令，系统会根据选定单元格区域的内容自动调整行高和列宽。

2．设置单元格格式

（1）设置单元格数字格式。默认情况下，在输入数值数据时，Excel 会自动检查该数值，并将该单元格适当地格式化，例如，键入\$5000 时，Excel 会格式化为\$5,000；键入 3/10 或 3-10 时，Excel 会显示 3 月 10 日。但 Excel 认为适当的格式，并不一定是需要的格式，例如，在单元格中输入过日期，当需要存储其他数据时，Excel 仍将以日期表示。这时，就需要设置该单元格中的数字格式，具体操作步骤如下。

① 选定需要设置数字格式的单元格或单元格区域。

② 执行"格式"→"单元格"命令，打开"单元格格式"对话框，进入"数字"选项卡，如图 4-21 所示。

③ 在"分类"列表框中选择需要的格式类型并进行设置。

④ 单击"确定"按钮完成设置。

在"格式"工具栏上有 5 个数字格式按钮，分别是"货币样式"、"百分比样式"、"千位分隔样式"、"增加小数位数"和"减少小数位数"按钮，单击这些按钮，可以快速对选定的单元格或单元格区域进行数字格式设置。

（2）设置单元格对齐方式。输入数据时，Excel 在默认情况下将文本左对齐，将数值和日期右对齐。为了使表格更美观，可以改变单元格中数据的对齐方式。要改变单元格的对齐方式，可以使用工具栏按钮或菜单命令来实现。

使用工具栏按钮设置："格式"工具栏中提供了"左对齐"、"居中"、"右对齐"和"合并及居中"4 个按钮，使用这些按钮，可以设置选定单元格内数据的对齐方式。工具栏上的"减少缩进量"和"增加缩进量"按钮，可以设置单元格中的文本到适当位置。

使用菜单设置：打开"单元格格式"对话框，进入"对齐"选项卡，如图 4-22 所示，在该对话框中可以选择数据的对齐方式。使用"单元格格式"对话框，除了可以设置数据水平对齐方式，还可以设置垂直对齐方式，以及文本的方向。

一般情况下，在一个单元格中输入数据时，无论输入多少内容，都是按一行排列的。如果相邻单元格中有数据，那么在前一个单元格中的部分显示内容将被后一个单元格里的内容所覆盖，如果在"文本控制"中设置为允许自动换行，或者自动缩小字体填充，就可以解决这个问题。

Excel 允许在对一个单元格中输入数据时，执行"强迫换行"，操作即同时按下键盘上的【Alt】和【Enter】键，这时编辑的单元格中的光标会出现在下一行，继续输入的文本出现在单元格中的一个新行中。

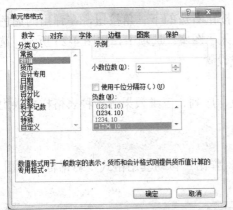
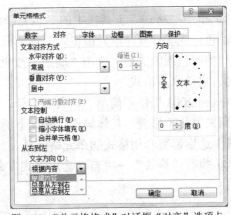

图 4-21 "单元格格式"对话框"数字"选项卡　　图 4-22 "单元格格式"对话框"对齐"选项卡

（3）设置单元格字体。可以使用工具栏按钮或菜单命令来设置单元格字体。

使用工具栏按钮设置："格式"工具栏中提供了"字体"、"字号"、"加粗"、"倾斜"、"下划线"、"字体颜色"等按钮，使用这些按钮，可以对选定的单元格或单元格区域进行字体设置。

使用菜单命令设置：首先选定单元格或单元格区域，然后打开"单元格格式"对话框，选择"字体"选项卡，如图 4-23 所示，在该对话框中可以进行字体、字形、字号等设置。

（4）设置表格边框。Excel 2003 工作表中的网格线默认为灰色显示，在打印时是没有网格线的，如果要打印出表格线，需为其加上边框线。同样也可以使用工具栏按钮或菜单命令，对选定的单元格或单元格区域进行设置。

利用"格式"工具栏上的"边框"按钮，可以快速设置表格的边框。单击"边框"按钮旁边的下拉箭头，弹出一个边框样式选择面板，单击选中的边框样式，即可完成设置。

打开"单元格格式"对话框，进入"边框"选项卡，如图 4-24 所示，在该对话框中可以进行边框、线条样式、线条颜色等设置。

（5）设置单元格底纹。可以用单纯的颜色来设置成单元格的底纹，也可以将图案设置成底纹。

① 选定要填充底纹的单元格或单元格区域。

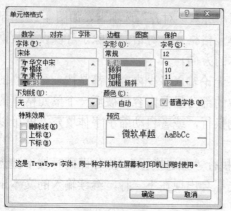

图 4-23 "单元格格式"对话框"字体"选项卡   图 4-24 "单元格格式"对话框"边框"选项卡

② 单击"格式"工具栏上的"填充颜色"按钮右边的下三角按钮，在弹出的调色板中选择颜色；或者打开"单元格格式"对话框，进入"图案"选项卡，如图 4-25 所示，选择需要使用的颜色或图案后，单击"确定"按钮完成设置。

3．自动套用格式

Excel 2003 提供了简单、古典、会计、彩色、序列、三维效果等多种表格样式供用户自动套用来美化工作表。具体操作步骤如下所述。

① 选定需要套用格式的单元格区域。

② 执行"格式"→"自动套用格式"命令，弹出"自动套用格式"对话框，如图 4-26 所示。

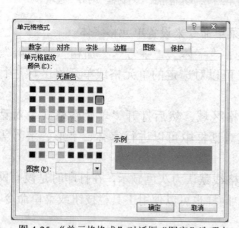

图 4-25 "单元格格式"对话框"图案"选项卡

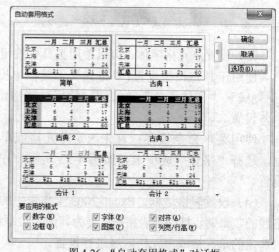

图 4-26 "自动套用格式"对话框

③ 选择需要使用的样式。

④ 单击"确定"按钮完成设置。

4．设置条件格式

在 Excel 中，用户可根据单元格中的数据来设置显示格式。例如，可以规定数值小于 60 的单元格用红色、倾斜字体来显示；介于大于 90 的用绿色、加粗字体来显示等。通过使用条件格式，可以提高单元格中数据的可读性。设置单元格条件格式的具体操作步骤如下。

① 选定需要设置条件格式的单元格区域。

② 执行"格式"→"条件格式"命令，弹出"条件格式"对话框，如图 4-27 所示。

图 4-27　"条件格式"对话框

③ 在对话框中设置条件，单击"格式"按钮，出现"单元格格式"对话框，选择满足条件的单元格要应用的字体样式、字体颜色、图案等，然后单击"确定"按钮，返回"条件格式"对话框。

④ 如果要添加另一条件，单击"添加"按钮，出现下一个条件输入框，如图 4-27 所示，重复上面的步骤继续设置条件。

⑤ 如果要删除一个或多个条件格式，单击"删除"按钮，出现一个"删除条件格式"对话框，从中选择要删除条件的复选框，然后单击"确定"按钮，返回"条件格式"对话框。

⑥ 单击"确定"按钮，完成条件格式的设置。

5．复制和删除单元格格式

复制一个单元格或单元格区域的格式是经常使用的操作之一，可以使用 Excel 提供的复制格式功能，具体操作步骤如下。

① 选定含有要复制格式的单元格。

② 单击"常用"工具栏上的"格式刷"按钮，鼠标指针变成形状，然后用鼠标单击要设置格式的单元格或单元格区域，即完成了格式的复制。

如果要删除选定单元格或单元格区域的格式，可以执行"编辑"→"清除"→"格式"命令，则选定区域恢复为默认的格式。

（五）管理工作簿

1．重命名工作表

Excel 在建立一个工作簿时，所有的工作表都是以"Sheet1、Sheet2…"命名，可以更改工作表的名称，便于操作和记忆。双击要重命名的工作表标签，此时工作表标签反黑显示，输入新的名字即可；也可以用鼠标右键单击需要重命名的工作表标签，在弹出的快捷菜单中选择"重命名"命令。

2．切换工作表

由于一个工作簿中可以含有多张工作表，并且它们不可能同时显示在一个屏幕上，所以工作时需要不断地从当前工作表切换到其他工作表。要实现不同工作表之间的切换，直接单击工作表标签就可以快速进行。

也可以使用快捷键的方法，按下键盘上的【Ctrl＋Page Down】快捷键可以切换到当前工作表的后一张工作表；按下【Ctrl＋Page Up】快捷键可以切换到当前工作表的前一张工作表。

3．插入工作表

执行"插入"→"工作表"命令，一张新的工作表被插入到当前工作表的前面，成为当前活动工作表。也可以用鼠标右键单工作表标签，在弹出的快捷菜单中选择"插入"命令，弹出"插入"对话框，在该对话框中选择要插入的对象完成操作。如果要插入多张工作表，可以多次按下"F4"键重复最近的操作。

4．删除工作表

单击工作表标签，选定要删除的工作表，执行"编辑"→"删除工作表"命令，则选定的工作表被删除，其后的一张工作表成为当前活动工作表。也可以用鼠标右键单击要删除的工作表标签，在弹出的快捷菜单中选择"删除"命令。

5．移动工作表

在 Excel 中可以方便地调整一个工作簿中工作表的次序，也能将工作表移动到另一个打开的工作簿中。

（1）在工作簿中移动工作表。直接拖动要移动的工作表标签到目的位置即可。

（2）将工作表移动到其他工作簿中。选定要移动的工作表，执行"编辑"→"移动或复制工作表"命令，弹出"移动或复制工作表"对话框，如图 4-28 所示，在对话框中的"工作簿"列表框中选择目的工作簿，单击"确定"按钮即可。

6．复制工作表

（1）在工作簿中复制工作表。按住【Ctrl】键的同时拖动工作表标签到新的位置即可。

（2）将工作表复制到其他工作簿中。选定要复制的工作表，执行"编辑"→"移动或复制工作表"命令，弹出如图 4-28 所示的"移动或复制工作表"对话框，在对话框中的"工作簿"列表框中选择复制到的目标工作簿，同时选中"建立副本"复选框，最后单击"确定"按钮。

7．保护工作表

有时在制作完表格后，不希望别人任意修改单元格数据，或者将设计的公式隐藏起来防止别人查看，这些都只有在工作表被保护时，锁定单元格和隐藏单元格公式才有效。

（1）保护单元格。设置单元格锁定或隐藏公式的步骤如下所述。

① 选定需要设置是否锁定或隐藏公式的单元格。

② 执行"格式"→"单元格"命令，弹出"单元格格式"对话框，进入"保护"选项卡，如图 4-29 所示。

图 4-28　"移动或复制工作表"对话框

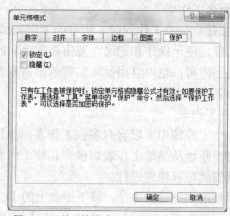

图 4-29　"单元格格式"对话框"保护"选项卡

③ 设置单元格的锁定或隐藏。"锁定"表示工作表中的单元格处于锁定状态,不可被修改。"隐藏"表示工作表中的单元格公式处于隐藏状态,即只能在单元格中显示出它的值,无法通过编辑栏查看。

④ 单击"确定"按钮。

(2) 保护工作表。

① 选定需要保护的工作表。

② 执行"工具"→"保护"→"保护工作表"命令,弹出如图 4-30 所示的对话框。

③ 选择需要保护的项目,对工作表的访问进行限制。

④ 根据需要设置密码。

⑤ 单击"确定"按钮

这样在当前设置了保护的工作表中就不能进行修改了。如果要进行修改,可以执行"工具"→"保护"→"撤消工作表保护"命令,撤消对工作表的保护。如果在"保护工作表"的第 4 步设置了密码,则在撤消对工作表的保护时,只有输入了正确的密码才能进行。

(六) 设置与打印页面

当建立并美化好工作表后,可以输出到打印机,打印出全部或部分内容。为了使打印的表格美观,必须设置各种打印参数,还可以事先在屏幕上预览打印输出的效果。

1. 设置页面

利用页面设置可以控制打印工作表的外观或版面,主要包括设置纸张大小、页边距、页眉、页脚等,可在"页面设置"对话框中进行。执行"文件菜单"→"页面设置"命令,可以打开如图 4-31 所示的"页面设置"对话框。

(1) 设置页面。在"页面设置"对话框中选择"页面"选项卡,如图 4-31 所示。

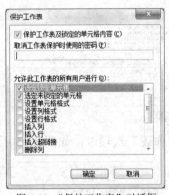

图 4-30 "保护工作表"对话框

图 4-31 "页面设置"对话框"页面"选项卡

"方向"栏:用于确定打印输出的方向,包括"纵向"或是"横向"(一般用于打印较宽的工作表)。

"缩放"栏:可指定打印时缩放工作表的比例,或选择"调整为"由 Excel 自动将打印的内容尽可能缩小到指定页数。

"纸张大小"栏:选择所需的纸张大小。

"打印质量"栏:指定工作表的打印质量,分辨率越高,打印质量越好。

"起始页码"栏:输入打印工作表的起始页码。

（2）设置页边距。在"页面设置"对话框中进入"页边距"选项卡，如图4-32所示。

在此对话框中可以设置页面四周空白区域的范围。设置的效果将会出现在中间的预览框中。在"居中方式"栏中可以设置工作表的打印位置，即水平居中或垂直居中。

（3）设置页眉、页脚。在"页面设置"对话框中进入"页眉/页脚"选项卡，如图 4-33 所示。

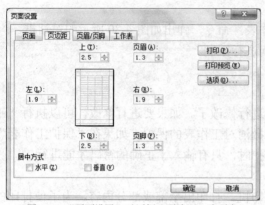 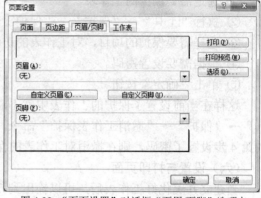

图4-32 "页面设置"对话框"页边距"选项卡　　　图4-33 "页面设置"对话框"页眉/页脚"选项卡

页眉是打印文件时，在每一页的最上面打印的文字，可在"页眉"下拉列表框中选择需要的页眉。

页脚是打印在页面下面的文字，如页码等，可在"页脚"下拉列表框中选择需要的页脚。

如果在页眉或页脚下拉列表框中没有需要的内容，可以自定义页眉或页脚，方法是单击"自定义页眉"或"自定义页脚"按钮，在弹出的"页眉"或"页脚"对话框中进行设置，如图4-34所示。

图4-34 "页眉"和"页脚"对话框

（4）设置工作表。在"页面设置"对话框中进入"工作表"选项卡，如图4-35所示。

在"打印区域"文本框中可以设置打印的区域，单击"暂时隐藏对话框"按钮，可以在工作表中通过鼠标拖动来选择打印区域。执行"文件"→"打印区域"→"取消打印区域"命令，可以将设置的打印区域取消。

当一个工作表分为多页打印，而需要在每一页上打印行或列的标题，则可以在"打印标题"框中指定打印在每页上的标题区域。

在"打印"选项组中可以设定打印选项，如是否打印风格线、行号列标等。

图4-35 "页面设置"对话框"工作表"选项卡

2．打印预览

在打印工作表之前可以先使用 Excel 提供的"打印预览"命令，在屏幕上观察打印效果，如果发现文档布局不满意，可以再次对工作表进行编辑和格式设置调整，直到满意后，再输出到打印机。执行"文件"→"打印预览"命令，或单击"工具栏"上的"打印预览"按钮，即可进入"打印预览"窗口，如图 4-36 所示。窗口中的按钮及其操作要点如表 4-3 所示。

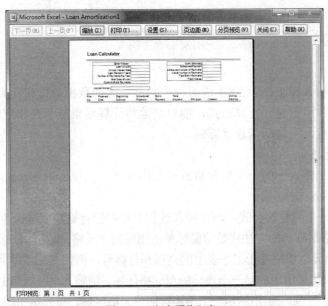

图 4-36　"打印预览"窗口

表 4-3　　　　　　　　　　　"打印预览"窗口中的按钮及其操作

按钮	功能
下一页	显示下一页的内容
上一页	显示上一页的内容
缩放	在放大显示和全页显示之间切换。也可以单击屏幕中工作表内的任何区域，使工作表在放大显示和全页显示之间切换
打印	打开"打印"对话框，用来打印工作表
设置	打开"页面设置"对话框，进用来设置页面
页边距	显示或隐藏用来拖动调整页边距、页眉、页脚及列宽的线条标志
分页预览	使工作表在分页预览视图和普通视图之间切换
关闭	关闭打印预览窗口，返回工作表的编辑窗口中

3．打印

编辑满意的工作表可以输出到打印机，直接单击"常用"工具栏上的"打印"按钮，将直接打印输出当前工作表。如果执行"文件"→"打印"命令，将弹出如图 4-37 所示的"打印内容"对话框，在此对话框中可以设置"打印范围"、"打印内容"、"打印份数"等。

图 4-37 "打印内容"对话框

三、公式函数

公式和函数的引入使 Excel 2003 成为一个功能强大的数据分析和计算工具。使用 Excel 提供的各种运算符和函数建立计算公式，能自动地将计算结果显示在相应的单元格中，并且当有关数据被修改后，将自动重新计算。

（一）引用单元格

引用就是标识工作表中的一个单元格或单元格区域，以便告诉 Excel 在哪些单元格中查找公式要使用的数据。

虽然可以输入一个完整的公式，但在输入过程中很可能有输错或读错单元格地址的情况。在公式中引用单元格最准确的方法就是用鼠标单击相应的单元格，或拖动鼠标选定相应单元格区域。Excel 中默认单元格引用基于工作表上的列标和行标号，例如"A1"引用了第 A 列和第 1 行交叉处的单元格。如果引用的是一个连续的单元格区域，请输入"区域左上角单元格引用：区域右下角单元格引用"；如果引用的是一个不连续的单元格区域，单元格引用之间用逗号连接。

在公式中经常要引用某一单元格或单元格区域中的数据，可以在一个公式中使用工作表上不同部分的数据，也可以在几个公式中使用同一个单元格的数据；可以引用同一个工作表中的单元格，也可以引用同一工作簿中其他工作表上的单元格，这时的引用方法主要有 3 种：相对引用、绝对引用和混合引用。

1. 相对引用

公式中的相对单元格引用是基于包含公式和单元格引用的单元格的相对位置。如果公式所在单元格的位置发生改变，引用也随之改变。例如，在 B3 单元格中输入"=A3/5"，然后将 B3 单元格的填充柄分别向下、向右拖动来复制公式，则单元格 B4 中的公式为"=A4/5"，单元格 C3 中的公式为"=B3/5"。如果多行或多列地复制公式，引用都将会自动调整。默认情况下，新公式使用相对引用。

2. 绝对引用

有些情况下，并不希望在复制公式时单元格地址发生变化，这时须使用绝对引用。单元格中的绝对单元格引用总是在指定位置引用单元格，如果公式所在单元格的位置发生改变，绝对引用保持不变。在 Excel 中，通过对单元格引用的冻结来达到此目的，也就是在列标与行标号之前添加"$"符号。例如，在 C3 单元格中输入"=$A$3/5＋B3"，然后将 C3 单元格的填充柄分别向下、向右拖动来复制公式，则单元格 C4 中的公式为"=$A$3/5＋B4"，单元格 D4 中的公式为"=$A$3/5＋C3"。

3. 混合引用

混合引用具有绝对列和相对行，或是绝对行和相对列。绝对引用列采用$A1、$C4 等形式；绝对引用行采用 A\$1、C\$4 等形式。如果公式所在单元格的位置改变，则相对引用改变，而绝对引用不变。如果多行或多列地复制公式，相对引用自动调整，而绝对引用不作调整。

4.三维引用

在一个工作簿中还可以引用其他工作表中的数据，这种引用称为三维引用。三维引用包含单元格或单元格区域引用，前面加上工作表名称的范围，其一般形式为：

"工作表名！单元格引用"

工作表名后面的"！"由系统自动添加。例如在"Sheet1"工作表的单元格"B5"中输入公式"=Sheet4!D2 + B3"，可按以下操作步骤。

① 选定"Sheet1"工作表中的单元格"B5"。

② 输入等号"="作为公式的开始。

③ 单击需要引用的工作表标签，Sheet4。

④ 选定需要引用的单元格"D2"，并继续输入"+B3"。

⑤ 按下 Enter 键或单击"编辑栏"上的"确认"按钮☑。

该公式表明，需要使工作表"Sheet4"中单元格"D2"和工作表"Sheet1"中单元格"B3"中的数据相加，结果存储到工作表"Sheet1"中的"B5"单元格。

5. 不同工作簿单元格的引用

如果要引用其他工作簿中的单元格，例如，需要引用在目录"d:\work\"下的工作簿文件"score.xls"中的工作表"Sheet1"的单元格"C5"，则引用公式为：='d:\work\[score.xls]Sheet1'!C5。

如果引用的工作簿已打开，则可以简单地输入文件名，而不必带上路径名，如上例中的引用公式为：=[score.xls]Sheet1!C6，但在该工作簿文件关闭时，必须输入路径名。

6. 使用名称

Excel 允许对单元格或单元格区域命一个名称，这样就可以直接使用其名称来确定操作对象的范围，而无需再对其进行选定操作。

对单元格区域命名时，必须遵守命名的基本规则，如表 4-4 所示。

表 4-4 单元格命名规则

规则	说明
有效字符	第一个字符必须是字母或下划线，其他的字符可以是字母、数字、下划线、句点。不可以和引用位置相同
分隔符号	不能用空格作为分隔符，可以使用句点"."或下划线"_"
长度	不能超过 256 个字符
大小写	大小写字母均可使用，但在读取公式中的名称时，Excel 不区分大小写

在 Excel 中，为单元格区域命名可以使用编辑栏或"插入"菜单。

（1）使用编辑栏为单元格区域命名。

① 选定要命名的单元格或单元格区域。

② 在编辑栏中的"名称"框中输入名称，并按【Enter】键确认。

（2）执行"插入"→"名称"命令。

① 选定要命名的单元格或单元格区域。

② 执行"插入"→"名称"→"定义"命令，出现如图 4-38 所示的"定义名称"对

话框。

③ 在"在当前工作簿中的名称"文本框中输入
要定义的名称。

④ 在"引用位置"文本框中输入单元格区域，
或在工作表中选择。

⑤ 单击"确定"按钮。

若要使用已定义的名称，可以单击"编辑栏"中的
"名称"框右边的向下按钮，打开"名称"列表框，单击

图 4-38　"定义名称"对话框

需要的名称，在工作表中，名称所代表的单元格区域即呈选定状态，可直接对该区域进行操作。

（二）公式

公式也是 Excel 中的一种数据形式，它可以存放在单元格中，是对单元格中的数据进行
计算的等式，可以对数据进行各种运算，但默认情况下，存放公式的单元格显示公式的计算
结果，公式本身只在编辑栏中显示。输入公式的操作类似于输入文字型数据，但 Excel 中的
公式输入必须遵循一个特定的语法规则：总是以等号"="开头，然后才是公式表达式。在
一个公式中可以包含各种运算符、常量、单元格或单元格区域引用、函数以及名称。

1．输入公式

在单元格中输入公式的具体操作步骤如下。

① 选定要输入公式的单元格。

② 在单元格或在"编辑栏"中输入一个等号"="作为公式的开始。

③ 输入公式的内容。一般对单元格引用的输入，可直接使用鼠标单击或拖动选取。

④ 输入完成后，按下 Enter 键或单击"编辑栏"上的"确认"按钮☑。如果要取消单元
格中输入的公式，可以单击"编辑栏"上的"取消"按钮×，或按下 Esc 键。

例如，在 D2 单元格中输入公式"=A2＋B2＋C2"后，计算结果显示在 D2 单元格中，
计算公式显示在"编辑栏"。当更改了单元格 A2 中的数据，则 Excel 会自动重新计算所有用
到 A2 单元格中数据的公式，如例中的 D2 单元格数据会自动更新。

另外，当公式作数值运算时，会先把引用单元格中数据转换为数值进行运算，如果单元
格未赋值，则作为 0 参加运算，如果单元格中数据不能转换为数值，则显示错误值"#VALUE！"。

2．显示公式

如果需要在单元格中显示公式，具体操作步骤如下。

① 执行"工具"→"选项"命令，弹出"选项"对话框，如图 4-39 所示。

② 进入"视图"选项卡。

③ 选中"窗口选项"栏中的"公式"复选框，即可设置在单元格中显示公式。

3．使用运算符

在公式中可以使用一些运算符来完成各种运算，Excel 2003 的运算符主要有 4 类：引用
运算符、算术运算符、文本运算符和比较运算符，其运算次序低效降低。在 Excel 中，不同
的运算符号具有不同的优先级，优先级高的运算符先运算，如果要改变运算符号的优先级，
可以使用括号来改变，而同级的运算符系统按照从左至右的原则进行运算。

引用运算符是 Excel 中特有的运算符，可以实现单元格区域的合并。下面对这些特有的
运算符进行简单说明。

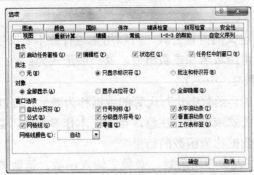

图 4-39　"选项"对话框

（1）冒号 "："。单元格区域引用，即通过冒号前后的单元格引用，引用一个指定的单元格区域（以左右两个引用的单元格为对角的矩形区域内的所有单元格）。如 "C3:D4" 是指引用了 C3、C4、D3、D4 等 4 个单元格。

（2）逗号 "，"。单元格联合引用，即多个引用合并为一个引用。如 "E5，C3:D4" 是指引用了 C3、C4、D3、D4、E5 等 5 个单元格。

（3）空格。空格是交叉运算符，它取引用区域的公共部分（又称为交）。如 = SUM（A2:B4 A4:B6）等价于 SUM（A4:B4），即为单元格区域 A2:B4 和单元格区域 A4:B6 的公共部分。

表 4-5 例举了具体的算术运算符、文本运算符和比较运算符的含义。

表 4-5　　　　　　　　　　　　算术运算符、文本运算符和比较运算符

运算符	优先级	运算符号	功能	举例	含义
算术运算符	高	1	–	负号	=–C1	
	↓	2	%	百分号	=50%	
		3	^	乘幂	=A4^3	求 A4 单元格中数据的立方
		4	*	乘法	=A2*5	A2 单元格中的数据乘 5
		4	/	除法	=D3/2	D3 单元格中的数据除以 2
		5	+	加法	=C3 + 15	C3 单元格中的数据加 15
		5	–	减法	=57–75	计算 57 与 75 的差
文本运算符		6	&	字符串连接	= "文本"& "运算"	将运算符 "&" 两边的文本连接起来，为 "文本运算"
比较运算符		7	=	等于	=A1 = 9	如果 A1 单元格的数据等于 9，为 TRUE，否则为 FALSE
		7	>	大于	=B3>C4	判断 B3 单元格中的数据是否大于 C4 单元格中的数据
		7	<	小于	=B3<C4	
		7	>=	大于等于	=B3> = C4	
	↓	7	<=	小于等于	=B3< = C4	
	低	7	<>	不等于	=B3<>C4	

（三）函数

函数是 Excel 2003 预定义的内置公式，可以用来进行算术、文字、逻辑运算，或者查找工作区的有关信息。函数由函数名和参数组成，其一般形式为：

函数名（参数 1，参数 2，……）

函数名表示函数的功能。函数中执行运算的数据称为参数，可以是文本、数字、逻辑值、单元格引用等，也可以是公式或函数。注意，当用文本作参数时，必须将文本用双引号引起来。经函数运算后返回的数据称为函数的结果。

1．输入函数。在工作表中使用函数，必须先输入函数。函数的输入可以直接在单元格或编辑栏中输入，也可以使用 Excel 提供的粘贴函数功能。

（1）直接输入函数。对于一些简单的函数可以直接输入，输入函数的方法与在单元格中输入公式一样，具体操作步骤如下。

① 选定要输入函数的单元格。

② 输入一个等号"="作为公式的开始。

③ 输入函数名，如"AVERAGE"。

④ 输入左括号，并在工作表中选定要参与运算的单元格或单元格区域。

⑤ 按下【Enter】键或单击"编辑栏"上的"确认"按钮☑。

（2）粘贴函数。对于参数较多或比较复杂的函数，建议使用粘贴函数的方法输入。

① 选定要输入函数的单元格。

② 单击"编辑"工具栏上的"插入函数"按钮 f_x，或执行"插入"→"函数"命令，弹出如图 4-40 所示的"插入函数"对话框。

③ 在"或选择类别"下拉列表框中选择要插入函数的类别，在"选择函数"列表框中选择函数名。在选择过程中，对话框中会给出当前函数的简单说明。

④ 单击"确定"按钮，弹出所选函数的"函数参数"对话框，在该对话框中显示出所选函数的名称、参数、函数的功能说明和参数的描述，如图 4-41 所示。

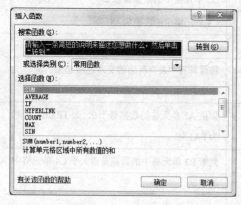

图 4-40 "插入函数"对话框

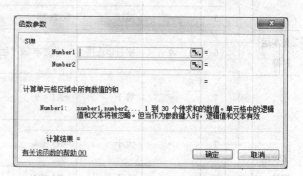

图 4-41 "函数参数"对话框

⑤ 根据提示在参数框中输入数值、单元格或单元格区域引用，也可以单击参数框右侧的"暂时隐藏对话框"按钮，用鼠标在工作表中直接选定单元格或单元格区域，选择结束后，

再次单击该按钮，恢复"函数参数"对话框。

当输入完第一个参数后，可用【Tab】键切换到下一个参数，将出现第三个参数输入框，依此类推，还会出现第四个、第五个……参数输入框，但数量由函数决定。

⑥ 单击"确定"按钮完成函数的建立，在单元格中显示计算结果。

2．出错信息

在 Excel 中如果不能正确计算输入的公式时，将在单元格中显示出错信息，出错信息一般以"#"开始，常见的出错信息如表 4-6 所示。

表 4-6 　　　　　　　　　　　　常见出错信息及原因

出错信息	出错原因
#DIV/0!	公式被零除
#N/A	遗漏了函数中的参数或引用到目前无法使用的数值
#NAME?	在公式中输入了未定义的名字
#NULL?	指定的两个区域不相交
#NUM!	数学函数中使用的参数不适当
#REF!	引用了无效的单元格
#VALUE!	参数或操作数据的类型有误

四、高级应用

Excel 中使用公式和函数，使它成为一个功能强大的分析和计算工具，不仅如此，Excel 还可以对数据库进行管理，具有数据的排序、筛选、统计和建立数据透视表等功能，并且能够以记录的形式在工作表中添加、删除和修改数据。

（一）数据清单

Excel 中的数据库是一种建立在二维关系上的数据清单，其实就是它的数据记录单。数据清单中的每一列就是数据库中的字段；而数据清单中的每一行则对应着数据库的一条记录，存放着相关的一组数据。通过使用 Excel 2003 提供的"记录单"功能，可以非常方便地查询、添加、删除和修改数据清单中的记录。一个记录单一次只能显示一个完整的记录。对于在记录单中编辑的数据，Excel 将在数据清单中更改相应单元格中的数据。

1．建立数据清单

（1）输入数据清单的字段名。一般在数据清单的首行输入各个字段的名称，例如要管理一个班级的学期成绩信息，可以在工作表的首行输入"学号"、"姓名"、"成绩"等字段名称。

（2）输入记录。可以直接在工作表中输入各行记录。还可以使用"记录单"来输入记录，具体步骤如下。

① 选定要管理的数据清单中的任意单元格。

② 执行"数据"→"记录单"命令，弹出如图 4-42 所示的对话框。该对话框的标题栏显示当前工作表的名称；记录单的左边列出各个字段的名称及对应字段值的显示或输入文本框；右上角显示当前的记录号和总记录数。

③ 输入各个字段的值，按【Enter】键后，数据被添加到
工作表中。

（3）添加记录。单击"记录单"对话框上的"新建"按钮，
对话框中出现一个空白记录，在各个字段后输入数据，按
【Enter】键后，数据记录添加到数据清单的末尾处。

（4）查询记录。可以单击"记录单"对话框上的"上一
条"或"下一条"按钮，或拖动滚动条，顺序查询记录。也
可以单击"条件"按钮，在出现的一个空白记录单中输入查
询条件，然后单击"上一条"或"下一条"按钮，逐条显示
符合条件的记录。输入的条件可以是一个确定的值，也可以
是使用关系运算符 >、<、=、>=、<=、<> 组成的表达式。

图 4-42 "记录单"对话框

如果要取消设置的条件，只要再次单击"条件"按钮，在条件对话框中单击"清除"按钮
即可。

（5）修改记录。在"记录单"对话框中找到需要修改的记录后，在相应的文本框中
进行修改，如果修改有错误，可以单击"还原"按钮撤消刚才的输入，修改完成后按【Enter】
键确认，工作表中对应的单元格数据将自动更正，在"记录单"对话框中显示下一条
记录。

（6）删除记录。在"记录单"对话框中找到需要删除的记录后，单击"删除"按钮
即可。

2．建立数据清单的要求

为了充分发挥数据清单管理数据的功能，输入数据时应遵循以下准则。

（1）关于数据清单的位置和大小。一个工作表上建立一个数据清单，因为一些数据管理
功能一次只能在同一个工作表的一个数据清单上使用。

避免在数据清单中出现空白行和列。

工作表中的数据清单与其他的数据间至少留有一个空白行和一个空白列，这样在执行排
序、筛选或分类汇总等操作时，便于系统自动检测和选定数据。

避免将关键数据放在数据清单的左右两侧，因为这些数据在筛选时可能会被隐藏。

（2）关于数据清单的列标志（字段）。数据表的列标志必须在数据清单的第一行。

列标志的格式包括字体、对齐方式、底纹等，应与数据清单中的其他数据的格式区别
开来。

若要使用高级筛选功能，列标志必须是唯一的。

（3）关于数据清单的内容。不要使用空白行将列标志与第一行的数据分开。

在设计数据清单时，应使同一列中的各行数据有相同的属性。

在单元格的开始处不要插入多余的空格，多余的空格会影响排序和查找等功能的
实现。

（二）排序

查阅数据时，经常会希望表中的数据是按一定顺序排列，以便快速查找数据。排序就是
对工作表中任意选定的数据区域，根据某列的数据重新排列其中行的次序，也可以是根据某
数据列中的数值重新排列其中列的次序。排序的方式有升序和降序两种。在 Excel 中，对文

本内容一般按其 ASCII 码或内码进行排序；如果是汉字，还可以按笔画多少进行排序；对于逻辑值，Excel 认为 FALSE 小于 TRUE。

1．对数据清单中的一列进行排序

使用"常用"工具栏上的"升序"按钮 和"降序"按钮 ，可以通过对数据清单中的一列数据对表进行排序，具体操作步骤如下。

① 选定要排序的数据列中的任意单元格。

② 单击"常用"工具栏上的"升序"或"降序"按钮，则工作表中的数据记录按选定的字段重新排列。

2．对数据清单中的多列进行排序

根据数据表中的多列进行排序，需要使用"排序"对话框来进行，具体操作步骤如下。

① 选定要排序的数据列中的任意单元格。

② 执行"数据"→"排序"命令，弹出如图 4-43 所示的"排序"对话框。

③ 在该对话框中最多可以设置三层排序，在"主要关键字"、"次要关键字"及"第三关键字"的下拉列表框中选择排序的字段名，并选择"升序"或"降序"排序方式。

④ 为了防止数据清单的标题也参加排序，可以在"我的数据区域"选项组中设置"有标题行"。

⑤ 单击"确定"按钮。

3．对数据清单中的行进行排序

如果数据清单中的标题不是在首行，而是在左侧，这时就需要按行对数据清单进行排序，单击"排序"对话框上的"选项"按钮，弹出如图 4-44 所示的"排序选项"对话框，在"方向"选项组中选中"按行排序"单选项即可。

在"排序选项"对话框中还可以进行"自定义排序"、排序方法等设置。

图 4-43　"排序"对话框

图 4-44　"排序选项"对话框

4．恢复排序数据顺序

经过排序后的工作表，在未保存前可以通过"撤消"按钮恢复，但在工作簿文件保存后，是不能恢复到初始状态的。如果要使数据表中的数据，在经过多次排序后，仍能恢复到未排序前的排列顺序，可事先在工作表上增加一个"序号"列，并顺序输入编号"1，2，……"，那么，无论经过多么复杂的排序，如果要恢复为最初的顺序，只要对"序号"字段按升序排序即可。

（三）筛选

数据筛选可以使 Excel 将符合条件的数据显示在工作中，而将那些不符合条件的行隐藏起来，减小了数据处理范围，从而加快操作速度。Excel 2003 提供了自动筛选和高级筛选两种筛选方式。

1. 自动筛选

自动筛选针对简单的条件进行筛选，是一种简单、方便的压缩数据清单的显示方法，具体操作步骤如下。

① 选定要进行筛选的数据清单中的任意单元格。

② 执行"数据"→"筛选"→"自动筛选"命令，则工作表中每个字段名右侧都出现一个下拉列表按钮，如图 4-45 所示。

③ 单击某一个下拉列表按钮，在列表框中选择需要显示的数据项后，工作表中将只显示符合条件的数据行，其他不符合条件的数据被隐藏起来。筛选后显示的数据行的行标，以及数据列中的自动筛选下拉列表按钮箭头都是蓝色的。

	A	B	C	D	E	F	G	H	I	J	K
1	名次 ▼	学号 ▼	姓名 ▼	政治 ▼	高数 ▼	英语 ▼	体育 ▼	计算机 ▼	C语言 ▼	总分 ▼	平均分 ▼
2		20110101	张三		82	70	84	94	79	492	82
3		20110102	李四	50	82	75	93	91	82	500	83.33333
4		20110103	王二	69	76	72	83	93	82	481	80.16667
5		20110104	张晨	70	59	65	85	94	69	422	70.33333
6		20110105	王飞	72	79	72	82	77	75	455	75.83333
7		20110106	丁三	73	64	57	75	91	60	428	71.33333

图 4-45　使用自动筛选

④ 如果还要对其他数据列附加筛选条件，重复第③步即可。

（1）自定义自动筛选。如果列表框中缺少需要设置的条件，自动筛选下拉列表框中的"前10 个"和"自定义"选项可用来自动筛选数据清单的范围。

如图 4-45 所示的工作表，如果要查找计算机成绩为前 10 名的同学记录，一般的方法可以是先按计算机成绩对数据表进行降序排列，但这种方法打乱了原数据清单的排列顺序，这时，如果单击自动筛选的"前 10 个"选项，如图 4-46 所示，就可以在不打乱原数据清单排列顺序的情况下，查询到符合条件的数据。

还可以单击自动筛选的"自定义"选项，在弹出的"自定义自动筛选方式"对话框中设置条件，如图 4-47 所示。在该对话框中可以设置两个条件，以及它们之间的逻辑与、或关系，例如可以筛选计算机成绩在 80 分至 90 分之间的数据记录。

图 4-46　"自动筛选前 10 个"对话框

图 4-47　"自定义自动筛选方式"对话框

（2）取消自动筛选。取消自动筛选结果，通常有以下几种方法。

- 如果要取消某一列的筛选，可以单击该列自动筛选下拉列表框中的"全部"选项。
- 如果要取消所有列的筛选，可以执行"数据"→"筛选"→"全部显示"命令。
- 如果要取消工作表中每一字段名右侧的自动筛选标记，可以执行"数据"→"筛选"→"自动筛选"命令。

2．高级筛选

如果筛选的条件比较复杂，则必须使用"高级筛选"功能。具体操作步骤如下。

① 在数据清单旁、或数据清单的上方或下方设定高级筛选的条件区域。条件区域由字段名行和条件行组成，条件区域的第一行为字段名行，字段名行的下面为条件行，用来存放条件表达式。

首先，可将数据清单的字段名复制到数据表的下方，例如，将图 4-45 所示工作表中的"B1"到"K1"单元格区域内的字段名复制到第 26 行。

然后，在字段名行下方输入筛选条件。例如，要筛选出"姓李、英语成绩>＝70 分、计算机成绩>＝76 分"的学生记录，则在"姓名"字段下方 B27 单元格中输入条件"李*"，"英语"字段下方 E27 单元格中输入条件">＝70"，"计算机"字段下方 G27 单元格中输入条件">＝76"。如图 4-48 所示。

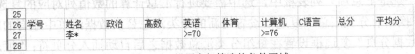

25										
26	学号	姓名	政治	高数	英语	体育	计算机	C语言	总分	平均分
27		李*			>=70		>=76			
28										

图 4-48　设置高级筛选的条件区域

输入条件可以使用通配符，"*"代表任意多个字符，"？"代表单个字符。如果要使多个条件之间具有"与"的逻辑关系，各字段的条件应在同一行输入，如图 4-48 所示；如果要使多个条件之间具有"或"的逻辑关系，各字段的条件应在不同行中输入。

② 执行"数据"→"筛选"→"高级筛选"命令，弹出"高级筛选"对话框，如图 4-49 所示。

③ 在"方式"选项组中可以设置筛选数据的显示方式。选中"在原有区域显示筛选结果"单选钮，将在原数据表中隐藏不符合条件的数据记录；选中"将筛选结果复制到其他位置"单选钮，可以将符合条件的记录复制到工作表中，由该对话框"复制到"框中指定的另一个区域中，而原数据区保持不变。

④ 在"列表区域"中设置要筛选的数据清单所在的区域。

⑤ 在"条件区域"中设置筛选条件所在的区域。

⑥ 单击"确定"按钮，完成高级筛选。

如果需要取消原有数据区显示的筛选结果，可以执行"数据"→"筛选"→"全部显示"命令。

（四）分类汇总

使用 Excel 提供的分类汇总功能，可以轻松地将数据清单中按指定的某一字段具有同类别的数据进行分类汇总统计计算，并且可以对分类汇总后不同的明细数据进行分级显示。注意，在进行分类汇总之前，必须先进行排序操作，并且数据表的第一行必须要有字段名。对数据清单进行分类汇总的操作步骤如下。

①对数据清单中要进行分类汇总的字段进行排序，排序后相同类型的记录集中在一起。

②选定数据清单中的任意单元格，执行"数据"→"分类汇总"命令，Excel 自动选定整个数据清单，并弹出"分类汇总"对话框，如图 4-50 所示。

图 4-49 "高级筛选"对话框

图 4-50 "分类汇总"对话框

③ 在"分类字段"下拉列表框中，选中一个进行汇总时用来分类的字段，该字段应与第一步中的排序字段相同。

④ 在"汇总方式"下拉列表框中，选择用于计算分类汇总的函数，如求和、求平均值等。

⑤ 在"选定汇总项"列表框中，选中需要进行汇总计算的数值列对应的复选框。

⑥ "替换当前分类汇总"复选框设置用新的分类汇总替换数据清单中原有的所有分类汇总；"每组数据分页"复选框设置在每组分类汇总数据之后自动插入分页符；"汇总结果显示在数据下方"复选框设置在明细数据下面插入分类汇总行和总汇总行，如果取消选中该复选框，汇总结果将显示在明细数据的上方。

⑦ 单击"确定"按钮，在工作表中显示分类汇总的结果，如图 4-51 所示。

	A	B	C	D	E	F
1	编号	日期	类型	项目名称	子项目名称	收支金额
2	1	2月1日	收入	薪水		3000
3	2	2月1日	收入	奖金		1000
4	3	3月2日	收入	分红		500
5	5	2月2日	收入	礼物收入		1000
6	6	2月2日	收入	其它收入		1000
7			收入 汇总			6500
8	7	1月28日	支出	食物	主食	200
9	8	1月18日	支出	食物	工作餐	80
10	9	1月28日	支出	食物	水果	100
11	10	1月28日	支出	食物	肉禽及水产	50
12	11	1月29日	支出	食物	糕点糖果	30
13	12	1月28日	支出	食物	蔬菜	50
14	13	2月17日	支出	教育培训	考证	500
15	14	1月1日	支出	教育培训	报章杂志	45

图 4-51 分类汇总结果显示

进行分类汇总后，Excel 自动按汇总时的分类对数据清单进行分级显示，会在工作表的左侧自动产生分级显示控制标志，如图 4-51 中，汇总表的左上角的 1、2、3 三个小按钮和 + 、-按钮称为分级显示符号，通过单击这些符号按钮，可以快速隐藏或显示明细数据。执行"数据"→"组及分级显示"→"清除分级显示"命令，可以在工作表中不显示分级符号。

如果要取消分类汇总显示源数据，或者要对其他字段进行排序和汇总，必须清除原分类汇总，具体操作步骤如下。

① 选定含有分类汇总的数据区域的任意单元格。

② 执行"数据"→"分类汇总"命令，在弹出的"分类汇总"对话框中单击"全部删除"按钮，即可恢复数据清单原来的状态。

（五）合并计算

可能我们需要将不同工作表中的大量数据汇总到一起进行统计分析，例如将每个月的收支表汇总成年度收支报表，这时可以使用 Excel 提供的"合并计算"功能。"合并计算"能够把来自同一工作簿中的多个不同工作表，或者是来自不同工作簿的工作表，也可以是来自同一工作表中不同位置上的数据进行汇总计算，其操作步骤如下。

① 选定需要列出合并计算结果的单元格区域的左上角单元格。

② 执行"数据"→"合并计算"命令，弹出"合并计算"对话框，如图 4-52 所示。

③ 在"函数"下拉列表框中选择合并计算的方式。

④ 在"引用位置"框中选定需要合并计算的源数据所在的单元格区域，然后单击"添加"按钮，在"所有引用位置"列表框中增加一个计算区域。如果错误地选定了某个区域，可在"所有引用位置"列表框中将该区域选定，单击"删除"按钮即可。

⑤ 重复执行第④步的操作，选定参加合并计算的多个区域。

⑥ 可以选中"创建连至源数据的链接"复选框，这样，当源数据一旦被修改，目标区的数据也将自动发生相应的变化。

⑦ 单击"确定"按钮，完成合并计算。

（六）数据透视表

数据透视表是一种交互式的工作表，使用它可以利用数据清单中的字段重新组织数据，根据字段信息从不同角度对数据进行有选择的汇总，从而得到直观、清晰的数据报表。在创建数据透视表之前，必须将所有筛选和分类汇总的结果先取消。创建数据透视表的具体操作步骤如下。

① 执行"数据"→"数据透视表和数据透视图"命令，弹出"数据透视表和数据透视图向导--3 步骤之 1"对话框，如图 4-53 所示。在该对话框中指定待分析数据的数据源类型以及所需创建报表的类型。

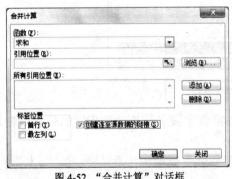
图 4-52　"合并计算"对话框

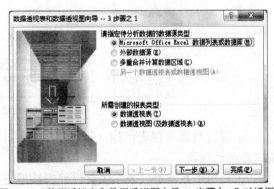
图 4-53　"数据透视表和数据透视图向导--3 步骤之 1"对话框

② 单击"下一步"按钮，弹出"数据透视表和数据透视图向导--3 步骤之 2"对话框，如图 4-54 所示。在该对话框中输入或选定要建立数据透视表的数据源区域。

图 4-54　"数据透视表和数据透视图向导--3 步骤之 2"对话框

③ 单击"下一步"按钮，弹出"数据透视表和数据透视图向导--3 步骤之 3"对话框，如图 4-55 所示。在该对话框中设置数据透视表显示的位置。也可以单击"布局"按钮，进入"数据透视表和数据透视图向导--布局"对话框中设置透视表的布局。单击"选项"按钮，可以对数据透视表格式、数据等进行设置。

图 4-55 "数据透视表和数据透视图向导--3 步骤之 3"对话框

④ 单击"完成"按钮，在工作表中出现"数据透视表"工具栏，如图 4-56 所示，使用它可以方便地对当前数据透视表进行各种编辑操作。

图 4-56 "数据透视表"工具栏

⑤ 设置数据透视表结构，按屏幕上的要求将数据表字段名称拖动到指定的位置，便可生成数据透视表。

⑥ 利用"数据透视表"工具栏编辑数据透视表。

如果要删除数据透视表，具体操作步骤如下。

① 选定数据透视表中任意单元格。

② 单击"数据透视表"工具栏上的"数据透视表"下拉箭头，从下拉菜单中选择"选定"→"整张表格"命令。

③ 执行"编辑"→"清除"→"全部"命令，数据透视表被删除，但不影响源数据清单。

如果数据透视表建立位置选择的是"新建工作表"，可以直接删除其所在的工作表。

（七）导入外部数据

在实际工作中，往往需要对各种数据进行多种数据分析，而 Excel 就是一个强大的数据分析工具。但这些需要分析的数据并不都是存储在 Excel 工作簿中的，可能存储在文本文件、数据库文件中，如果要在 Excel 中重新输入这些数据，显然既费时又易出错，这时利用 Excel 提供的导入外部数据的功能，可以很好地解决这一问题。

下面以在 Excel 中导入文本文件为例，介绍导入外部数据的方法。

1. 在 Excel 2003 中打开整个文本文件

① 单击"常用"工具栏上的"打开"按钮，弹出"打开"对话框。

② 在"文件类型"下拉列表框中，选择"文件文件"类型。

③ 在"查找范围"框中，指定要打开文本文件所在的路径，选择要打开的文本文件。

④ 单击"打开"按钮，屏幕上将出现"文本导入向导"对话框，根据提示逐步操作，直到单击"完成"按钮，则 Excel 在新的工作簿中打开文本文件。

注意：使用这种方法只是将文本文件中的数据复制到 Excel 中，当原文件中的数据发生了更改，将不会反映到该 Excel 工作表中。

2. 在可更新的 Excel 区域中导入整个文本文件

当原文本文件发生了更改时，如果希望能够同时更新 Excel 中的数据，就必须使用在可更新的 Excel 区域中导入文本文件的方法，具体操作步骤如下。

① 打开需要导入文本文件的工作表，执行"数据"→"导入外部数据"→"导入数据"命令，弹出"选取数据源"对话框，在该对话框中打开需要导入的文本文件。

② Excel 启动"文本导入向导"对话框，与在 Excel 中打开文本文件的方法相同，根据提示逐步操作。

③ 单击"完成"按钮后，弹出"导入数据"对话框，如图 4-57 所示。在该对话框中选择数据的放置位置。

④ 单击"确定"按钮，Excel 将外部数据导入到指定的区域中，同时自动弹出"外部数据"工具栏，如图 4-58 所示。使用该工具栏可以方便地对外部数据进行编辑。如果希望在源文本文件发生更改时能更新外部数据区域，可以单击"外部数据"工具栏上的"更新数据"按钮，并在出现的"导入文本文件"对话框中选定源文本文件，然后单击"导入"按钮即可完成。

图 4-57 "导入数据"对话框　　　　　　图 4-58 "外部数据"工具栏

五、图表

使用 Excel 2003 提供的图表功能，可以将数据以图表形式显示，使得用 Excel 制作的工作表更直观、形象，易于理解，能更好地帮助人们分析比较数据。Excel 中创建的图表有两种，一种是嵌入式图表，可以放在工作表上的任何位置，是工作表的一个图表对象，能够与工作表一起打印输出；另一种是独立图表，放置在工作簿中一个单独的工作表中，与数据分开存放，但通常，建立的图表和原始数据是放置在同一工作表中的，这样图表和数据的结合就比较紧密、明确，更利于对数据的分析和预测。图表与对应的工作表中的数据相链接，当用户修改工作表数据时，图表会自动更新。

（一）创建图表

Excel 可以根据用户在工作表中选定的数据制作出多种图表类型，如折线图、柱形图、条形图、饼图等，而且在每个类型中，用户又可根据自己的需要来决定使用不同的图表样式，并且还能对图表作进一步的修饰，使最终生成的图表不仅美观，而且更便于用户理解和记忆数据之间的关系。创建图表的具体操作步骤如下。

① 选定需要创建图表的数据区域。

② 可以按下键盘上的【F11】键，在当前工作簿中建立一个独立图表，存储在标签名称为"Chart＋数字序列"的工作表中。也可执行"插入"→"图表"命令，或单击"常用"工具栏上的"图表向导"按钮，将弹出一个"图表向导-4 步骤之 1-图表类型"对话框，如图 4-59 所示，在该对话框的列表框中可以选择图表类型和子图表类型。

③ 单击"下一步"按钮，弹出"图表向导-4 步骤之 2-图表源数据"对话框，如图 4-60 所示。在该对话框中的"数据区域"文本框中自动显示已选定的需要制作图表的源数据区域，也可以单击"暂时隐藏对话框"按钮，在工作表中重新选定数据区域。

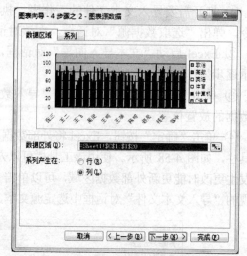

图 4-59 "图表向导-4 步骤之 1-图表类型"对话框   图 4-60 "图表向导-4 步骤之 2-图表源数据"对话框

④ 进入"图表源数据"对话框上的"系列"选项卡，对话框如图 4-61 所示。在该对话框中可确定系列名称和分类 X 轴标志。

⑤ 单击"下一步"按钮，弹出"图表向导-4 步骤之 3-图表选项"对话框，如图 4-62 所示，该对话框中共有 6 个选项卡，进入相应的选项卡，可设置图表不同的选项，分别如图 4-62～图 4-67 所示。

⑥ 完成以上所有需要的设置后，单击"下一步"按钮，弹出"图表向导-4 步骤之 4-图表位置"对话框，如图 4-68 所示。在该对话框中可以设置图表创建的位置。单击选中"作为新工作表插入"单选按钮，将创建一个独立图表，系统在当前工作簿中新建立一个工作表，专门用来保存独立图表；选中"作为其中的对象插入"单选按钮，将创建一个嵌入式的图表，插入到指定的工作表中。

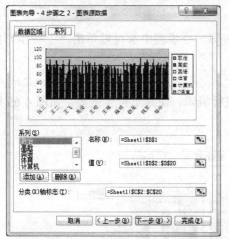

图 4-61　图表源数据"系列"对话框

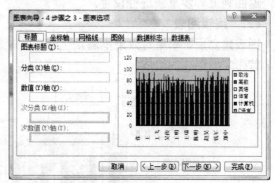

图 4-62　图表选项之"标题"对话框

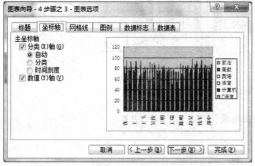

图 4-63　图表选项之"坐标轴"对话框

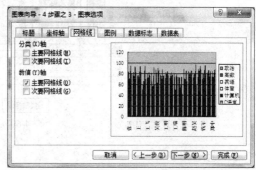

图 4-64　图表选项之"网格线"对话框

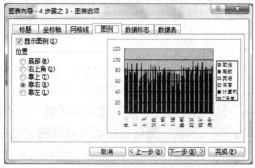

图 4-65　图表选项之"图例"对话框

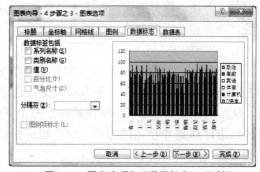

图 4-66　图表选项之"数据标志"对话框

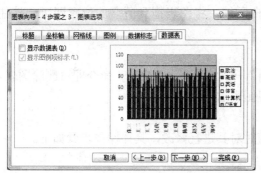

图 4-67　图表选项之"数据表"对话框

图 4-68　"图表向导-4 步骤之 4-图表位置"对话框

⑦ 单击"完成"按钮，完成图表的创建操作。

在使用"图表向导"创建一个图表的过程中，在每一个步骤中都可以单击"上一步"按钮，返回到上一步重新进行设置。

（二）编辑图表

图表建立后，如果对效果不满意，还可以对其进行编辑，使其更符合需要。如图 4-69 所示，首先掌握图表的组成。

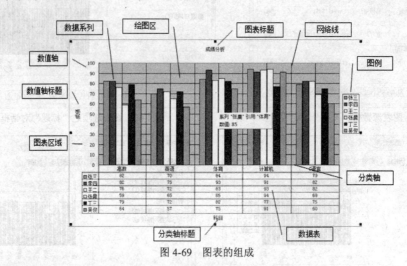

图 4-69　图表的组成

1．选定图表

编辑图表之前必须先选定图表。对于嵌入式图表，用鼠标单击，此时图表的四周显示 8 个黑色小方块，称为控点，表示该图表被选定；而对于独立图表，只需选中其所在的工作表，使独立图表显示在窗口中，该图表就被选定。

2．调整图表大小

选定图表后，将鼠标指针移到左右两个控点上时，鼠标指针变为 ↔ 形状，按住鼠标左键左右拖动鼠标，可以在水平方向改变被选定区域的大小；将鼠标指针移到上下两个控点上时，鼠标指针变为 ↕ 形状，按住鼠标左键上下拖动，可以在垂直方向改变被选定区域的大小；将鼠标指针移到 4 个角的控点上时，鼠标指针变为 ↙ 或 ↘ 形状，拖动鼠标，可以在两个方向改变被选定区域的大小。

3．移动和复制图表

选定图表后，将鼠标指针移动到图表的空白区域，将图表拖到所需的位置即可。按住【Ctrl】键的同时拖动，就实现了图表的复制。

4．删除图表

选定图表后，按下【Del】键，或执行"编辑"→"清除"→"全部"命令即可删除图表。对于独立图表，可以用删除工作表的方法来实现图表的删除。

5．编辑图表区

对于已经建立的图表，若是不满意，可以随时对其进行修改，具体操作步骤如下。

① 选定图表。

② 执行"格式"→"图表区"命令，可以在弹出的"图表区格式"对话框中设置图表

区的图案和字体；进入"图表"菜单，可以进行图表类型更改、重新选择数据区域，添加或删除数据系列、设置图表选项、更改图表位置、添加数据等操作，这些操作与建立图表时的操作类似。还可以在图表区单击鼠标右键，在弹出的快捷菜单中选择相应的命令，进行编辑。

另外，用鼠标双击图表中的任意组成部分，都将弹出对应的格式设置对话框。

6．在图表中添加文字

有时为了需要，在图表中除了添加标题外，还需要添加其他说明性文字，这时，可以在选定图表后，直接输入文字，按【Enter】键确定，将自动在图表中加入文本框。也可以通过"绘图"工具在图表中插入文本框。

任务实施——班级信息管理

在现代信息化社会，大量数据信息的描述和处理，不仅仅利用文字就能叙述清楚，数据信息的描述已经很丰富多彩，其中表格具有鲜明的特点：具有明确的逻辑关系、清楚的框架结构，成为应用非常普遍的数字化管理工具。但是大量数据的手工处理，既需要花费大量的时间，又容易出错，极大阻碍了信息的数据化管理进程，电子表格就解决了这一问题。而作为 Microsoft 公司推出的办公软件组 Office 当中的一个重要成员，Excel 是当前最流行的电子表格处理软件。Excel 可以完成表格输入、统计和分析数据等工作，不但缩短了处理时间、保证了数据处理的准确性，还可以生成精美直观的表格、图表等。本节将以班级管理工作为例，进一步介绍 Excel 在信息管理中的应用。

（一）建立班级信息表

1．建立班级基本信息表

新生入学后，为了能够及时准确地掌握学生的各种信息，辅导员都要建立班级学生档案，一般包括学号、姓名、性别、出生年月、政治面貌、民族、身份证号、专业名称、班级、家庭住址、邮政编码、家长姓名、家庭联系电话、本人联系电话、入学时间、入党（团）时间、籍贯等内容。

信息表的创建过程如下。

① 新建一个工作簿文件，为了方便记忆，可首先双击工作表标签"Sheet1"，将其重命名为"基本信息表"。

② 在工作表中输入学生的基本信息，如图 4-70 所示。

	A	B	C	D	E	F	G	H	I	J	K	L
1							XX学学生基本信息					
2	学号	姓名	性别	出生年月	政治面貌	民族	身份证号	专业班级	家庭住址	邮政编码	家庭联系方式	本人联系方式
3	20110101	张三	男	1991-03-01	团员	汉	360122199103012753	11级数控	安徽省芜湖市繁昌县孙村镇	238191	16490373653	15367856723
4	20110102	李四	男	1990-10-12	团员	汉	302122199010121931	11级数控	安徽省金寨县梅山镇	235200	15274658494	15273647363
5	20110103	王二	男	1990-08-07	团员	汉	34012719900807193X	11级数控	安徽省六安市裕安区新安镇	233300	17324354090	15836254722
6	20110104	张晨	男	1992-01-20	团员	汉	321234199201201921	11级数控	安徽省宣城市泾县云岭镇	237005	13300076540	13028472621
7	20110105	王飞	男	1990-10-11	团员	汉	361524199010110175	11级数控	安徽省蚌埠市五河县东刘集镇	235261	15237504938	15523847632
8	20110106	丁三	女	1991-05-23	团员	汉	352412199105232987	11级数控	安徽省黄山市休宁县齐云山镇	238161	15803736453	13327463526
9	20110107	吴俊	女	1991-06-24	团员	汉	360101199106245921	11级数控	安徽省临泉县黄岭镇	238000	13809837621	15537485960
10	20110108	李明	女	1991-03-10	团员	汉	263452199103107363	11级数控	安徽省蚌埠市怀远县烈山镇	238191	13903726262	15273783733
11	20110109	王刚	女	1990-12-17	团员	汉	284765199012173462	11级数控	安徽省池州市贵池区梅龙镇	247100	13309568504	15290760808
12	20110110	李刚	女	1991-05-07	团员	汉	463221199105072342	11级数控	安徽省桐城市孔城镇	237005	15594847363	13309872340
13												

图 4-70　学生基本信息

在该工作表中，在"A1"单元格中输入标题"XX班学生基本学籍信息"，在"A2:O2"

单元格区域中分别输入上述学生信息字段。

（1）输入学生学号。班级学生信息管理中必需要输入学生的学号，且学号是唯一的。输入时可按学生学号顺序进行，首先在"A3"单元格中输入"20110101"，"A4"单元格中输入"20110102"，然后选定"A3"和"A4"单元格，将鼠标指针移至单元格选定框的右下角，当光标变为黑色"+"形状时，按下鼠标左键向下拖动，系统将自动填充学号信息。

（2）输入身份证号码。当输入的数值数据超过 11 位宽时，单元格中的数据将以科学记数形式显示，例如，在"G3"单元格中输入"360122199103012753"后，单元格中的内容自动变为"3.60122E＋17"的形式。为避免发生这种情况，可以一个单引号开始输入，虽然这种方法解决了问题，但很显然增加了输入的工作量，并且容易忘记。可以应用另一种较简便的方法：输入前，首先选定 G 列，执行"格式"→"单元格"命令，打开"单元格格式"对话框，在"数字"选项卡的"分类"列表框中选中"文本"选项后，单击"确定"按钮，接下来输入身份证号码，将不再出现上述问题。

（3）输入性别、出生日期。为了减少输入量，提高输入数据的准确性，可以利用 Excel 提供的强大函数功能，从已经输入的身份证号码中直接提取学生的性别及出生年月。

提取性别的方法：在"C3"单元格中输入公式"=IF(MOD(IF(LEN(G3)=15,MID(G3,15,1),MID(G3,17,1)),2)=1,"男","女")"后，选定"C3"单元格，将鼠标指针移至单元格的右下角，按下鼠标左键向下拖动来复制公式。

提取出生日期的方法：在"D3"单元格中输入公式"=IF(LEN(G3)=15,TEXT(MID(G3,7,6),"1900-00-00"),TEXT(MID(G3,7,8),"00-00-00"))"后，选定"D3"单元格，将鼠标指针移至单元格的右下角，按下鼠标左键向下拖动来复制公式。

（4）输入政治面貌。由于"政治面貌"包括党员、团员及非党团员 3 类，为了减少输入量，可以设置数据的有效性。例如，选定"E3:E12"单元格区域，单击"数据"菜单中的"有效性"命令，弹出"数据有效性"对话框，在该对话框中进入"设置"选项卡，在"允许"下拉列表框中选择"序列"选项，在"来源"框中输入"党员,团员"，然后单击"确定"按钮即可。注意"来源"框中输入的党员与团员之间的逗号为半角符号。

③ 选定"A1:L1"单元格区域，单击"格式"工具栏上的"合并及居中"按钮，将表格首行标题显示在表格中间。

④ 移动鼠标指针至列标右边线，按下鼠标左键并拖动来调整各列列宽，使各数据全部显示。移动鼠标指针至行号下边线，按下鼠标左键拖动可以调整各行行高。也可以选定要调整的行或列，执行"格式"→"行"（或"列"）→"行高"（或"列宽"）命令，在弹出的对话框中进行设置。

⑤ 设置各单元格格式，如字体、字号、对齐方式等。

⑥ 选定"A2:L12"单元格区域，单击"格式"工具栏上的"边框"按钮设置表格边框。

⑦ 如果需要，便可以打印输出一份班级学生基本信息表了。由于该表格字段内容较多，应在"页面设置"对话框中设置"页面方向"为"横向"，如有必要，还需要在"页面设置"对话框中设置页面缩放比例，方可打印一份美观的表格。

2．建立班级学生学期成绩表

为了便于数据的集中管理，可以在当前工作簿中单击另一工作表标签，如单击"Sheet2"，在该工作表中建立第一学期成绩表。

① 双击"Sheet2"工作表标签，将其重命名为"第一学期成绩表"。

② 在"A2:K2"单元格区域中输入字段信息，包括学号、姓名、政治、高数、英语、体育、计算机、C 语言、总分、平均分、名次等。

③ 输入学生成绩信息，完成第一学期成绩表的建立，如图 4-71 所示。对于"学号"及"姓名"信息，可以复制"基本信息表"中的数据，具体方法是：选定"基本信息表"中"A3:B12"单元格区域，按下【Ctrl＋C】快捷键复制，单击"第一学期成绩表"工作表标签，切换到该工作表，选定"A3"单元格后，按下【Ctrl＋V】快捷键粘贴。

④ 设置单元格格式，例如字体、字号、对齐方式等。为了方便地观察成绩数据结果，使那些在不同分数段的成绩显示的格式不同，可以选定成绩单元格区域"C3:H12"，执行"格式"→"条件格式"命令，在弹出的"条件格式"对话框中设置数据范围及格式。

⑤ 此后的第一个学期学生成绩信息都可以在一张新的工作表中建立。例如，需要建立第二学期成绩表，可以将鼠标指针移至"第一学期成绩表"工作表标签上，按住【Ctrl】键的同时，按下鼠标左键拖动，便可复制一张工作表到指定的位置，然后双击"第一学期成绩表（2）"表标签，将其重命名为"第二学期成绩表"，在该工作表中可以保留学号、姓名等数据，编辑其他科目信息。

	A	B	C	D	E	F	G	H	I	J	K
1											
2	学号	姓名	政治	高数	英语	体育	计算机	C语言	总分	平均分	名次
3	20110101	张三	83	82	70	84	94	79			
4	20110102	李四	77	82	75	93	91	82			
5	20110103	王二	75	76	72	83	93	82			
6	20110104	张晨	50	59	65	85	94	69			
7	20110105	王飞	70	79	72	82	77	75			
8	20110106	丁三	81	64	57	75	91	55			
9	20110107	吴俊	87	81	62	90	84	86			
10	20110108	李明	77	75	69	87	75	76			
11	20110109	王明	71	82	80	84	82	76			
12	20110110	李刚	71	79	75	84	77	77			

基本信息表 第一学期成绩表 Sheet3

图 4-71　学生成绩表

（二）分析学生成绩

1．计算总分

选定第一个学生总分单元格，例如图 4-71 所示的"I3"单元格，输入公式"=SUM（C3:H3）"后按【Enter】键。也可以在"I3"单元格中输入"=SUM（"后，利用鼠标拖动选取求和单元格区域，然后按【Enter】键。

选定"I3"单元格，将鼠标指针移至单元格的右下角，按下鼠标左键向下拖动，来复制公式计算其他学生的总分，则计算出的总分结果显示在单元格中。

2．计算平均分

选定第一个学生的平均分单元格，如"J3"单元格，输入公式"=AVERAGE（C3:H3）"

或者"=SUM（C3:H3）/COUNT（C3:H3）"，然后后按【Enter】键。也可以在"J3"单元格中输入"=AVERAGE（"后，利用鼠标拖动来选取需要计算平均分的单元格区域，然后按【Enter】键。

选定"J3"单元格，将鼠标指针移至单元格的右下角，按下鼠标左键向下拖动，利用系统的自动填充功能来复制公式，计算其他学生的平均分，则计算出的结果显示在相应的单元格中。

3．设定名次

单击总分列中任意单元格，执行"数据"→"排序"命令，在"排序"对话框中选择"总分"为关键字，按"降序"方式排序，然后在"K3"和"K4"单元格中分别输入名次值"1"和"2"，再用填充柄自动填充名次。如果要恢复排序前学生记录的顺序，可以再次以"学号"作为主关键字，按"升序"方式重新排序。

使用 Excel 提供的 RANK 函数可以更轻松地完成名次的设定。具体操作方法是：选定第一个学生的名次单元格，如"K3"单元格，输入公式"=RANK(I3,I\$3:I\$12,0)"后，按 Enter键，然后向下拖动填充柄，由系统自动填充其他同学的名次计算公式。RANK 函数对于同分数的名次自动排为相同的名次，下一名次数值则能够自动空出。

RANK 函数的语法为：RANK(number,ref,[order])。

其中 number 为需要找到排名次的数字。ref 是包含一组数字的数组或引用，在这里为需要排名次总分数据，ref 中的非数值型参数将被忽略。order 为一数字，用来指明排序的方式：order 为零或被省略，Excel 将数据按降序排位；order 不为零，Excel 将数据按升序排位。

4．每门课程成绩分析

如图 4-72 所示，科目分析一般包括实考人数、平均分、最高分、最低分、各分数段人数分布等数据统计。下面以"政治"科目为例，介绍操作方法。

图 4-72　学生成绩分析表

（1）统计人数。

在"C14"单元格中输入公式"=COUNT(C3:C12)"。

（2）统计合格人数。

在"C17"单元格中输入公式"=COUNTIF(C3:C12,"> = 60")"。

（3）计算合格率。

在"C18"单元格中输入公式"=C17/C14"，然后执行"格式"→"单元格"命令，在"单元格格式"对话框中设置该单元格为百分比形式。计算不合格率的方法与此类似。

（4）统计不合格人数。

在"C20"单元格中输入公式"=COUNTIF(C3:C12, "<60")"。

（5）最高分。

在"C21"单元格中输入公式"=MAX(C3:C12)"。

（6）最低分。

在"C22"单元格中输入公式"=MIN(C3:C12)"。

（7）统计成绩分布。

① 如图 4-72 所示，在"A23:A26"单元格区域中输入 100、89、75、60，表示统计 90-100、76-89、60-75 和 60 分以下各个分数段中的成绩的个数。

② 选定"C23:C26"单元格区域，单击编辑栏上的"fx"按钮，弹出"插入函数"对话框。

③ 在"插入函数"对话框中的"选择类别"下拉列表框中选择"统计"选项，在"选择函数"列表框中选择 FREQUENCY 函数，然后单击"确定"按钮，弹出"函数参数"对话框，如图 4-73 所示。

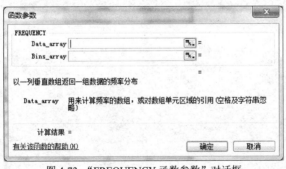

图 4-73　"FREQUENCY 函数参数"对话框

④ 在"Data_array"框中填入待统计分布的一组数据，这里是"C3:C12"。在"Bins_array"框中填入统计分布的各区间设置的分界点所在的单元格区域，这里是"$A$23:$A$26"。

⑤ 单击"确定"按钮。

⑥ 单击编辑栏中公式的末尾处，按下【Ctrl + Shift + Enter】快捷键完成统计。

 **任务小结**

本任务主要介绍了 Excel 2003 的基本操作方法，包括系统的启动和退出、工作簿的建立、

打开、保存和关闭；介绍了在工作表中创建表格的方法和步骤；介绍了 Excel 丰富强大的计算和数据库管理功能；介绍了将表格数据图形化的方法和步骤。在这些知识的基础上，最终落实到本任务的重点：Excel 在信息管理系统中的应用，文中以班级信息管理为例，介绍了在 Excel 管理信息的一般步骤和数据分析方法。

任务五

演示文稿软件 PowerPoint 2003 的应用

【知识目标】

■ 了解 PowerPoint 2003 的功能和特点。
■ 掌握 PowerPoint 2003 的基本操作。
■ 掌握演示文稿的动画设置。
■ 了解演示文稿的放映和打印。

【能力目标】

■ 通过 PowerPoint 2003 的学习，能够制作出集文字、图形、图像、声音、动画及视频剪辑等多种媒体于一体的幻灯片演示文稿。

任务引入

通过学习 PowerPoint 2003 相关知识，了解幻灯片制作方法和技巧，最终能独立制作和完成一个实用又精彩的演示文稿。图 5-1 为计算机文化基础课件制作中的一个界面。

图 5-1　课件演示文稿

相关知识

一、熟悉 PowerPoint 2003 的使用环境

（一）初识 **PowerPoint 2003**

1．PowerPoint 2003 产品介绍

1987 年,微软公司收购了 PowerPoint 软件的开发者 Forethought of Menlo Park 公司。1990 年，微软将 PowerPoint 集成到办公套件 Office 中。PowerPoint 专门用于制作演示文稿（俗称幻灯片），广泛运用于各种会议、产品演示、学校教学以及电视节目制作等。

Power Point 2003 是微软公司出品的 Power Point 中的一款，Power Point 是微软公司出品的 Office 办公软件系列重要组件之一（还有 Excel、Word 等）。同时 PowerPoint 是一款功能强大的办公软件,它在学生进行答辩、企业进行工作总结等方面有着很大作用,而且 Microsoft Office PowerPoint 2003 在 PowerPoint 系列中已经相当成熟了，支持多项用户自定义选项。

PowerPoint 2003 提供一些新增工具，以帮助用户创建、演示和协作开发更有感染力的演示文稿。

2．PowerPoint 2003 的组成

启动 PowerPoint 2003，一个同 Word 2003 很相似的工作窗口就呈现在眼前了，图 5-2 所示为 PowerPoint 2003 启动后的界面，由如下内容组成。

（1）标题栏：显示出软件的名称（Microsoft PowerPoint）和当前文档的名称（演示文稿 1）；在其右侧是常见的"最小化、最大化/还原、关闭"按钮。

（2）菜单栏：通过展开其中的每一条菜单，选择相应的命令项，完成演示文稿的所有编辑操作。

（3）常用工具栏：将一些最为常用的命令按钮，集中在本工具条上，方便调用。

（4）格式工具栏：将用来设置演示文稿中相应对象格式的常用命令按钮集中于此，方便调用。

（5）任务窗格：利用这个窗口，可以完成编辑"演示文稿"一些主要工作任务。

（6）工作区/编辑区：编辑幻灯片的工作区。

（7）备注区：用来编辑幻灯片的一些"备注"文本。

（8）大纲编辑窗口：在本区中，通过"大纲视图"或"幻灯片视图"，可以快速查看整个演示文稿中任意一张幻灯片。

（9）绘图工具栏：可以利用上面相应的按钮，在幻灯片中快速绘制出相应的图形。

（10）状态栏：在此处显示出当前文档相应的某些状态要素。

（二）**PowerPoint 2003** 的启动与退出

1．启动 PowerPoint 2003

执行任务栏上面的"开始"→"程序"→"Microsoft Office"→"Microsoft Office PowerPoint 2003"菜单命令，就可以启动 PowerPoint 2003，如图 5-2 所示。

2．退出 PowerPoint 2003

使用 PowerPoint 2003 处理完演示文稿后，就可以退出该应用程序。退出 PowerPoint 2003 应用程序前，要保存编辑修改的演示文稿，退出时可选择"文件"→"退出"菜单命令。

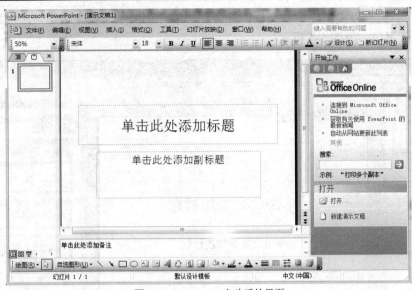

图 5-2　PowerPoint 启动后的界面

（三）PowerPoint 2003 的创建

演示文稿是 PowerPoint 环境下，包含一系列相关幻灯片的文档，其后缀名为.ppt。每个演示文稿可以创建多张幻灯片，每张幻灯片可以添加文字，插入表格、图表、图片、声音、图像、视频等各种类型的信息。

1．利用"空演示文稿"创建演示文稿

空演示文稿，就是没有任何内容的 ppt 演示文稿，空演示文稿允许用户在上面创建、修改任何内容。用户可以利用"空演示文稿"创建演示文稿的具体步骤如下。

① 在"新建演示文稿"任务栏中单击"空演示文稿"链接，这时的任务栏变为"幻灯片版式"，如图 5-3 所示。

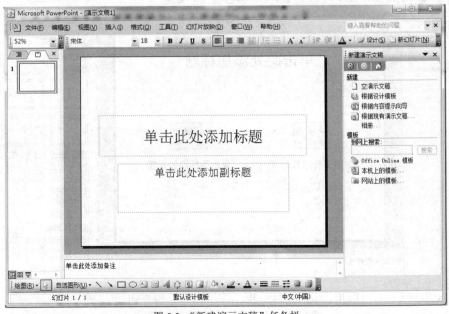

图 5-3　"新建演示文稿"任务栏

② 单击右侧窗口"新建演示文稿"任务栏中的"空演示文稿"选项，之后出现"幻灯片版式"任务窗口，如图 5-4 所示。

图 5-4 "幻灯片版式"任务窗口

③ 紧接着在"幻灯片版式"任务窗口中选择一种所需要的版式，视图区部分便会打开所对应的幻灯片，如图 5-5 所示。

图 5-5 "幻灯片版式"任务窗口选择版式

④ 根据用户所选幻灯片版式的类型，在相应的文本框中输入文字或插入声音、图片、动画等，就完成了一张幻灯片的制作。

⑤ 如果要制作多张幻灯片，可以执行"插入"→"新幻灯片"命令，即可生成新的幻灯片。

2. 使用"根据内容提示向导"创建演示文稿

对于新用户来说，可以利用"根据内容提示向导"来创建演示文稿。内容提示向导可以引导用户一步一步操作，以帮助用户创建一系列新幻灯片。新生成演示文稿内包含了预置文本，用户可以用自己所需的文本直接替换掉。

使用"根据内容提示向导"创建演示文稿的操作步骤如下。

① 在"新建演示文稿"任务栏中单击"根据内容提示向导"链接，打开"内容提示向导"对话框，如图 5-6 所示。该对话框的左侧列出了该向导的整个流程。

② 单击"下一步"按钮，"内容提示向导"对话框如图 5-7 所示。

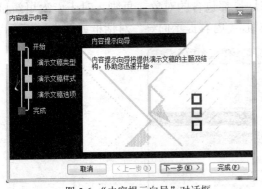

图 5-6　"内容提示向导"对话框

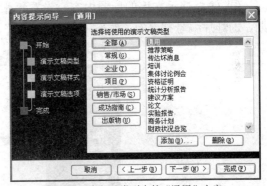

图 5-7　"全部"类型中的"通用"方案

"内容提示向导"对话框中包含了"全部"、"常规"、"企业"、"项目"、"销售/市场"、"成功指南"、"出版物"共 7 类演示文稿，其中每一类包含有自己的子类型，例如，"全部"大类中，包含了"通用"、"推荐策略"、"传达坏消息"、"培训"等。

单击"添加"按钮，可以添加演示文稿类型。如图 5-8 所示。

单击"删除"按钮可以删除演示文稿类型。

③ 选择"通用"类型，然后单击"下一步"按钮，"内容提示向导"对话框如图 5-9 所示。

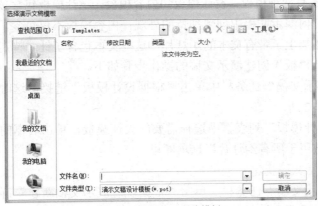

图 5-8　选择演示文稿模板

④ 选择输出类型"屏幕演示文稿"，然后单击"下一步"按钮，"内容提示向导"对话框如图 5-10 所示。

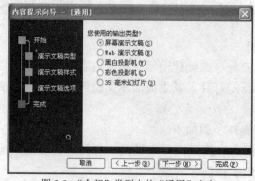

图 5-9 "全部"类型中的"通用"方案

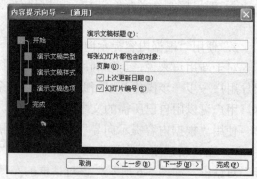

图 5-10 演示文稿选项

⑤ 输入演示文稿的标题内容，设置每张幻灯片都包含的对象：页脚，对于上次更新日期、幻灯片编号打上勾，然后单击"下一步"按钮，"内容提示向导"对话框如图 5-11 所示。

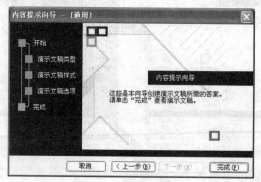

图 5-11 演示文稿完成

⑥ 单击"完成"按钮，即可完成演示文稿的制作。

3．使用"根据设计模板"创建演示文稿

模板是指预先设计了外观、标题、文本图形格式、位置、颜色以及演播动画的幻灯片的待用文档。

PowerPoint 2003 有两种模板：设计模板和内容模板，设计模板包含预定义的格式和配色方案，可以应用到任何演示文稿中创建独特的外观；内容模板不仅包含了与设计模板类似的格式和配色方案，还加上了带有文本的幻灯片，这些文本包含了针对特定主题提供的建议。

使用"根据设计模板"创建演示文稿的操作步骤如下。

① 在"新建演示文稿"任务栏中单击"根据设计模板"链接，这时的任务栏变为"幻灯片设计"，如图 5-12 所示。

② 在"应用设计模板"列表框中选择需要的设计模板，单击右侧的下三角按钮，在弹出的菜单中选择"应用于所有幻灯片"选项即可。

4．根据现有演示文稿新建

① 在"新建演示文稿"任务栏中单击"根据现有演示文稿新建"链接，打开"根据现有演示文稿新建"对话框，如图 5-13 所示。

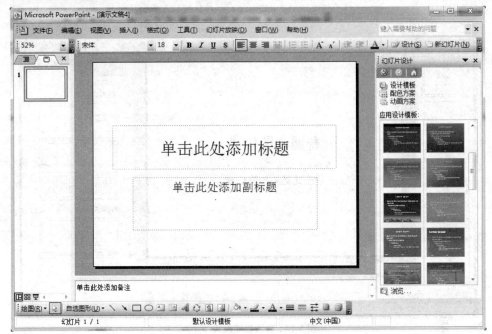

图 5-12 "设计模板"演示文稿

图 5-13 "根据现有演示文稿"新建

② 在该对话框中选择一种模板，可以是系统提供的模板，也可以是用户自定义的模板，然后单击"创建"按钮，就可以根据选择的模板进行演示文稿的设计了。

（四）PowerPoint 2003 的视图模式

PowerPoint 2003 提供多种视图模式，包括普通视图、幻灯片浏览视图、备注页视图和幻灯片放映视图，使用最多的是普通视图和幻灯片浏览视图，以下进行分别介绍。

1. 普通视图

普通视图（见图 5-14）包含 3 个窗格：大纲/幻灯片窗格（左）、幻灯片窗格（右上）和备注窗格（右下）。这些窗格使得用户可以在同一位置使用演示文稿的各种特征。拖动窗格边框可调整窗格的大小。

普通视图的大纲窗格可用来组织和创建演示文稿中的内容。可以键入演示文稿中的所有文本，然后重新排列项目符号、段落和幻灯片。

图 5-14　普通视图模式（一）

　　进入"大纲"选项卡（如图 5-15 所示），可显示出当前演示文稿的各张幻灯片标题；进入"幻灯片"选项卡（如图 5-14 所示），文稿中的所有幻灯片将以缩略图的方式，从上而下地排列在窗格中，因此，幻灯片视图是使用比较方便的视图模式，可以方便地编辑幻灯片。

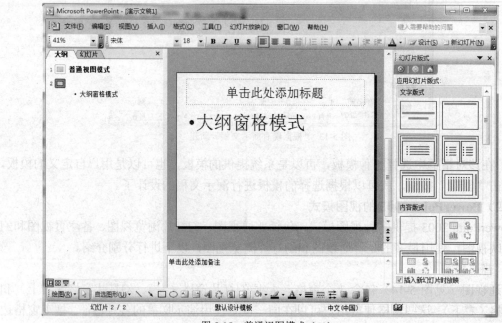

图 5-15　普通视图模式（二）

2. 幻灯片浏览视图

幻灯片浏览视图如图 5-16 所示。

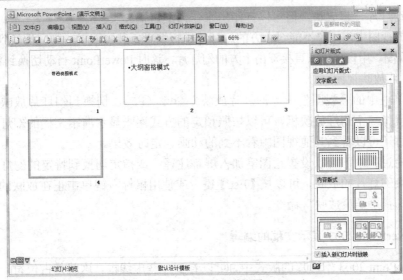

图 5-16 幻灯片浏览视图

执行菜单栏上的"视图"→"幻灯片浏览"命令,演示文稿进入幻灯片浏览视图模式,在这种模式下,可以看到演示文稿中的每一张幻灯片,都是以缩略图显示的。用户可以很容易地在幻灯片之间添加、删除、复制和移动幻灯片,也可以对幻灯片进行编辑,例如改变幻灯片的背景和配色方案,以及制作幻灯片的副本,要注意的是,在这种模式下不能编辑幻灯片中的具体内容。

3. 备注页视图

备注页视图如图 5-17 所示。

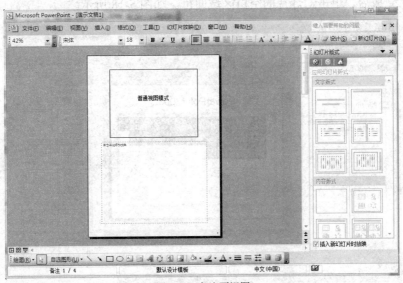

图 5-17 备注页视图

执行菜单栏中的"视图"→"备注页视图"命令,可以切换到备注页模式。备注页视图主要用来进行备注文字的编辑,也可以用图表、图片、表格等对演示文稿进行备注,供用户在演示幻灯片的过程中使用。备注页视图的画面被分为上下两个部分,上面是幻灯片区域,下面是一个文本框,这个文本框用来输入和编辑备注内容,在幻灯片放映中,这部分是被隐藏的，不与幻灯片一起放映，但可以打印出来作为演讲稿。

在备注页视图中，用户不能对上方的幻灯片进行编辑，若要编辑，则应切换到普通视图或幻灯片浏览视图。用户也可以直接双击上方的幻灯片，这时 PowerPoint 自动切换到普通视图。

4．幻灯片放映视图

执行菜单栏中的"视图"→"幻灯片放映"命令（F5），切换到幻灯片放映视图，幻灯片放映视图就像一个幻灯放映机，可以按照预定的方式逐张显示演示文稿的幻灯片，直到演示结束。同时还可以看到其他视图中看不到的动画、定时效果。

在放映的过程中，可以设置绘图笔加入屏幕注释，或指定切换到特定的幻灯片。

若要结束幻灯片的放映，可以按【Esc】键，或使用鼠标右键单击正在放映的幻灯片，在快捷菜单中选择"结束放映"命令。

二、PowerPoint 2003 演示文稿的编辑

在 PowerPoint 2003 幻灯片的版式中，可以看到一些虚线框，这就是占位符，所谓占位符就是预设了格式、字形、字号、颜色、图形位置的文本框。

（一）输入和编辑文本

1．输入文本

① 首先，新建一张空白的幻灯片，执行"插入"→"新幻灯片"菜单命令。

② 单击占位符，这时在占位符中出现文本插入点。

③ 输入文本。在输入文本的过程中，PowerPoint 会自动将超出占位符的部分转到下一行，或按【Enter】键开始新的文本行。

④ 输入完成后，单击幻灯片的空白区域即可。如图 5-18 所示。

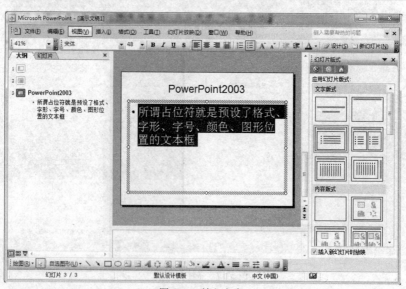

图 5-18　输入文本

若要在占位符之外添加文本，则必须首先插入文本框。

2．编辑文本字体格式

所谓"格式"工具栏就是一排按钮（见图 5-19），这些按钮的主要作用就是对文字或段落进行各种设置。当鼠标在按钮上不动时，光标旁边就显示出每个工具按钮的名字，当用户不知道按钮的作用时，可以按这种方法看看提示文字，所有的按钮都有提示文字。

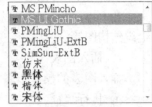

图 5-19 "格式"工具栏

选中标题文字，然后单击"格式"工具栏上"字体"列表框旁的下三角按钮，就可以看到有许多种字体可以进行选择（如图 5-20 所示），再单击"字号"列表框旁的小箭头，从下拉列表框中选择文字的字号，比如选择54，字就变大了。在 PowerPoint 中，字号都是用数字来表示的，数值越小，字符的尺寸越小，数值越大，字符的尺寸越大。数值的单位是"磅"，2.83 磅等于 1 毫米，所以 28 号字大概就是一厘米高的字。如果想自己定义字的大小，就单击一下字号列表框中

图 5-20 字体列表框

间，列表框中的内容被选中了，这时输入 50，按一下【Enter】键，文字就变成 50 号了。通过自己定义文字的大小，你可以输入任意大小的字。再单击工具栏上的"加粗"按钮 **B**，文字就加粗显示；单击"倾斜"按钮 *I*，文字变成斜体了。如果想把文字变成红色，可以用字体对话框，执行"格式"→"字体"命令，弹出"字体"对话框。

（二）幻灯片的操作

1．插入幻灯片

可以在幻灯片窗格、大纲窗格和幻灯片浏览视图中，为已存在的演示文稿插入新幻灯片，插入幻灯片可使用下列方法之一。

■ 执行"插入"→"新幻灯片"菜单命令。如图 5-21 所示。

图 5-21 插入新幻灯片

■ 执行"插入"→"幻灯片副本"菜单命令，可在当前幻灯片后插入一张和当前幻灯片相同的幻灯片。然后在副本上进行编辑、修改。

■ 在大纲窗格中，单击幻灯片标记▢（标题文字的左侧）后，按【Enter】键，可在该幻灯片前插入一张新幻灯片。

2．删除幻灯片

在大纲窗格或幻灯片浏览视图中选择了一张或多张幻灯片后，按【Del】键即可。

3．移动和复制幻灯片

移动和复制幻灯片可以使用剪贴板的方法或采用鼠标拖动的方法。

在大纲窗格中，用户还可以利用"大纲"工具栏中的工具移动幻灯片或部分标题，方法是：选择要移动的内容，单击"大纲"工具栏中的"上移"按钮或"下移"按钮。用户也可以在幻灯片浏览视图中选择若干张幻灯片，拖曳鼠标以调整幻灯片的位置。

（三）插入对象

在 PowerPoint 中可以插入多种对象，这些对象包括：图形、图片、剪贴画、图表、表格、组织结构图等。

1．插入图表

插入图表的操作步骤如下所述。

① 执行"插入"→"图表"菜单命令，出现如图 5-22 所示的编辑图表界面。该界面的上半部分是要插入的图表，下半部分是数据表中的数据示例。

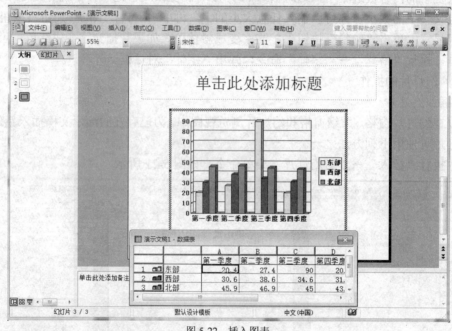

图 5-22　插入图表

② 将数据表中的数据修改成自己的数据。

③ 关闭数据表。

④ 调整图表的大小、位置。

2．插入组织结构图

插入组织结构图的操作步骤如下所述。

① 选择"插入"→"图片"→"组织结构图"菜单命令，这时幻灯片如图 5-23 所示。

② 单击该窗口中的文本框可以输入文本，也可以利用该窗口中的菜单或工具栏上的按钮插入或删除文本框、改变组织结构图的样式等。

3．插入影片和声音

可以在幻灯片上插入影片，插入影片的操作步骤如下所述。

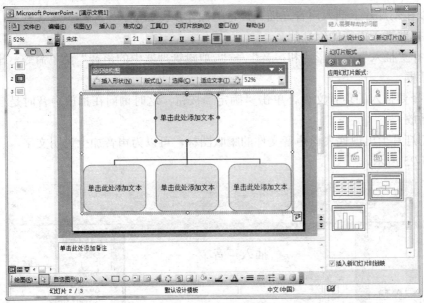

图 5-23 插入组织结构图

① 选择要插入影片的幻灯片。

② 选择"插入"→"影片和声音"→"剪辑管理器中的影片"菜单命令，出现"插入影片"对话框。

③ 选择要插入的影片文件，单击"确定"按钮，这时询问在播影片时是自动播放，还是单击时播放。

这时幻灯片上出现该影片文件的开始画面，可以为影片加上说明文字。

放映幻灯片时，单击放映画面，则放映暂停，再单击则继续放映。

如图 5-24 所示。

图 5-24 插入影片

也可以在幻灯片上插入声音，插入声音的操作步骤如下。

① 选择要插入声音的幻灯片。

② 选择"插入"→"影片和声音"→"剪辑管理器中的声音"菜单命令，出现"插入声音"对话框。

③ 选择要插入的声音文件，单击"确定"按钮，这时询问在播放声音时是自动播放还是单击时播放。

这时幻灯片上出现代表该声音文件的喇叭图标，可以为声音加上说明文字。

如图 5-25 所示。

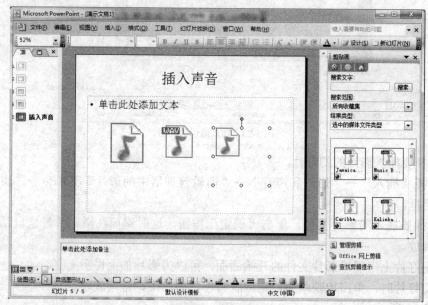

图 5-25　插入声音

（四）设置超级链接

超级链接就是指在幻灯片中增加按钮或对某些对象设置标记，以后在放映时，鼠标指针指向这些按钮或对象时会变成"手指"形指针，单击该处就能使演讲稿从当前幻灯片跳转到其他幻灯片等。

1. 插入超级链接

用户可以为幻灯片上的某个对象（文本、图形、图表、图片等）建立超链接。建立超链接的一般操作步骤如下。

① 选定要建立超链接的对象。

② 选择"插入"→"超链接"菜单命令，或单击常用工具栏上的"插入超链接"按钮，这时出现"插入超链接"对话框，如图 5-26 所示。

③ 在该对话框中进行相关设置。该对话框的"链接到"列表框中有 4 个按钮，分别用来设置：原有文件或网页、本文档中的位置、新建文档、电子邮件地址。

④ 单击"确定"按钮。

2. 编辑或删除超链接

对于已存在的超链接，可以进行编辑或删除操作，其操作步骤如下。

图 5-26 插入超级链接

① 将插入点移动到超链接对象，或选中超链接对象。

② 选择"插入"→"超链接"菜单命令，或单击常用工具栏上的"插入超链接"按钮，这时出现"编辑超链接"对话框，该对话框和"插入超链接"对话框是一样的。

③ 编辑或删除超链接即可。

（五）演示文稿的修饰

1. 母版

所谓"母版"，是一种特殊的幻灯片，她包含了幻灯片文本和页脚（如日期、时间和幻灯片编号）等占位符，这些占位符控制了幻灯片的字体、字号、颜色（包括背景色）、阴影和项目符号样式等版式要素。

幻灯片母版是存储关于模板信息的设计模板的一个元素，这些模板信息包括字形、占位符大小和位置、背景设计和配色方案。如果要修改多张幻灯片的外观，不必一张张进行修改，只需在幻灯片母版上进行一次修改即可。PowerPoint 2003 将自动更新已有的幻灯片，并对以后新添加的幻灯片应用这些更改。如果要更改文本格式，可选择占位符中的文本并进行更改。

修改母版的方法是：选择"视图"→"母版"中相应的命令（幻灯片母版、讲义母版、备注母版等）进行修改。这时母版幻灯片就会显示在窗口中，我们可以像在幻灯片窗格中编辑幻灯片一样，编辑、修改母版。修改完成后，单击"母版"工具栏上的"关闭"按钮。如图 5-27 所示。

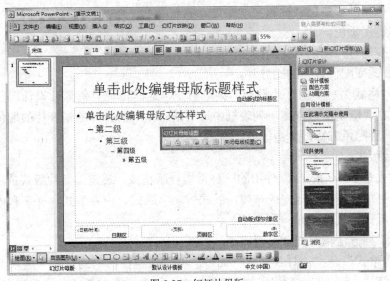

图 5-27 幻灯片母版

2．设计模板

设计模板包含配色方案、具有一定格式的幻灯片和标题母版以及字体样式，可用来创建特殊的外观。

选择"格式"→"幻灯片设计"菜单命令，打开"幻灯片设计"任务栏，如图 5-28 所示。在"应用设计模板"列表框中选择需要的设计模板，单击右侧的下三角按钮，在弹出的菜单中选择"应用于所有幻灯片"命令即可。

图 5-28　应用设计母版

3．配色方案

配色方案是预设幻灯片中的背景颜色、文本颜色、填充颜色、阴影颜色等色彩的组合。每个设计模板都有一个或多个配色方案。一个配色方案包括 8 种不同的颜色，即背景颜色、文本和线条颜色、阴影颜色、标题文本颜色、填充颜色、强调颜色和超链接文字颜色、强调文字和尾随超链接颜色。

选择或改变幻灯片配色方案的操作步骤如下。

① 选择要改变配色方案的幻灯片。

② 选择"格式"→"幻灯片设计"菜单命令，这时出现"幻灯片设计"任务栏，选择"配色方案"，在"应用配色方案"列表框中选定的就是目前打开的幻灯片的配色方案。

③ 选择一种配色方案，单击即可，如图 5-29 所示。

4．幻灯片版式

幻灯片版式是 PowerPoint 软件中的一种常规排版格式，通过幻灯片版式的应用，可以对文字、图片等更加合理简洁地完成布局，版式有文字版式、内容版式、文字和内容版式与其他版式这 4 个版式组成。

可以通过下列方法指定幻灯片版式。

① 执行"格式"→"幻灯片版式"命令。在普通视图的"幻灯片"选项卡上，选择要应用版式的幻灯片。 在"幻灯片版式"任务栏中，指向所需的版式，再单击它。

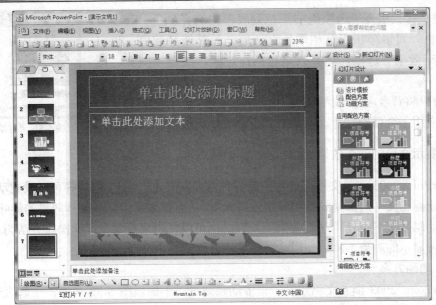

图 5-29　配色方案

② 还可以从任务栏中插入新幻灯片。指向幻灯片要使用的版式，再单击向下箭头，然后单击"插入新幻灯片"按钮，如图 5-30 所示。

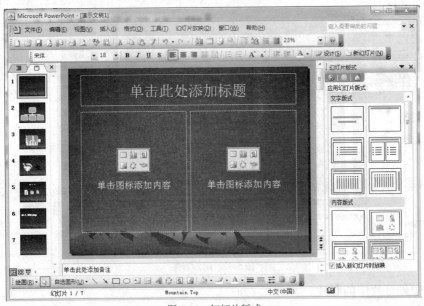

图 5-30　幻灯片版式

5. 幻灯片背景

可以通过更改幻灯片的颜色、阴影、图案或纹理来改变幻灯片的背景，也可以使用图片作为幻灯片的背景，但在一张幻灯片中只能使用一种背景类型。

添加背景的操作步骤如下所述。

① 选择需要添加背景的幻灯片。

② 选择"格式"→"背景"菜单命令，弹出"背景"对话框，如图 5-31 所示。

③ 在"背景填充"选项组的下拉列表框中选择颜色；若没有满意的颜色，可以单击"其他颜色"选项，另外选择颜色；也可选择"填充效果"选项，填充效果包括：过渡、纹理、图案、图片等。

④ 若只将背景应用于当前幻灯片，单击"应用"按钮即可；若要将背景应用于全部幻灯片，则单击"全部应用"按钮。

图 5-31 "背景"对话

三、演示文稿的动画效果

PowerPoint 2003 演示文稿幻灯片中的各种对象如文本、声音、图片等可以设置动画效果，例如可以让标题文本增加动画效果"缓慢进入"，从而提高了幻灯片整体效果的趣味性。

设置动画效果可以使用动画效果工具栏，也可以使用菜单命令。其操作方法为：首先选中需要动态显示的对象，然后使用动画效果工具栏或菜单命令。

（一）动画方案

PowerPoint 2003 演示文稿预设了很多动画效果，下面以图 5-32 为例，一起来学习如何使用这些动画方案，可按以下步骤进行。

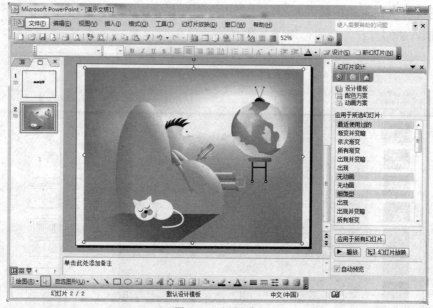

图 5-32 动画方案

① 选中幻灯片中的图片。

② 执行"幻灯片放映"→"动画方案"菜单命令，出现"幻灯片设计"任务栏，在动画方案列表框中包含大量的动画方案，单击其中一种方案如"展开"效果，在幻灯片窗格中就可以预览到实际的效果，如图 5-32 所示。

（二）自定义动画效果

在 PowerPoint 2003 中，除了内置预设的动画方案外，还可以让用户在幻灯片中设置自定义动画。自定义动画可以设置单页幻灯片中不同对象出现的动画效果和顺序，并设置每个对象播放的时间，动态地显示幻灯片中的诸元素。

选择"幻灯片放映"→"自定义动画"菜单命令，出现的"自定义动画"任务窗格如图 5-33 所示。

图 5-33　自定义动画

在幻灯片窗格中选中一个对象，在"自定义动画"任务栏中选中"添加效果"菜单中的相应效果，则设置的效果出现在下面的列表框中。该效果的开始方式、方向、速度可通过"开始"、"方向"、"速度"下拉列表框进行设置。对象按设置顺序出现在列表框中，并在前面显示编号。若要改变这些对象的顺序，首先选中对象，单击任务栏"重新排序"的上、下箭头进行顺序调整。若要查看设置的效果，单击"播放"按钮即可。对于不需要的动画效果，选中后单击"删除"按钮即可。

四、演示文稿的放映与打印

PowerPoint 2003 中制作完成的演示文稿，可以在计算机中放映，它可以直接在显示器上显示，或通过投影仪在大屏幕上显示。下面主要讲解在计算机中播放演示文稿的设置方法。

（一）设置放映方式

选择"幻灯片放映"→"设置放映方式"菜单命令，弹出的"设置放映方式"对话框如图 5-34 所示。

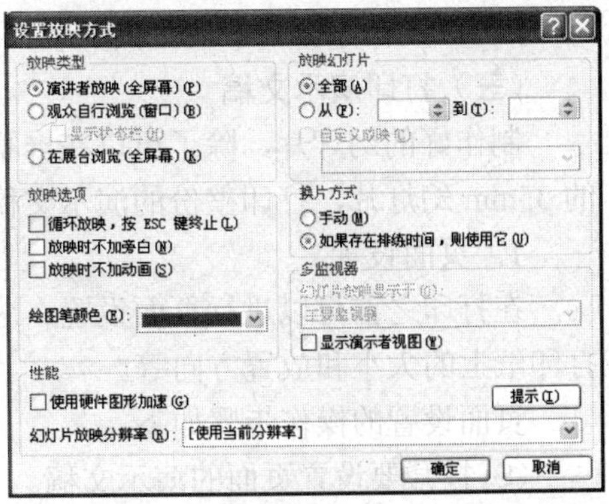

在该对话框中可以设置下列内容，例如放映类型。

在 PowerPoint 中用户可以选择 3 种不同的幻灯片放映方式。

1．演讲者放映（全屏幕）

这是常规的全屏幻灯片放映方式，通常用于演讲者亲自播放演示文稿。可以手动控制幻灯片和动画，或使用"幻灯片放映"→"排练计时"菜单命令设置时间进行放映。演讲者可以将演示文稿暂停、添加会议细节，也可以在放映的过程中录下旁白。

图 5-34　"设置放映方式"对话框

2．观众自行浏览（窗口）

用于在标准窗口中观看放映，包含自定义菜单和命令，便于观众自己浏览演示文稿。在浏览时可以对幻灯片进行移动、编辑、复制和打印等操作，可以使用滚动条从一张幻灯片移动到另一张幻灯片。

3．在展台浏览（全屏幕）

用于自动全屏放映，而且 5 分钟内若没有用户指令会重新开始。观众可以更换幻灯片，或单击超链接和动作按钮，但不能更改演示文稿。如果选择此方式，PowerPoint 会自动选中"循环放映，按【Esc】键终止"复选框。

在展会现场或会议中，如果摊位、展台或其他地点需要运行无人管理的幻灯片，可以将演示文稿设置为这种方式。

（二）幻灯片切换方式

幻灯片的切换就是在幻灯片的放映过程中，放完这一页后，这一页怎么消失，下一页怎么出来。这样做可以增加幻灯片放映的活泼性和生动性，在 PowerPoint 中可以设置换页的方式、换页时的显示效果及伴音等换页效果。

设置幻灯片切换采用下面的操作步骤。

1．选择菜单栏"幻灯片放映"→"幻灯片切换"命令，出现的"幻灯片切换"任务栏如图 5-35 所示。

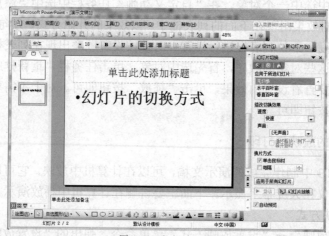

图 5-35　幻灯片切换

2．在该任务窗格中设置换页效果。

（三）打印演示文稿

制作好的幻灯片，除了可以在屏幕上放映外，还可以将其打印出来，制作成彩色或黑色的 35mm 幻灯片，打印整份的演示文稿、幻灯片、大纲、演讲者备注以及观众讲义等。

1．页面设置

在打印之前可以进行页面设置，这些设置包括幻灯片、备注页、讲义和大纲在屏幕上和打印纸上的大小和放置方向等。

页面设置的操作步骤如下。

① 打开要设置页面的演示文稿。

② 选择"文件"→"页面设置"菜单命令，弹出的"页面设置"对话框如图 5-36 所示。

③ 在该对话框中进行相应设置，包括如下内容。

a．幻灯片大小。在该下拉列表框中选择幻灯片

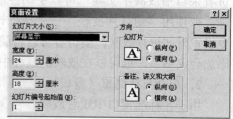

图 5-36　"页面设置"对话框

的打印尺寸，这些尺寸包括：屏幕显示、Letter 纸张、A4 纸张、35mm 幻灯片、摄影机、横幅、自定义等。当选择"自定义"选项时，可以在"宽度"和"高度"数值框中设置入幻灯片的大小。

b．幻灯片编号起始值。在此设置幻灯片编号的起始值。

c．方向。包括幻灯片的方向，备注、讲义和大纲的方向。对幻灯片来说，演示文稿中的所有幻灯片必须保持同一方向。

2．打印

打印演示文稿的操作步骤如下所述。

① 选择"文件"→"打印"菜单命令，出现的"打印"对话框如图 5-37 所示。

② 在"打印"对话框中设置打印选项，包括以下几个部分。

（a）打印机。选择要使用的本地或网络上的打印机。

（b）打印范围。可以全部打印、打印当前幻灯片、打印选定幻灯片、打印自定义放映、指定打印的幻灯片。

（c）打印内容。打印的内容包括：幻灯片、讲义、备注页、大纲视图等。

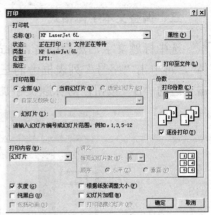

图 5-37　"打印"对话框

③ 打印选项设置好后，单击"确定"按钮开始打印。

 任务实施——计算机文化基础课件的制作

我们已经以 PowerPoint 2003 的相关知识进行了学习，接下来，通过创建计算机文化基础课件的实例，将所学知识融会贯通，学以致用。

一、启动 PowerPoint 2003

选择任务栏上面的"开始"菜单→"程序"→"Microsoft Office"→"Microsoft Office PowerPoint 2003"菜单命令，可以启动 PowerPoint 2003，如图 5-38 所示。

图 5-38　启动演示文稿

二、添加整个幻灯片的标题和副标题

在幻灯片的中间位置，在"单击此处添加标题"位置，单击鼠标左键，输入标题文本"计算机文化基础课件"；单击"单击此处添加副标题"位置，输入副标题文本"李东阳"，这里读者可以自定义名字。

三、调整文本字体格式

选中标题文字，然后单击"格式"工具栏上"字体"列表框旁的下三角按钮，选择"宋体"，再单击"字号"列表框旁的三角按钮，从下拉列表框中选择文字的字号为 60，接着单击右边的"B"按钮，对标题文字加粗，如图 5-39 所示。

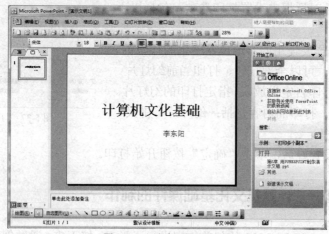

图 5-39　添加标题和副标题

四、插入新幻灯片

执行"插入"→"新幻灯片"命令，即可生成新的幻灯片。在新生成的幻灯片上"单击此处添加标题"位置，添加课件第五章内容的标题"实训五 电子演示软件 Powerpoint2003"；在"单击此处添加文本"位置，输入课件文本的内容，如图 5-40 所示。

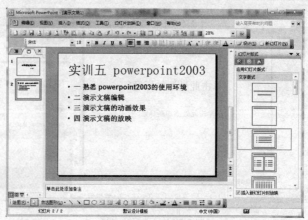

图 5-40　新幻灯片

五、改变幻灯片的应用设计模板

由于目前幻灯片呈现白色背景环境，为了使整个演示文稿取得更好的演示效果，我们进一步对幻灯片进行应用设计模板设置，步骤如下。

选择"格式"→"幻灯片设计"菜单命令，打开"幻灯片设计"任务栏，在演示文稿右侧的"应用设计模板"窗口中选择"Ocean.pot"模板，整个演示文稿的模板发生了改变，得到了很好的演示效果，如图 5-41 所示。

图 5-41　应用设计模板

六、添加自定义动画

接下来对第一张幻灯片的标题文本"计算机文化基础"进行自定义动画设置，步骤如下所述。

① 单击第一张幻灯片，选中标题文本。

② 选择菜单栏"幻灯片放映"→"自定义动画"命令，出现的"自定义动画"任务栏，执行"添加效果"→"进入"→"缓慢进入"命令，"方向"选择"自向左"，"速度"选择"中速"，如图 5-42 所示。

图 5-42　自定义动画

③ 对第二张幻灯片做自定义动画效果，方法同上，效果读者可以自己设置。

七、设置幻灯片切换效果

下面一起来设置幻灯片之间的相互切换效果，这样可以增加幻灯片放映的趣味性。设置幻灯片切换采用下面的操作步骤。

① 单击第一张幻灯片，选择菜单栏"幻灯片放映"→"幻灯片切换"命令，出现"幻灯片切换"任务栏，在右侧"应用与所选幻灯片"窗口中选择"水平百叶窗"，在下侧的"修改切换效果"中，设置修改速度为"中速"，修改声音为"风铃"，单击"播放"按钮，观察切换效果。

② 对第二张幻灯片按照上面的步骤进行设置，效果读者自定义。图 5-43 所示为播放效果。

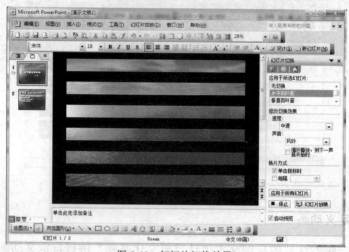

图 5-43　幻灯片切换效果

八、改变幻灯片的版式

执行"插入"→"新幻灯片"命令，生成新的幻灯片；在右侧"应用幻灯片版式"列表框中，选择一个你所需要的版式，例如单击选择"标题和两栏文本"，如图 5-44 所示。

图 5-44　幻灯片的版式

九、添加更多的幻灯片

最后按照上面的方法，添加一系列的幻灯片，输入文本内容，设置各种动画效果和幻灯片的切换效果，以最后一张幻灯片结尾，如图 5-45 所示，整个演示文稿就完成了。

图 5-45 结束

 任务小结

本章主要介绍了 PowerPoint 2003 演示文稿的创建、编辑及修饰，幻灯片的制作，幻灯片的动画设计及切换效果，演示文稿的放映及打印等到内容。

任务六

计算机网络基础知识及组建

【知识目标】

- 了解计算机网络的基础知识。
- 熟悉常见的网络设备。
- 了解计算机网络中常见的传输介质。
- 了解计算机网络的 TCP/IP。
- 掌握局域网的基本组成及其配置。
- 了解 Internet 的基础知识。

【能力目标】

- 能够熟练使用 Internet Explore 浏览器，并能够进行相关配置。
- 能够运用相关网络知识，诊断和排除网络故障。
- 能够运用网络知识组建小型局域网。

任务引入

通过本任务相关知识的学习和对网络的认识，能够选择合适的网络拓扑结构、网络传输介质及网络设备，组建小型局域网，如图 6-1 所示。

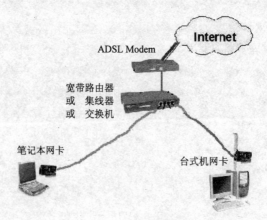

图 6-1　小型局域网

【相关知识】

一、网络基础知识

计算机网络近年来获得了飞速发展。20 年前，很少有人接触过网络。现在，利用计算机网络进行信息传送已成为通信的一个非常重要的方面。网络被运用于社会的各个层面，工商业运用网络进行商品的宣传、订购、销售等；教育机构运用网络为教师和学生提供连网图书信息的即时检索和订阅、在线培训、网上课程等服务；政府部门利用网络召开会议、为公务员提供电子政务服务等。计算机网络已遍布全球各个领域。

（一）计算机网络的形成和发展

1．计算机网络的形成

早在计算机产生之前的 1836 年和 1876 年，人们就已经开始使用电报、电话来通信了。而世界上第一台电子计算机自 1946 年问世后，在最初几年内，它和通信并没有什么关系，一直以"计算中心"的服务模式工作。1954 年，一种称作收发器（Transceiver）的终端制造出来后，人们首次使用这种终端将穿孔卡片上的数据通过电话线路传送到远方的计算机。由于当初计算机是为成批处理信息而设计的，所以当计算机在和远程终端相连时，必须在计算机上增加一个接口才行。显然，这个接口应当对计算机原来的硬件和软件的影响尽可能地小些。这样，就出现了所谓的"线路控制器"（Line Controller）。在通信线路的两端还必须各加上一个调制解调器。这是因为电话线路本来是为传送模拟的语音信号而设计的，它不适合传送计算机的数字信号。调制解调器的主要作用就是：把计算机或终端使用的数字信号与电话线路上传送的摸拟信号进行模/数或数/模转换。由于在通信线路上是串行传输，而在计算机内采用的是并行传输，因此线路控制器的主要功能是进行串行和并行传输的转换，以及简单的差错控制。计算机主要仍用于成批处理数据。随着远程终端数量的增多，为了避免一台计算机使用多个线路控制器，在 20 世纪 60 年代初期，出现了多重线路控制器（Multiline Controller）。它可和许多个远程终端相连接。这种最简单的联机系统也称为面向终端的计算机通信网，是最原始的计算机网络。这里，计算机是网络的中心和控制者，终端围绕中心计算机分布在各处，而计算机的主要任务也还是进行数据的成批处理。这种系统常称为联机系统，以区别早先使用的脱机系统。从此开始了计算机技术和通信技术相结合的历程。

在 20 世纪 50 年代中期，美国的半自动地面防空系统开始了计算机技术和通信技术相结合的尝试，在 SAGE 中把远程雷达和其他测控设备的信息经由线路汇集至一台 IBM 计算机上进行集中处理与控制。世界上公认的、最成功的第一个远程计算机网络是在 1969 年 12 月，由美国国防部（DOD）资助、国防部高级研究计划局（ARPA）主持研究建立的数据包交换计算机网络 ARPANET。ARPANET 网络利用租用的通信线路将美国加州大学洛杉矶分校、加州大学圣巴巴拉分校、斯坦福大学和犹太大学 4 个结点的计算机连接起来，构成了专门完成主机之间通信任务的通信子网。通过通信子网互连的主机负责运行用户程序，向用户提供资源共享服务，它们构成了资源子网。该网络采用分组交换技术传送信息，这种技术能够保证如果这 4 所大学之间的某一条通信线路因某种原因被切断以后，信息仍能够通过其他线路在各主机之间传递。当时不会有人预测到，时隔二十多年后，计算机网络在现代信息社会中扮演了如此重要的角色。ARPANET 网络已从最初的 4 个结点发展为横跨全世界一百多个国家和地区、挂接有几万个网络、几百万台计算机、几亿用户的因特网（Internet），也可以说

Internet 全球互联网络的前身就是 ARPANET 网络。Internet 是当前世界上最大的国际性计算机互联网络，而且还在不断地迅速发展之中。

2．计算机网络的发展

纵观计算机网络的发展历史可以发现，它和其他事物的发展一样，也经历了从简单到复杂，从低级到高级的过程。在这一过程中，计算机技术与通信技术紧密结合，相互促进，共同发展，最终产生了计算机网络。总体看来，网络的发展可以分为 4 个阶段。

（1）面向终端的计算机通信网。1954 年，人们开始使用收发器（Transceiver）、线路控制器（Line Controller）、调制解调器（Modem）电话线与计算机相连组成面向终端的计算机通信网。

当人们发现可以利用电话线使远程计算机做数据处理时，计算机的用户数量就迅速增长。但是，每当需要增加一个新的远程终端时，上述的这种线路控制器就要进行许多硬件和软件的改动，以便和新加入的终端的字符集和传输速率等特性相适应。然而，这种线路控制器对主机造成了相当大的额外开销。人们终于认识到应当有另一种不同硬件结构的设备来完成数据通信的任务。这就导致了具有较多智能的通信处理机的出现。通信处理机也称为前端处理机（Front End Processor，FEP）负责完成全部的通信任务，而让主机（即原来的计算机）专门进行数据的处理。这样就大大地提高了主机进行数据处理的效率。

图 6-2 所示为用一个前端处理机与多个远程终端相连的情况。由于可采用较便宜的小型计算机充当大型计算机的前端处理机，因此这种面向终端的计算机通信网就获得了很大的发展。一直到现在，大型计算机组成的网络仍使用前端处理机，而对于目前接入局域网的个人计算机，其使用的接口网卡在原理上就相当于这种前端处理机。

（2）分组交换网。要实现计算机之间的通信，就必须在用户之间建立线路联系，在所有用户之间架设直达的专用线路，线路投资太大而且没有必要。我们可以利用交换技术来解决这个问题。

从通信资源的分配角度来看，"交换"就是按照某种方式动态地分配传输线路的资源。电路交换（Circuit Switching）技术很好地解决了电话用户之间通话电路的建立问题。电路交换是在通话之前，通过用户的呼叫（即拨号），由网络预先给用户分配传输带宽（这里指的是广义的带宽，即将时分制的时隙宽度也称为带宽）。用户若呼叫成功，则从主叫端到被叫端就建立了一条物理通路。此后双方才能互相通话。通话完毕挂机后即自动释放这条物理通路。电路交换的关键点就是：在通话的全部时间内，用户始终占用端到端的固定传输带宽。图 6-3 所示为电路交换的示意图。应当注意的是，用户线归电话用户专用，而对交换机之间拥有大量话路的中继线，则通话的用户只占用了其中的一个通路。

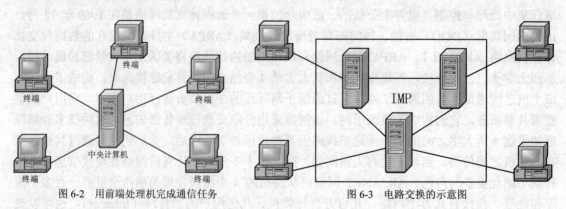

图 6-2　用前端处理机完成通信任务　　　　图 6-3　电路交换的示意图

但是必须认识到，由于计算机的数字信号是不连续的，具有突发性和间歇性，利用电路交换传送这种信号真正占用线路的时间很少，往往不到 10%，在绝大部分时间里，通信线路实际上是空闲的，用户却必须对所有的占用时间付费；电路交换建立通路的时间为 10～20s，对于传输速率在 ms 数量级的计算机数据来说太长；电路交换很难适应不同类型、规格的终端和计算机之间的通信，适用性太差；并且，电路交换难以做到在传送过程中进行差错控制，难以保证可靠性。所以，电路交换虽然是一种很好的思路，但其本身并不适合作为计算机网络的交换技术。

1964 年 8 月，巴兰（Baran）首先提出分组交换（Packet Switching）的概念。分组交换也称为包交换，它是现代计算机网络的技术基础。1969 年 12 月，美国的分组交换网 ARPA Net 投入运行。

图 6-4 所示为分组交换网的示意图，图中虚线内部的通信结点（结点交换机）和连接这些结点的链路组成通信子网，虚线框外部，都是一些独立的并且可以进行通信的计算机，称为主机，计算机可接一个或多个终端，并通过它与网络进行联系。主机和终端则处于网络的外围，构成用户资源子网。在当主机要向其他主机发送数据时，首先将数据划分为一系列等长的分组，同时附上一些有关信息（目的地址等），然后将这些分组依次发往与其相连的结点。网内通信链路并不被目前通信的双方所占用，只有当分组正在该链路上传送时才被占用，在各分组传送的空闲时间，仍可用于传送其他主机发送的分组。

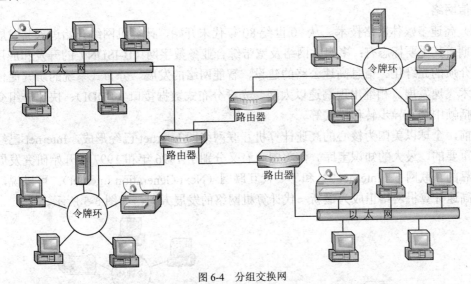

图 6-4　分组交换网

结点收到分组后，先将收到的分组存入缓冲区，再根据分组携带的地址信息按一定的路由算法，确定将该分组发往哪个结点。一个分组交换网只要不超过网络容量，能允许很多主机同时进行通信。

各结点交换机的主要作用是负责分组的存储、转发及路由选择。存储、转发、分组交换技术，实质上采用的策略是动态分配传输通道，因此非常适合传输突发式的计算机数据，降低了用户的使用费用，极大地提高了通信线路的利用率。每个结点均有智能，可根据情况决定路由和对数据进行处理，使交换具有较高的灵活性。具有完善的网络协议和分布式多路由的通信子网，提高了线路的可靠性。

ARPA NET 的试验成功，使计算机网络由以单个主机为中心的面向终端的计算机网转变为以通信子网为中心的分组交换网。用户不仅共享通信子网的资源，还可共享资源子网的硬件和软件资源。这种以通信子网为中心的计算机网络通常称为第二代计算机网络。

分组交换网可以是专用的，也可以是公用的，今天著名的全球性网络 Internet 就是在此基础上形成的。我国公用分组交换网（CNPAC）于 1989 年 11 月建成。

（3）计算机网络的体系结构的形成。计算机网络是一个非常复杂的系统，需要解决的问题很多，并且性质各不相同。所以，在 ARPANET 设计时，就提出了"分层"的思想，即将庞大而复杂的问题分为若干较小的易于处理的局部问题。1974 年美国 IBM 公司按照分层的方法制定了系统网络体系结构（System Network Architecture，SNA）。现在 SNA 已成为世界上较广泛使用的一种网络体系结构。

一开始，各个公司都有自己的网络体系结构，就使得各公司自己生产的各种设备容易互连成网，有助于该公司垄断自己的产品。但是，随着社会的发展，不同网络体系结构的用户迫切要求能互相交换信息。为了使不同体系结构的计算机网络都能互连，国际标准化组织 ISO于 1997 年成立专门机构研究这个问题。1978 年 ISO 提出了"异种机连网标准"的框架结构，这就是著名的开放系统互联参考模型（OSI）。

OSI 得到了国际上的承认，成为其他各种计算机网络体系结构依照的标准，大大地推动了计算机网络的发展。20 世纪 70 年代末到 80 年代初，出现了利用人造通信卫星进行中继的国际通信网络。

（4）高速多媒体网络技术。从 20 世纪 80 年代末开始，计算机网络开始进入其发展的第四代时期，其主要标志有：多媒体网络及宽带综合业务数字网（B-ISDN）的开发和应用、网络传输介质的光纤化、信息高速公路的建设、智能网络的发展。分布式系统的研究促使高速网络技术飞速发展，相继出现高速以太网、光纤分布式数据接口（FDDI）、快速分组交换技术，包括帧中继、异步转移模式等。

目前，全球以美国为核心的高速计算机互联网络即 Internet 已经形成，Internet 已经成为人类最重要的、最大的知识宝库。而美国政府又分别于 1996 年和 1997 年开始研究发展更加快速可靠的互联网 2（Internet 2）和下一代互联网（Next Generation Internet）。可以说，网络互连和高速计算机网络正成为最新一代计算机网络的发展方向，如图 6-5 所示。

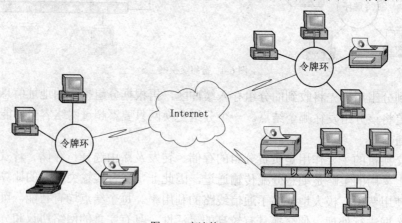

图 6-5　高速的 Internet

（二）计算机网络的定义和分类

1. 计算机网络的定义

计算机网络是将不同地理位置的、相对独立的多个计算机系统通过通信设备和传输介质连接起来，配以一定的系统软件和协议，实现资源共享和信息通信系统。

"地理位置不同"是一个相对的概念，可以小到一个房间内，也可以大至全球范围内。"功能独立"是指在网络中计算机都是独立的，没有主从关系， 一台计算机不能启动、停止或控制另一台计算机的运行。"通信线路"是指通信介质，它既可以是有线的（如同轴电缆、双绞线、光纤等），也可以是无线的（如微波、通信卫星等）。"通信设备"是在计算机和通信线路之间按照通信协议传输数据的设备。"拓扑结构"是指通信线路连接的方式。"资源共享"是指在网络中的每一台计算机都可以使用系统中的硬件、软件、数据等资源。

2．计算机网络的分类

计算机网络可按网络覆盖的地理范围、网络的拓扑结构、互连介质、传送速率、网络的通信协议、网络的应用目的等多种方法进行分类。

（1）按地理范围。

① 局域网（Local Area Network，LAN）是指范围在几百米到十几公里内办公楼群或校园内的计算机相互连接所构成的计算机网络，如图 6-6 所示。计算机局域网被广泛应用于连接校园、工厂以及机关的个人计算机或工作站，以利于个人计算机或工作站之间共享资源（如打印机）和数据通信。局域网中经常使用共享信道，即所有的机器都接在同一条电缆上。传统局域网具有高数据传输率（10 Mbit/s 或 100 Mbit/s）、低延迟和低误码率的特点。新型局域网的数据传输率可达每秒千兆位甚至更高。

② 城域网（Metropolitan Area Network，MAN），它与局域网相比规模要大一些，通常覆盖一个地区或一个城市，地域范围为几十公里到上百公里，既可以是专用网，也可以是公用网。城域网既可以支持数据和语音传输，也可以与有线电视相连，如图 6-7 所示。城域网一般只包含一到两根电缆，没有交换设备，因而其设计就比较简单。

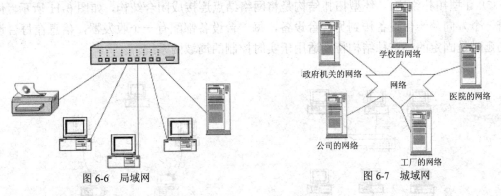

图 6-6 局域网　　　　　　　　　　图 6-7 城域网

③ 广域网（Wide Area Network，WAN）也叫远程网（Remote Computer Network，RCN），它的作用范围最大，一般可以从几十公里至几万公里。一个国家或国际间建立的网络都是广域网。在广域网内，用于通信的传输装置和传输介质可由电信部门提供，如图 6-8 所示。目前，世界上最大的广域网是 Internet。

（2）拓扑结构。计算机网络的物理连接形式叫做网络的物理拓扑结构。连接在网络上的计算机、大容量的外存、高速打印机等设备均可看作是网络上的一个结点，也称为工作站。计算机网络中常用的拓扑结构有总线型、星型、环型等。

① 总线拓扑结构。总线拓扑结构是一种共享通路的物理结构。这种结构中总线具有信息的双向传输功能，普遍用于局域网的连接，总线一般采用同轴电缆或双绞线，如图 6-9 所示。

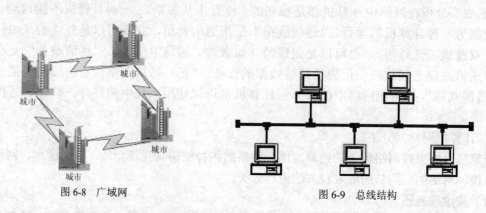

图 6-8　广域网　　　　　　　　　　　　　　　图 6-9　总线结构

总线拓扑结构的优点是网络结构简单灵活，易于扩充；可靠性高，单个结点失效不影响整个网络的正常通信；网络相应速度快，共享资源能力强，便于广播式工作；设备量少，价格低，安装方便。缺点是故障诊断和隔离困难，如果总线一断，则整个网络或者相应主干网段将会瘫痪。

② 星型拓扑结构。　星型拓扑结构是一种以中央结点为中心，把若干外围结点连接起来的辐射式互连结构，如图 6-10 所示。这种结构适用于局域网，特别是近年来连接的局域网大都采用这种连接方式。这种连接方式以双绞线或同轴电缆作连接线路。

星型拓扑结构的特点是：结构简单，便于管理，便于控制，便于建网；网络延迟时间较小，传输误差较低；由于采用中央结点与各结点连接，所以组网成本高、资源共享差，通信线路利用率低。中心结点要求要高，其结构复杂，负担重。

③ 环型拓扑结构。　环型拓扑结构是将网络结点连接成闭合结构，如图 6-11 所示。信号顺着一个方向从一台设备传到另一台设备，每一台设备都配有一个收发器，信息在每台设备上的延时是固定的。这种结构特别适用于实时控制的局域网系统。

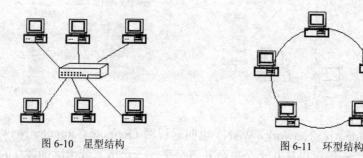

图 6-10　星型结构　　　　　　　　　　　　　　图 6-11　环型结构

环型拓扑结构的特点是：安装容易，费用较低，电缆故障容易查找和排除。有些网络系统为了提高通信效率和可靠性，采用了双环结构，即在原有的单环上再套一个环，使每个结点都具有两个接收通道。环型网络的弱点是，当结点发生故障时，整个网络就不能正常工作。

（3）网络传输介质。传输介质是指数据传输系统中发送装置和接收装置间的物理媒体，按其物理形态可以划分为有线和无线两大类。

① 有线网。传输介质采用有线介质连接的网络称为有线网，常用的有线传输介质有双绞线、同轴电缆和光纤。

② 无线网。采用无线介质连接的网络称为无线网。目前无线网主要采用 3 种技术：微波通信，红外线通信和激光通信。这 3 种技术都是以大气为介质的。其中微波通信用途最广，目前的卫星网就是一种特殊形式的微波通信，它利用地球同步卫星作中继站来转发微波信号，一个同步卫星可以覆盖地球的三分之一以上表面，3 个同步卫星就可以覆盖地球上全部通信区域。

（三）网络的功能

计算机网络的主要功能是数据通信、资源共享和分布式处理。

1．数据通信

数据通信是计算机网络最基本的功能。它用来快速传送计算机与终端、计算机与计算机之间的各种信息，包括文字信息、新闻消息、咨询信息、图片资料、报纸版面等。利用这一特点，可实现将分散在各个地区的单位或部门用计算机网络联系起来，进行统一的调配、控制和管理。

2．资源共享

在计算机网络中，有许多昂贵的资源，如大型数据库、巨型计算机等，并非为每一用户所拥有，所以必须实行资源共享。资源共享包括硬件资源的共享，如打印机、大容量磁盘等；也包括软件资源的共享，如程序、数据等。资源共享的结果是避免重复投资和劳动，从而提高了资源的利用率，使系统的整体性能价格比得到改善。

3．分布式处理

一项复杂的任务可以划分成许多部分，由网络内各计算机分别协作并行完成有关部分，使整个系统的性能大为增强。

计算机网络自 20 世纪 60 年代末诞生以来，仅 20 多年时间，即以异常迅猛的速度发展起来，被越来越广泛地应用于政治、经济、军事、生产、科学技术的各个领域。目前，IP 电话、网上寻呼、网络实时交谈和 E-mail 已成为人们重要的通信手段。视频点播（VOD）、网络游戏、网上教学、网上书店、网上购物、网上订票、网上电视直播、网上医院、网上证券交易、虚拟现实以及电子商务正逐渐走进普通百姓的生活、学习和工作当中。在未来，谁拥有"信息资源"，谁能有效使用"信息资源"，谁就能在各种竞争中占据主导地位。随着网络技术的不断发展，各种网络应用将层出不穷，并将逐渐深入到社会的各个领域及人们的日常生活当中，改变着人们的工作、学习和生活乃至思维方式。

二、Internet 基础知识

（一）Internet 介绍

1．Internet 形成

两台或者两台以上的计算机通过某种方式连在一起，这就形成了一个计算机网络。那么如果两个或者两个以上的网络通过某种方式连接在一起，形成的又是什么呢？这样的网络我们称之为互联网。采用 TCP/IP 进行通信的全球最大的互联网，就是因特网（Internet），又叫国际互联网，英文是 Internet。它最早是美国国防部为支持国防研究项目而在 1960 年建立的一个试验网。它把许多大学和研究机构的计算机连接到一起，这样，研究人员就可以通过这个试验网随时进行交流，而不必再频繁地聚在一起开会讨论问题了。同时，由于各地的数据、程序和信息能够在网上实现资源共享，从而最大限度地发挥各地资源，这无疑极大地提高了工作效率，也大大降低了工作成本。

Internet 发展到 20 世纪 70 年代末，计算机远距离通信需求开始实现，于是针对性的研究开始实施，并最终在技术上得以实现，越来越多的、更广范围的计算机可以连接在一起，让人们充分体验到这一全新通信方式的优点。

1983 年，Internet 已开始从实验型向实用型转变。随着对商业化使用政策的放宽，Internet 已经不仅仅局限于信息的传递，网上信息服务也出现了。许多机构、公司、个人将搜集到的信息放到 Internet 上，提供信息查询和信息浏览服务。人们把提供信息来源的地方称为"网站"，即 Internet 上的信息站点。凡是连入 Internet 的用户，无论在世界任何地方、任何时刻，都可以从网站上获取所需的信息和服务。可以说，此时的 Internet 才真正发挥出它的巨大作用，也正是从这时起，Internet 吸引了越来越多的机构、团体和用户，这个网也随之越来越庞大了。

Internet 的发展进入 20 世纪 90 年代，日益加快的现代社会的节奏，伴随着高性能的计算机走进普通家庭，Internet 也进入了飞速发展时期。目前，全世界已有两亿多用户接入 Internet。

2．Internet 的发展

Internet 的发展可分为 3 个阶段，如表 6-1 所示。

表 6-1　　　　　　　　　　　　　　Internet 的发展

起源阶段	时间	相关信息
Internet 的形成阶段	1969 年，美国国防部研究计划管理局（ARPA）开始建立一个命名为 ARPANET 的网络，当时建立这个网络的目的只是为了将美国的几个军事及研究用计算机主机连接起来，人们普遍认为这就是 Internet 的雏形	发展 Internet 时沿用了 ARPANET 的技术和协议，而且在 Internet 正式形成之前，已经建立了以 ARPANET 为主的国际网，这种网络之间的连接模式，也是随后 Internet 所用的模式
Internet 的发展阶段	美国国家科学基金会（NFS）在 1985 开始建立 NSFNET。NSF 规划建立了 15 个超级计算中心及国家教育科研网，用于支持科研和教育的全国性规模的计算机网络 NFSnet，并以此作为基础，实现同其他网络的连接	NSFNET 成为 Internet 上主要用于科研和教育的主干部分，代替了 ARPANET 的骨干地位。1989 年 MILNET（由 ARPANET 分离出来）实现和 NSFNET 连接后，就开始采用 Internet 这个名称。从此以后，其他部门的计算机网相继并入 Internet，ARPANET 宣告解散
Internet 的商业化阶段	20 世纪 90 年代初，商业机构开始进入 Internet，使 Internet 开始了商业化的新进程，也成为 Internet 大发展的强大推动力。1995 年，NSFNET 停止运作，Internet 已彻底商业化了	这种把不同网络连接在一起的技术的出现，使计算机网络的发展进入一个新的时期，形成由网络实体相互连接而构成的超级计算机网络，人们把这种网络形态称为 Internet（互联网）

（二）Internet 在中国的发展

中国是加入 Internet 的第 71 个国家。1994 年中国国家计算机网络设施（The National Computing and Networking Facility of China，NCFC）与 Internet 接通。目前我国与 Internet 互

连的 4 个主干网络如下。

1. 中国教育科研网

简称 CERNET，由教育部主管。它由国家网络中心、地区子网和校园网 3 个层次构成。国家网络中心设在清华大学，地区子网中心分别设在上海交通大学、西安交通大学、成都电子科技大学等 6 所学校。如陕西的高等院校要连接到 Internet，首先要把自己的校园网连接到西安交通大学的地区子网上，然后才能通过 CERNET 与 Internet 连接。

2. 中国科学技术网

简称 CASNET，由中国科学院网络中心主管。

3. 中国公用计算机互联网

简称 CHINANET，由中国电信主管。它是连接几大网络的骨干网。

4. 金桥网

金桥网简称 GBNET，由吉通公司主管。

截至 2008 年 6 月底，我国上网计算机数约 8570 万台；上网用户人数为 2.53 亿人；cn 下注册的域名总数为 1190 万个，WWW 站点数（包括.cn、.com、.net、.org 下的网站）约 191.9 万个，我国国际线路的总容量为 493729MB（资料来源：2008 年 7 月，中国互联网中心《中国互联网络发展统计报告》）。

（三）**Internet 协议**

1. Internet 协议介绍

TCP/IP 由 TCP（Transmission Control Protocol，传送控制协议）和 IP（Internet Protocol，网际协议）组合而成，实际是一组工业标准协议，TCP 和 IP 是其中主要的两个协议。TCP/IP 最初为 ARPANET 网络设计，现已成为全球性 Internet 所采用的主要协议。TCP/IP 的特点主要有：标准化，几乎任何网络软件或设备都能在该协议上运行；可路由性，这使得用户可以将多个局域网连成一个大型互连网络。

IP 的作用是保证将信息从一个地址传送到另一个地址，但不能保证传送的正确性，它对应于 OSI 7 层协议的网络层；TCP 则用来保证传送的正确性，对应于 OSI 7 层协议的传输层。

在 Internet 运行机制内部，信息的传输不是以恒定的方式进行的，而是把数据分解成较小的数据包。比如传送一个很长的信息给网上另一端的接收者，TCP 负责把这个信息分解成许多个数据包，每一个数据包用一个序号和接收地址来设定，其中还加入一些纠错信息；IP 则将数据包传给网络，负责把数据传到另一端，在另一端，TCP 接收到一个数据包，即检查错误，若检测有误，TCP 会要求重发这个特定的数据包，在所有的属于这个信息的数据包都被正确地接收后，TCP 用序号来重构原始信息，完成整个传输过程。

TCP/IP 把 Internet 网络系统描述成具有 4 层（按从低到高的顺序）功能的网络模型。

第一层：网络接口层，其功能是提供网络相邻结点间的信息传输及网络硬件和设备的驱动。

第二层：网络层，遵守 IP，负责计算机之间的通信，处理来自传输层的分组发送请求，首次检查其合法，将数据报文发往适当的网络接口，进行寻址转发、流量控制、拥挤阻塞等工作。

第三层：传输层，遵守 TCP，提供应用程序间（即端到端）的通信，其功能是利用网络层传输格式化的信息流，提供连接的服务。它对发送的信息进行数据包分解，保证可靠性传送并按序组合。

第四层：应用层，位于 TCP/IP 的最高层，它提供一些常用的应用程序，如电子邮件（SMTP）服务、文件传输（FTP）服务、Telnet 服务等。

2．IP 地址

Internet 上的每台主机（Host）都有一个唯一的 IP 地址。Internet 利用这个地址负责在主机之间传递信息，这是 Internet 能够运行的基础。目前使用的 IP 地址的长度为 32 位，分为 4 段，每段 8 位，用二进制表示，如 11010010 00011100 11011000 00000101。但这种表示方法不论是阅读、书写，还是记忆都很困难。通常使用时用十进制计数法表示，每段用 0～255 之间的数字表示，段与段之间用句点分割，如 210.28.216.5，这种方法称为"点分十进制表示法"。

IP 地址通常被分为 A、B、C、D、E 5 类，这种分类法与 IP 地址中字节的使用方法相关。在实际应用中，可以根据具体情况选择使用 IP 地址的类型或格式。

① A 类 IP 地址。一个 A 类 IP 地址由 1 字节的网络地址和 3 字节主机地址组成，网络地址的最高位必须是"0"，地址范围是 1.0.0.1～126.255.255.254（二进制表示为：00000001 00000000 00000000 00000001～01111110 11111111 11111111 11111110）。可用的 A 类网络有 126 个，每个网络能容纳 1600 多万个主机。

② B 类 IP 地址。一个 B 类 IP 地址由 2 个字节的网络地址和 2 个字节的主机地址组成，网络地址的最高位必须是"10"，地址范围是 128.1.0.1～191.254.255.254（二进制表示为：10000000 00000001 00000000 00000001～10111111 11111110 11111111 11111110）。可用的 B 类网络有 16382 个，每个网络能容纳 6 万多个主机。

③ C 类 IP 地址。 一个 C 类 IP 地址由 3 字节的网络地址和 1 字节的主机地址组成，网络地址的最高位必须是"110"。范围是 192.0.1.1～223.255.254.254（二进制表示为：11000000 00000000 00000001 00000001～11011111 11111111 11111110 11111110）。C 类网络可达 209 万余个，每个网络能容纳 254 个主机。

④ D 类地址用于多点广播（Multicast）。D 类 IP 地址第一个字节以"1110"开始，它是一个专门保留的地址。它并不指向特定的网络，目前这一类地址被用在多点广播（Multicast）中。多点广播地址用来一次寻址一组计算机，它标识共享同一协议的一组计算机。

地址范围是 224.0.0.1～239.255.255.254。

⑤ E 类 IP 地址。以"11110"开始，为将来使用保留。

全零（"0.0.0.0"）地址对应于当前主机。全"1"的 IP 地址（"255.255.255.255"）是当前子网的广播地址。

3．子网掩码

为了提高 IP 地址的使用效率，引入了子网的概念。将一个网络划分为子网：采用借位的方式，从主机位最高位开始借位变为新的子网位，所剩余的部分则仍为主机位。这使得 IP 地址的结构分为三级地址结构：网络位、子网位和主机位。这种层次结构便于 IP 地址分配和管理。它的使用关键在于选择合适的层次结构——如何既能适应各种现实的物理网络规模，又能充分地利用 IP 地址空间（即：从何处分隔子网号和主机号）。

简单来说，掩码用于说明子网域在一个 IP 地址中的位置。子网掩码主要用于说明如何进行子网的划分。掩码是由 32 位组成的，很像 IP 地址。对于 A、B、C 3 类 IP 地址来说，有一些自然的默认的固定掩码。

（四）域名系统

1. 域名

很显然，记住 IP 地址是件极其痛苦的事情，哪怕已经由二进制表示法改进为十进制表示法。为了进一步方便记忆，人们使用另外一种给计算机主机编号的方法。也就是用文字 IP 地址来代替数字 IP 地址，以标识网络上的不同计算机。在这种方法下，连入 Internet 的每一台计算机所得到的新的名字叫"域名"。这就是我们所熟悉的 www.sina.com.cn 这样的文字组合。

2. 域名结构

Internet 域名采用层次树状结构的命名方法，域名由两个或两个以上的词构成，中间由点号分隔开。最右边的那个词称为顶级域名。

Internet 上的域名，从域名的结构来划分，可分成两类，一类称为"国际顶级域名"（简称"国际域名"），一类称为"国内域名"。

国际域名的最后一个后缀是一些诸如.com、.net、.gov、.edu 的"国际通用域"，这些不同的后缀分别代表了不同的机构性质。常见的国际域名如表 6-2 所示。

国内域名的后缀通常要包括"国际通用域"和"国家域"两部分，而且要以"国家域"作为最后一个后缀。以 ISO31660 为规范，各个国家都有自己固定的国家域，如表 6-3 所示。

表 6-2　　　国际域名

域名	意义
com	商业组织
edu	教育部门
gov	政府部门
mil	军事部门
net	主要网络支持中心
org	上述以外的机构
int	国际组织

表 6-3　　　国内域名

国家代码	国　家
ca	加拿大
cn	中国
de	德国
fr	法国
jp	日本

（五）Internet 服务

1. WWW 和 URL

1991 年 CERN（欧洲粒子物理研究所）的科学家 Tim Berners-Lee 发现，随着研究的发展，研究所里文件不断更新，人员流动很大，很难找到最新的资料。他借用了 20 世纪 50 年代出现的"超文本"概念提出了一个建议：用服务器维护一个目录，目录的链接指向每个人的文件；每个人维护自己的文件，保证别人访问的时候总是最新的文档。由此他提出了万维网（World Wide Web）的概念。在 Internet 上超文本互相链接连结，就形成纵横交错的万维网。

WWW 通常简称为 Web，是许多台 Internet 服务器的集合，是一种组织和格式化分散在这些服务器上的数据方法。在客户端，访问 Web 需要 TCP/IP、唯一的 IP 地址、到 Internet 的连接，以及 Web 浏览器。在服务器端，Web 站点需要 TCP/IP、到 DNS 服务器的连接、路由器、Web 服务器软件，以及到 Internet 的连接。Web 站点还必须有一个被认可并注册过的域名，这样浏览器才能找到它。

每一个 Web 页都有自己的 URL（统一资源定位器），用户使用 Web 浏览器就可以通过 URL 查找相应的 Web 页内容。Web 浏览器就是能够解释 Web 格式编排代码、并在用户计算机屏幕上显示文本和图像的程序。从 1994 年发布第一个 Web 浏览器 Mosaic 开始，浏览器和格式化代码已经经历了突飞猛进的发展过程。例如，Web 页面变得更加复杂了，第一个浏览器程序无法显示色彩和动画，而如今的浏览器都能够轻松地实现这些功能。

URL 是 Web 页的地址，它从左到右由下述部分组成。

① Internet 资源类型（scheme）：指出 Web 客户程序用来操作的工具。如 "http://" 表示 Web 服务器，"ftp：//" 表示 FTP 服务器，而 "new：" 表示 Newgroup 新闻组。

② 服务器地址（host）：指出 Web 页所在的服务器域名。

③ 端口（port）：有时对某些资源的访问来说，需要为相应的服务器提供端口号。

④ 路径（path）：指明服务器上某资源的位置（其格式与 DOS 系统中的格式一样，通常由目录/子目录/文件名这样的结构组成）。与端口一样，路径并非总是必需的。

URL 地址格式排列为：scheme://host:port/path，例如 http://www.sina.com.cn 就是一个 URL 地址。

2．E-mail

电子邮件（E-mail）是 Internet 中目前使用最频繁、最广泛的服务之一，利用电子邮件不仅可以传送文本信息，还可以传送声音、图像等。它对网络连接及协议结构要求较低，这往往使它在网络的各种服务功能中是可以首先开通的业务。用户也可以以较简单的终端方式来实现这一功能。

邮件服务器有两种服务类型：发送邮件服务器（SMTP 服务器）和接收邮件服务器（POP3 服务器）。发送邮件服务器采用 SMTP（Simple Mail Transfer Protocol），其作用是将用户的电子邮件转交到收件人邮件服务器中。接收邮件服务器采用 POP3（Post Office Protocol），用于将发送的电子邮件暂时寄存在接收邮件服务器里，等待接收者从服务器上将邮件取走。E-mail 地址中 "@" 后的字符串就是一个 POP3 服务器名称。

很多电子邮件服务器既有发送邮件的功能，又有接收邮件的功能，这时 SMTP 服务器和 POP3 服务器的名称是相同的。

3．FTP

FTP 是文件传输的最主要工具。它可以传输任何格式的数据。用 FTP 可以访问 Internet 的各种 FTP 服务器。访问 FTP 服务器有两种方式：一种访问是注册用户登录到服务器系统，另一种访问是用 "隐名"（anonymous）进入服务器。

Internet 网上有许多公用的免费软件，允许用户无偿转让、复制、使用和修改。这些公用的免费软件种类繁多，从多媒体文件到普通的文本文件，从大型的 Internet 软件包到小型的应用软件和游戏软件，应有尽有。充分利用这些软件资源，能大大节省软件编制时间，提高效率。 用户要获取 Internet 上的免费软件，可以利用文件传输服务（FTP）这个工具。FTP 是一种实时的联机服务功能，它支持将一台计算机上的文件传到另一台计算机上。工作时用户必须先登录到 FTP 服务器上。使用 FTP 几乎可以传送任何类型的文件，如文本文件、二进制可执行文件、图形文件、图像文件、声音文件、数据压缩文件等。

由于现在越来越多的政府机构、公司、大学、科研机构将大量的信息以公开的文件形式存放在 Internet 中，因此，使用 FTP 几乎可以获取任何领域的信息。

常见的 FTP 软件有 FlashFXP、CuteFTP、LeapFTP 和 FlashGET。

4. BBS

BBS（Bulletin Board System）是网络用户交换信息的地方。在这里，网络用户可以自由地发表意见，可以聊天，也可以讨论。这些都是在线和实时的。目前有许多专题讨论区和聊天室，用户可以根据自己的喜好选择参加。如喜欢足球的用户可以参加足球专题的讨论和聊天。另外，通过 BBS，也可以向其他人请教，往往可以得到高手的指点。如果自己创作了一些文学作品，也可在 BBS 中发表。

三、局域网基础知识

（一）局域网介绍

局域网（Local Area Network）是在一个局部的地理范围内（如一个学校、工厂和机关内），将各种计算机外部设备和数据库等互相连接起来组成的计算机通信网。它可以通过数据通信网或专用数据电路，与远方的局域网、数据库或处理中心相连接，构成一个大范围的信息处理系统，简称 LAN，是指在某一区域内由多台计算机互连成的计算机组。"某一区域"指的是同一办公室、同一建筑物、同一公司和同一学校等，一般是方圆几千米以内。局域网可以实现文件管理、应用软件共享、打印机共享、扫描仪共享、工作组内的日程安排、电子邮件、传真通信服务等功能。局域网是封闭型的，可以由办公室内的两台计算机组成，也可以由一个公司内的上千台计算机组成。

我们日常接触到的办公网络都是局域网，我们可以在企业、学校、政府机关等部门见到它的应用。局域网主要用在一个部门内部，常局限于一个建筑物之内。在企业内部利用局域网办公已成为其经营管理活动必不可少的一部分。学生在学校内的机房上机，也都是在局域网的环境下。由于距离较近，传输速率较快，从 10Mbit/s 到 1000Mbit/s 不等。局域网按其采用的技术可分为不同的种类，如 Ether Net（以太网）、FDDI、Token Ring（令牌环）等。按联网的主机间的关系，又可分为两类，对等网和 C/S（客户/服务器）网。按使用的操作系统不同，又可分为许多种，如 Windows 网和 Novell 网。按使用的传输介质又可分为细缆（同轴）网、双绞线网、光纤网等。局域网之所以获得较广泛的应用，具有以下特点。

- 网内主机主要为 PC，是专门适于微机的网络系统。
- 覆盖范围较小，一般在几公里之内，适于单位内部连网。
- 传输速率高，误码率低，可采用较低廉的传输介质。
- 系统扩展和使用方便，可共享昂贵的外部设备和软件、数据。
- 可靠性较高，适于数据处理和办公自动化。

IEEE（Institute of Electrical and Electronic Engineers，电气和电子工程师协会）为采用不同技术的局域网制定了一系列的标准，称为 IEE802 标准。ISO 也接受其作为局域网的国际标准，称为 ISO802。

（二）局域网的基本组成

1. 网络硬件

（1）服务器。服务器（Server）是以集中方式管理局域网中的共享资源，为网络工作站提供服务的高性能、高配置计算机。常见的有文件、打印和异步通信 3 种服务器。

（2）网络工作站。网络工作站（WorkStation，WS）是为本地用户访问本地资源和网络资源，提供服务的配置较低的微机。工作站分带盘（磁盘）工作站和无盘工作站两种类型。

带盘工作站是带有硬盘（本地盘）的微机，硬盘可称为系统盘。加电启动带盘工作站，与网络中的服务器连接后，盘中存放的文件和数据不能被网上其他工作站共享。通常可将不需要共享的文件和数据存放在工作站的本地盘中，而将那些需要共享的文件夹和数据存放在文件服务器的硬盘中。

无盘工作站是不带硬盘的微机，其引导程序存放在网络适配器的 EPROM 中，加电后自动执行，与网络中的服务器连接。这种工作站不仅能防止计算机病毒通过工作站感染文件服务器，还可以防止非法用户拷贝网络中的数据。

（3）网络适配器。网络适配器俗称网卡，是构成网络的基本部件。它是一块插件板，插在计算机主板的扩展槽中，通过网卡上的接口与网络的电缆系统连接，从而将服务器、工作站连接到传输介质上，并进行电信号的匹配，实现数据传输。

（4）集线器。集线器是在局域网上广为使用的网络设备，可将来自多个计算机的双绞线集中于一体，并将接收到的数据转发到每一个端口，从而构成一个局域网，还可连接多个网段（不包含任何互连设备的网络），扩展局域网的物理作用范围。

（5）交换机。交换机是一种带交换功能的集线器。除了具有集线器的功能外，还可将高速率交换为低速率具有网络带宽重新分配的功能。在局域网中，若采用总线结构，则不需要集线器和交换机。若采用星型结构，则必须用集线器或交换机。

（6）路由器。路由器是 Internet 的主要结点设备。路由器通过路由决定数据的转发。转发策略称为路由选择（Routing），这也是路由器名称的由来（Router，转发者）。

路由器通常用于结点众多的大型网络环境，它处于 ISO/OSI 模型的网络层。在实现骨干网的互连方面，路由器、特别是高端路由器有着明显的优势。路由器高度的智能化，对各种路由协议、网络协议和网络接口的广泛支持，还有其独具的安全性和访问控制等功能和特点，是交换机等其他互连设备所不具备的。路由器的中低端产品可以用于连接骨干网设备和小规模端点的接入，高端产品可以用于骨干网之间的互连以及骨干网与 Internet 的连接。特别是对于骨干网的互连和骨干网与 Internet 的互连互通，不但技术复杂，涉及通信协议、路由协议和众多接口，信息传输速度要求高，而且对网络安全性的要求也比其他场合高得多。因此采用高端路由器作为互连设备，有着其他互连设备不可比拟的优势。

（7）传输介质。传输介质也称为通信介质或媒体，在网络中充当数据传输的通道。传输介质决定了局域网的数据传输速率、网络段的最大长度、传输的可靠性及网卡的复杂性。局域网的传输介质主要是双绞线、同轴电缆和光纤。早期的局域网中使用最多的是同轴电缆。伴随着技术的发展，双绞线和光纤的应用越来越广泛，尤其是双绞线。目前，在局部范围内的中、高速局域网中使用双绞线，在较远范围内的局域网中使用光纤已很普遍。

2. 网络软件

组建局域网的基础是网络硬件，网络的使用和维护要依赖于网络软件。在局域网上使用的网络软件主要是网络操作系统、网络数据库管理系统和网络应用软件。

（1）局域网操作系统。在局域网硬件提供数据传输能力的基础上，为网络用户管理共享资源、提供网络服务功能的局域网系统软件被定义为局域网操作系统。

网络操作系统是网络环境下用户与网络资源之间的接口，用以实现对网络的管理和控制。网络操作系统的水平决定着整个网络的水平，及能否使所有网络用户都能方便、有效地利用计算机网络的功能和资源。

（2）网络数据库管理系统。网络数据库管理系统是一种可以将网上各种形式的数据组织起来，科学、高效地进行存储、处理、传输和使用的系统软件。

（三）局域网中的常见设备

在局域网和广域网中常见的网络设备如下。

1．网卡

网卡（Network Interface Card，NIC）又称网络适配器或网络接口卡，是计算机连网的设备。在计算机局域网中，如果有一台计算机没有网卡，那么这台计算机将不能和其他计算机通信，也就是说，这台计算机是孤立于网络的。

网卡接收数据的方式有有线的和无线的两种，后者称为无线网卡，他们的外观分别如图 6-12 和图 6-13 所示。

图 6-12　有线网卡　　　　　　　　图 6-13　无线网卡

2．集线器

集线器（HUB）属于数据通信系统中的基础设备，它和双绞线等传输介质一样，是一种不需任何软件支持或只需很少管理软件管理的硬件设备。它被广泛应用到各种场合，集线器工作在局域网（LAN）环境，集线器实际上就是中继器的一种，其区别仅在于集线器能够提供更多的端口服务，所以集线器又叫多口中继器。

3．交换机

以太网交换机（Switch），也称为交换式集线器，一般用于互连相同类型的 LAN（如以太网/以太网的互连），外观如图 6-14 所示。交换机和网桥的不同在于：交换机端口数较多；交换机的数据传输效率较高。以太网交换机采用存储转发（Store-Forward）技术或直通（Cut-Through）技术来实现信息帧的转发。

图 6-14　交换机

4．路由器

路由器（Router）的主要功能就是进行路由选择。当一个网络中的主机要给另一个网络中的主机发送分组时，它首先把分组送给同一网络中用于网络间连接的路由器，路由器根据目的地址信息，选择合适的路由，把该分组传递到目的网络用于网络间连接的路由器中，然后通过目的网络中内部使用的路由协议，该分组最后被递交给目的主机，其外观如图 6-15 所示。

图 6-15　路由器

5. 网关

网关（Gate）具有路由器的全部功能，它连接两个不兼容的网络，主要的职能是通过硬件和软件完成由于不同操作系统的差异引起的不同协议之间的转换，它工作在网络传输层或更高层，主要用于不同体系结构的网络或局域网同大型计算机的连接，如局域网需要网关将它连接到广域网（Internet 上）。由于网关是针对某一特定的两个不同的网络协议的应用，所以不可能有一种通用网关。局域网通过网关可以使网上用户省去同大型计算机连接的接口设备和电缆，却能共享大型计算机的资源。

6. 调制解调器

通过电话线拨号上网需要使用调制解调器（Modem）。其作用是把计算机输出的数字信号转换为模拟信号，这个过程叫做"调制"，经调制后的信号通过电话线路进行传输；把从电话线路中接收到的模拟信号转换为数字信号输入计算机，这个过程叫做"解调"。

衡量 Modem 性能优劣的主要指标是传输速率。目前常见的 Modem 的速率有 14.4kbit/s、28.8kbit/s、33.6kbit/s、56kbit/s 及更高。一般来说，速率越高，价格越贵。

Modem 通常分为内置式、外置式、主板集成式、笔记本电脑专用等几类。

内置式 Modem 是一个可以插入计算机主板扩展槽的板卡。它不需要专门的外接电源，只要打开计算机主机箱，插入扩展槽中即可。其主要缺点是无法观察 Modem 的工作状况。

外置式 Modem 也叫做台式 Modem。它需要自己外接电源，用通信电缆与计算机的通信口（COM1、COM2 或 USB）相连接。外置式的 Modem 安装简便，工作状态直观，但价格较内置式的高。

（四）局域网中的常见传输介质

传输介质是指数据传输系统中发送装置和接收装置间的物理媒体，按其物理形态可以划分为有线和无线两大类。局域网常用的有线传输介质有双绞线、同轴电缆和光缆。无线传输介质（如微波、红外线、激光等）在计算机网络中也逐渐显示出它的优势及广泛用途，从网络发展的趋势来看，网络上使用的传输介质由有线介质向无线介质方向发展。

1. 双绞线

双绞线（Twist-Pair），采用了一对互相绝缘的金属导线互相绞合的方式来抵御一部分外界电磁波干扰。双绞线一般由两根 22-26 号绝缘铜导线相互缠绕而成，实际使用时，双绞线是由多对双绞线一起包在一个绝缘电缆套管里的。

按是否有屏蔽层可分为：屏蔽双绞线（SHIELDED TWISTED PAIR，STP）与非屏蔽双绞线（UNSHILDED TWISTED PAIR UTP）两大类。STP 外面由一层金属材料包裹，UTP 只有一层绝缘皮包裹。如图 6-16 所示。

2. 同轴电缆

同轴电缆是由一根空心的外圆柱导体（铜网）和一根位于中心轴线的内导线（电缆铜芯）组成，并且内导线和圆柱导体及圆柱导体和外界之间都是用绝缘材料隔开，如图 6-17 所示。

它的特点是抗干扰能力好，传输数据稳定，价格也便宜，同样被广泛使用，如闭路电视线。

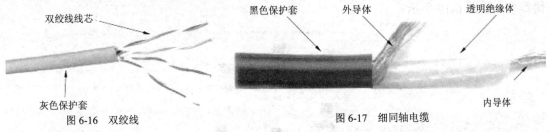

图 6-16 双绞线 （标注：双绞线线芯、灰色保护套） 图 6-17 细同轴电缆 （标注：黑色保护套、外导体、透明绝缘体、内导体）

3. 光缆

光缆是由一组光纤组成的、用来传播光束的、细小而柔韧的传输介质。与其他传输介质相比较，光缆的电磁绝缘性能好，信号衰变小，频带较宽，传输距离较大。光缆主要是在要求传输距离较长，用于主干网的连接。光纤通信由光发送机产生光束，将电信号转变为光信号，再把光信号导入光纤，在光纤的另一端由光接收机接收光纤上传输来的光信号，并将它转变成电信号，经解码后再处理。光纤的传输距离远、传输速度快。

光纤可分为单模光纤和多模光纤。单模光纤的纤芯直径很小，在给定的工作波长上只能以单一模式传输，传输频带宽，传输容量大。多模光纤是在给定的工作波长上，能以多个模式同时传输的光纤，与单模光纤相比，多模光纤的传输性能较差，如图 6-18 所示。

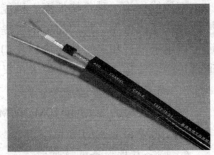

图 6-18 光缆

 任务实施——宿舍局域网的组建

一、宿舍局域网介绍

随着计算机硬件价格的不断下降，学生族中买计算机的人越来越多。同一个宿舍和相邻宿舍都有了不少的计算机，怎么样利用现有的条件，使计算机更好地为自己服务？答案就是：把这些计算机连接起来，构成一个小型的宿舍局域网，共享网络资源。组建宿舍局域网要达到如下的目的。

（1）使同一宿舍的多台计算机或相邻几个宿舍之间的多台计算机能连成局域网，实现资源共享。

（2）多台计算机能共享一根网线，使学生充分学习、了解和享受 Internet 的魅力。

（3）针对多数学生经济条件不宽裕的实情，要求将整个网络投资压缩到最小。

二、宿舍局域网的规划

1. 网络拓扑结构

宿舍局域网要求容易实现，每台计算机相互独立，不会因为一台计算机出现故障而影响其他计算机，还要求扩充容易，可以很容易增加或减少局域网中计算机的台数。

星型拓扑结构在宿舍局域网中最容易实现，星型拓扑结构结点扩展、移动方便。结点扩展时只需从集线器或交换机等集中设备中拉一条线就行。而且星型拓扑结构维护容易，只需直接把出现故障的结点拆除即可，不会影响其他结点。另外，星型网络比其他网络的网速要快得多，如图6-19所示。

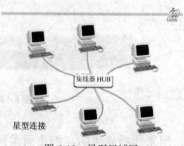

图6-19　星型局域网

2．传输介质的选择

双绞线作为一种价格低廉、性能优良的传输介质，在网络布线中被广泛使用。双绞线价格低廉、连接可靠、维护简单，可提供高达1000Mbit/s的传输带宽，不仅可用于数据传输，还可以用于语音和多媒体传输。我们选择安普（AMP）品牌的双绞线，它是最常用的一个，通常正品安普超大业双绞线每米也只需1.5元左右。

3．网卡的选择

网卡一般分为10M和10M/100M自适应两种。建议普通用户使用联想D-Link、TP-Link等10M/100M自适应的网卡。

4．网络互连设备的选择

考虑到局域网中的计算机数量和需要到达的网络速度，选择10Mbit/s或者100Mbit/s的8口或8口以上的集线器。

5．操作系统选择

操作系统可选择Windows 2000/XP中的任何一种。

三、网络设备的连接和配置

1．网络设备的连接

① 安装网卡。逐个打开各个计算机主机箱，将网卡插入合适的空闲PCI插槽，然后固定好。安装完后，重新开启计算机，Windows 2000/XP系统将自动完成网卡驱动程序的安装。

② 接着将集线器放置到合适的位置，尽量使每台计算机离集线器不要太远。

③ 将网线两端的RJ-45水晶头分别插到计算机网卡和集线器的RJ-45口。打开所有计算机，如果计算机网卡上的指示灯和集线器上的相应口的指示灯都是绿色，说明网络物理线路畅通。

2．网络软件的设置

① 对网络的TCP/IP进行设置。依次选择"控制面板"里的"网络连接"，双击"本地连接"图标打开"本地状态"连接对话框，单击"属性"按钮，打开"本地连接属性"对话框，设置网络协议，如图6-20所示。

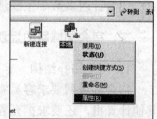

图6-20　本地连接属性设置

② 选择"Internet协议（TCP/IP）"选项，打开"Internet协议（TCP/IP）属性"对话框，

设定 IP 地址、子网掩码，如图 6-21 和图 6-22 所示。

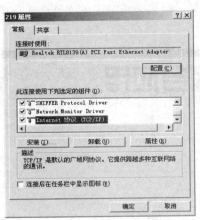

图 6-21 Internet 协议设置

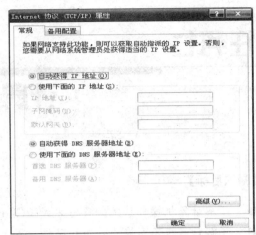

图 6-22 IP 地址设置

③ 检测 TCP/IP。在"开始"的运行框输入"cmd"，进入界面后输入"ping 主机名"，收到回复说明连接正常，测试界面如图 6-23 所示。

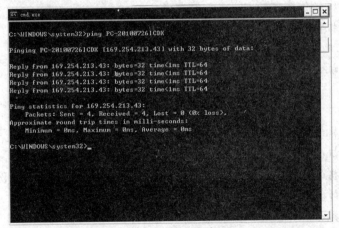

图 6-23 测试界面

 任务小结

本章主要介绍了计算机网络的基本知识，包括计算机网络的产生、发展、定义、分类和它的功能；介绍了常见的网络设备、常见的网络传输介质和计算机网络的 TCP/IP；介绍了局域网的基本组成和配置；还介绍了 Internet 的基础知识。通过本章的学习，主要让同学们学会搭建小型局域网。

任务七

计算机综合应用

【知识目标】

- 了解计算机操作系统的备份方式（Ghost）。
- 了解计算机不同操作系统的硬件配置要求。
- 了解计算机硬盘分区、格式化等相关概念。
- 了解磁盘文件格式 NTFS 和 FAT32 的概念。
- 掌握计算机 BIOS 的设置。
- 掌握计算机操作系统的 Ghost 备份步骤。
- 掌握计算机操作系统的 Ghost 还原步骤。
- 掌握计算机常用软件的使用。
- 掌握计算机常见故障的排除方法。

【能力目标】

- 能够将本机的操作系统利用 Ghost 工具（在 DOS 下）进行备份。
- 能够将本机的操作系统利用 Ghost 工具（在 DOS 下）进行还原。
- 能够将本机的操作系统利用 Ghost 工具（在 Windows 下）进行备份和还原。
- 能够使用计算机常用软件完成一些日常的事务性处理。
- 能够快速排除计算机的一些常见故障。
- 通过本章的学习，能够完成计算机操作系统备份、恢复、常用软件的使用与故障排除。

 任务引入

以 Windows XP 操作系统的备份、恢复、故障排除与系统优化为例，详细介绍 XP 系统（Ghost）备份与还原的基本步骤，常用软件的使用以及常见故障的排除。

相关知识

一、操作系统的备份与还原

Microsoft 公司自从推出 Windows 95 获得了巨大成功之后，在近几年又陆续推出了

Windows 98、Windows 2000 以及 Windows Me 3 种用于 PC 的操作系统。Microsoft 公司于 2001 年又推出了其最新的操作系统——Windows XP，XP 是英文 Experience（体验）的缩写，Microsoft 公司希望这款操作系统能够在全新技术和功能的引导下，给 Windows 的广大用户带来全新的操作系统体验。根据用户对象的不同，Windows XP 可以分为家庭版的 Windows XP Home Edition 和办公扩展专业版的 Windows XP Professional。Windows XP 在中国市场占有率为 75%，但盗版率也一度高达 82%，从"番茄花园"事件开始，微软在中国开始对盗版软件进行"收网"。

（一）Windows XP 操作系统的硬件配置需求

1．基本配置要求

处理器（CPU）：时钟频率至少需要 233MHz。

内存（RAM）：128MB。

硬盘：至少 1.5GB 可用硬盘空间。

显卡和显示器：SVGA（800×600）。

其他设备：CD-ROM 或 DVD-ROM、键盘和 Microsoft 鼠标或兼容的指针设备。

2．理想配置要求

处理器（CPU）：时钟频率 1GHz（Intel PIV）。

内存（RAM）：256MB 以上。

硬盘：50GB 以上。

显卡和显示器：SVGA（1024×768）支持 Windows Aero 3D 用户界面的图形芯片。

通过加强处理器的运算性能，将非常有助于系统更快地解决问题，而内存达到 256MB 之后，发挥操作系统本身的性能已经没有多大的问题，但是需要注意的是：如果要系统运行更多的任务和更大型的软件，那么建议 512MB 甚至 1GB 以上的内存。硬盘空间对于操作系统来说，意义已经不大，但是为了容纳更多的数据和程序，50GB 的容量是应该具备的。

通过学习任务二中 Windows XP 操作的安装，已经掌握了安装 Windows 操作系统的一般方法。当我们在安装的操作系统平台上进行工作时，一般会安装一些文字处理软件、网络通信软件，也会对操作系统的设置做出某些改动。而某些软件的安装、系统设置的改动极有可能对系统的稳定运行造成极大的伤害。

一旦计算机在运行中突然出现死机、蓝屏的现象，我们强制重新启动计算机，可计算机怎么也进入不了操作系统，通过上一个任务的学习，就可以用重新安装 Windows 操作系统的方法来解决这个问题，可这种解决方法又有很大的缺陷。

（二）Windows XP 操作系统备份还原前的准备

正式进入 Windows XP 备份还原之前，首先要了解硬盘分区与格式化的具体含义，并需要进行相关的开机设置。

1．硬盘分区

分区、格式化处理为计算机在硬盘上存储数据起到了标记定位的作用，它是安装软件前的必要过程。崭新的硬盘必须先经过分区才能使用。硬盘分区又可以分为以下几种类型。

（1）系统分区。包含操作系统启动所必需的文件和数据的硬盘分区叫系统分区，系统将该分区查找和调用启动操作系统所必须的文件和数据。

（2）扩展分区。用系统分区以外的所有剩余空间建立的分区，但它不像系统分区一样能被直接使用，必须在该分区下创建可被操作系统直接识别的逻辑分区。

（3）逻辑分区。物理硬盘经分区操作后形成的磁盘卷。只要逻辑分区的文件格式与操作系统兼容，操作系统就可以访问它。逻辑分区的盘符默认从 C 盘开始。

（4）启动系统后，操作系统会对磁盘驱动器进行映像，为系统分区和其他的逻辑分区分配相应的盘符。系统分区的盘符首先被分配，再对其他逻辑分区的盘符进行分配。

它们之间的关系如图 7-1 所示。

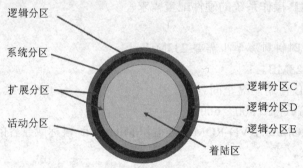

图 7-1　硬盘分区位置图

通过上面的介绍，可以看出硬盘分区对安装操作系统起到了非常重要的作用，一般在安装操作系统之前，需要使用某种分区工具，例如，Fdisk、DiskManage 先进行相关的磁盘分区操作，这个操作也可以在安装 Windows XP 的过程中进行相关设置，所以分区工具的分区操作将在 Ghost 安装中进行介绍。

2．格式化

格式化，是为了计算机能够正常地储存、读取数据。没有这个工作，计算机就不知在哪写，从哪读。格式化这一概念原只应用于计算机硬盘，随着电子产品的不断发展，很多存储器都用到了"格式化"这一名词。格式化狭义理解，等同于数据清零，即删除存储器内的所有数据，并将存储器恢复到初始状态。

通过硬盘分区的介绍，我们知道硬盘必须先经过分区才能使用，磁盘经过分区之后，下一个步骤就是要对硬盘进行高级格式化（FORMAT）的工作，硬盘都必须格式化才能使用。格式化是在磁盘中建立磁道和扇区，然后计算机才可以使用磁盘来储存数据。

这里我们用一个形象的比喻：假如硬盘是一个大的空间，可以把它分隔成三居室（分成 3 个区），为了我们居住得舒心、生活上便捷，在入住新房之前还必须对每个房间进行必要的清洁和装修，"清洁和装修"这一步也就是我们所说的格式化了。另外，硬盘使用前的高级格式化还能识别硬盘磁道和扇区有无损伤，如果格式化过程畅通无阻，硬盘一般无大碍。

3．BIOS 启动项的相关设置

BIOS 是英文"Basic Input Output System"的缩略语，直译过来后中文名称就是"基本输入输出系统"。其实，它是一组固化到计算机内主板上一个 ROM 芯片上的程序，它保存着计算机最重要的基本输入输出程序、系统设置信息、开机后自检程序和系统自启动程序。其主要功能是为计算机提供最底层的、最直接的硬件设置和控制。

BIOS 的设置总体上来说很复杂，对于安装操作系统的初学者来说，只要掌握启动项的设置就足够了。如果我们所要安装的 Windows XP 操作系统是光盘文件，那么需要将 BIOS 启动选项更改为：开机由光盘启动，以便于我们使用光盘安装。如果我们是使用 U 盘中的安装文件进行安装，同样需要将启动项改为：开机由 U 盘启动。更改开机启动项的步骤如下所述。

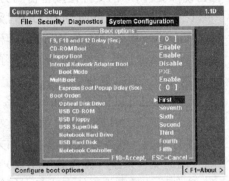

（1）机器启动后，立即按【F10】键或者【F2】键进入 BIOS 设置（根据不同的主板，BIOS 设置略有差别）。

（2）选择启动顺序（Boot Order）：将光盘启动改为首选（或者是安装所需要的首选启动项），如图 7-2 所示。

图 7-2　更改 BIOS 启动选项

（三）XP 常规安装与 Ghost 备份还原的区别

1．XP 系统的常规安装

Windows XP 操作系统正常安装的时间很长，一般要一个小时左右。如果是在工作中突然出现系统崩溃的情况，采用 XP 常规安装非常不利于我们迅速恢复系统，继续工作。即使我们采用 XP 常规安装，重新安装操作系统成功，原先的相关资料也有可能会丢失或者损坏，一旦丢失或损坏的是比较重要的资料，造成的损失是相当大的，很多工作只好重头再来。为了避免上述情况出现，需要使用提前做好的系统备份快速恢复系统。

2．系统备份与还原

系统备份是指通过某种软件可以将操作系统文件进行备份，并将备份后生成的文件保存下来。

系统还原是指当系统出现问题时，可以通过某种软件使用这个备份文件，将操作系统快速恢复到备份时的状态。

通过对系统备份与还原定义的解读，我们可以理会到如果能够提前做好正确的系统备份，一旦计算机操作系统出现故障，完全可以及时利用以前做好的备份对操作系统进行快速而有效的还原，同时也避免了重新安装系统的费时费力，以及数据破坏造成的损失。为此，需要选取适当的工具对系统进行备份，并在必要的时候对系统进行还原。在这里向大家介绍目前主流的系统备份、还原工具——Ghost。

3．Ghost 工具

Symantec Ghost（克隆精灵）是美国赛门铁克公司研发的一款出色的硬盘备份还原工具，Ghost 可以实现多种硬盘分区格式的分区及硬盘的备份还原。在微软的视窗操作系统广为流传的基础上，为避开微软视窗操作系统常规安装的费时和重装系统后再次安装驱动程序的麻烦，可以把自己做好的干净系统用 ghost 来进行备份和还原。现在 Ghost 操作又被一键 GHOST、一键还原精灵等辅助软件进一步简化，由于它的易用性与快捷性，使它很快得到广大用户的喜爱。目前最新版本的 Ghost 又把 Windows XP、Windows Vista、Windows 7 等操作系统与系统引导文件、硬盘分区工具等集成一体，进一步得到配套。用户在需要重装系统时，可以简便高效地完成系统快速重装。

（1）Ghost 可以将一个硬盘上的物理信息完整复制，而不仅仅是把硬盘里的数据进行简单复制。Ghost 支持将分区或硬盘直接备份到一个扩展名为.gho 的文件里（我们把这种文件称为镜像文件），也支持直接备份到另一个分区或硬盘里。

（2）新版本的 Ghost 包括 DOS 版本和 Windows 版本，DOS 版本只能在 DOS 环境中运行。Windows 版本只能在 Windows 环境中运行。由于 DOS 的高稳定性，且在 DOS 环境中备份 Windows 操作系统，已经脱离了 Windows 环境，建议备份 Windows 操作系统，使用 DOS 版本的 Ghost 软件。

通过介绍可以得知，Ghost 的备份与还原是以硬盘的扇区为单位进行的，它可以实现 FAT16、FAT32、NTFS、OS2 等多种文件系统，即："硬盘分区格式"的备份还原。下面简单介绍文件系统（硬盘分区格式）的相关知识。

（四）文件系统（硬盘分区格式）

文件系统是操作系统在磁盘上组织文件的方法，也指用于存储文件的磁盘或分区，或文件系统种类。文件系统是对硬盘空间进行组织和分配，负责文件存储并对存入的文件进行保护和检索的系统。具体地说，它负责为用户建立文件，存入、读出、修改、转储文件，控制文件的存取，当用户不再使用时撤消文件等。

文件系统的类型有以下几种，如 FAT16、FAT32、NTFS、OS2 等。对于初学者来说，只需要了解最基本的硬盘分区格式。

（1）FAT32：FAT32（File Allocation Table 32）是目前 Windows 硬盘分区格式的基本类型之一。这种格式采用 32 位的文件分配表，与 FAT16 的分区格式相比，FAT32 突破了 FAT16 对每一个分区的容量只有 2GB 的限制，硬盘的管理能力大大增强。运用 FAT32 的分区格式后，可以将一个大硬盘定义成一个分区，而不必分为几个分区使用，大大方便了对磁盘的管理。但是，这种分区格式也有它的缺点，由于它是采用 32 位的文件分配表，硬盘分区后的运行速度要比采用 16 位的文件分配表的 FAT16 分区后的硬盘缓慢，目前已被性能更优异的 NTFS 分区格式所取代。

（2）NTFS：NTFS（New Technology File System）是 Windows 网络操作系统环境中的文件系统（硬盘分区格式）。NTFS 能够提供各种 FAT 版本所不具备的安全性、可靠性与先进性。比如在 Windows 2000 和 Windows XP 中，NTFS 能够提供诸如文件与文件夹权限加密、磁盘配额以及压缩之类的高级特性。由于 NTFS 对系统安全性有很强的要求，在 DOS 操作环境中无法访问使用 NFTS 格式的硬盘分区，这样会给 DOS 环境下使用 Ghost 恢复系统带来些许不便。

二、计算机常用软件介绍

"工欲善其事，必先利其器"计算机常用软件是计算机系统的一个重要组成部分，合理利用这些计算机常用软件，就可以使计算机稳定安全地进行工作，并使计算机高效地运行，提高相关任务的工作效率，也可以让用户充分体验到使用计算机的乐趣。

（一）计算机系统安全软件介绍

随着计算机使用人数的不断增加，互联网络的不断普及，计算机使用者在体验计算机所带来的各种"乐趣"的同时，也面领着相应的风险。用户的个人资料有可能在上网冲浪的过程中被一些别有用心的人窃取，互联网络上也到处是危险的陷阱：能够破坏计算机系统数据、影响计算机稳定工作的危险程序——计算机病毒，正在伺机向用户的计算机发动"袭击"。因此，当用户在使用计算机进行日常性工作时，十分有必要给计算机安装相应的系统安全软件，以防御可能遭受到的破坏。

系统安全软件是一种可以对病毒、木马等一切已知的对计算机有危害的程序代码进行清除的程序工具，也是帮助用户维护计算机安全运行的系统程序。

系统安全软件又可以分为：反病毒软件、系统工具以及反流氓软件这3大类。

1．反病毒软件

反病毒软件也称为："安全防护软件"，这种软件在我国早期也被称为"杀毒软件"。杀毒软件的功能相对单一，一般是指帮助已经被计算机病毒破坏的计算机，删除相关的破坏程序，使其恢复到正常的工作状态。而安全防护软件不仅具有"杀毒"功能，而且具备"防毒"的功能，将任何可能对本机造成破坏的相关程序，统统拒之门外。目前，反病毒软件通常集成监控识别、病毒扫描和清除、自动升级和数据恢复等功能。

2．系统工具

系统工具主要的作用是对一些系统临时文件进行删除，并及时清理操作系统的相关漏洞，这一部分的相关知识，会在系统优化部分详细阐述。

3．反流氓软件

随着互联网络的不断扩展而逐步产生了一种跟踪你的上网行为并将你的个人信息反馈给"躲在阴暗处的"市场利益集团的软件。互联网业界人士一般将该类软件称为"流氓软件"，并归纳出间谍软件、行为记录软件、浏览器劫持软件、搜索引擎劫持软件、广告软件、自动拨号软件、盗窃密码软件等。一般而言，这类软件具有以下一种或数种特征。

（1）强行或秘密侵入用户计算机，使其无法下载。

（2）强行弹出广告，以此获取商业利益。

（3）偷偷监视计算机用户的上网行为，记录用户上网行为习惯，或窃取用户的账号和密码。

（4）强行劫持用户浏览器或搜索引擎，妨害用户浏览正常的网页。

为了抵御"流氓软件"，我们需要安装相应的"反流氓软件"，以避免所受到的伤害。

综上所述，为了确保计算机安全，应该安装上述3种软件。目前系统安全软件种类繁多，使用效果也是参差不齐。在这里向大家介绍目前比较主流的系统安全软件奇虎360。

4．奇虎360系列软件

目前360系列软件是颇受广大用户喜爱的系统安全软件的集合。大量用户之所以选择使用360系列软件，原因有以下几点。

（1）360系列的软件：360杀毒与360安全卫士这两款软件在功能上几乎满足了系统安全软件的所有要求。

（2）360系列软件界面友好，操作简单明了，功能强大。尤其是360安全卫士，对计算机系统几乎提供了"无微不至"的"呵护"。

（3）360软件是免费的软件。在其功能强大的基础上，与其他系统安全软件（瑞星、卡巴斯基等）相比，用户在使用360系列软件时，不需要向360公司缴纳相应的使用费用。360系列软件正是凭借着这样一个鲜明的特点，尤其是在国内市场，被绝大部分用户所喜爱，并使用。虽然在2010年11月，奇虎360与腾讯QQ由于种种原因，出现了人为的不兼容现象。随后不久就在工信部与公安部的介入下，实现了全面兼容。这件事情几乎没有影响360系列产品在用户心目中的地位，目前360系列软件的用户数量早已突破1亿大关。如图7-3所示。

图 7-3　360 安全卫士

（二）计算机系统优化软件

随着计算机使用人数的不断增加，计算机的应用领域也在不断扩展，满足不同用户需求的计算机应用软件也层出不穷。例如，办公应用软件：Microsoft Office 系列软件、金山 WPS、Adobe Reader 等，网络通信类软件：腾讯 QQ、MSN、阿里旺旺等，图形图像类软件：ACDSee、Photoshop 等，网络下载软件：网络快车（FlashGet）、电驴（eMule）、比特精灵（Btsprite）、迅雷等，网页软件：IE 系列、火狐浏览器（Firefox）、世界之窗等。这些应用软件都可以方便用户进行日常工作，以及相关的娱乐和信息沟通。

这些应用软件均安装在 Windows 操作系统上，都可以被操作系统调用，也在相应的系统环境下运行。这些应用软件在日常使用时，有可能会对系统软件产生一定程度的破坏。如果用户长时间使用网页浏览器上网冲浪：听音乐、看网络电视，也不做相关的处理，会造成系统盘内临时文件夹（Temp）的容量不断膨胀，造成系统运行速度变慢、系统响应延时增长。更严重的是，有些应用软件在安装之后，自动添加在系统启动项中。也就是说，每次启动计算机操作系统，不论用户是否需要使用某个应用软件，它都会自动运行。如果用户安装的大量应用软件都自动添加在系统启动项中，用户的系统启动时间、操作响应时间都会大大增加，也加重了系统的运行负担。

因此用户在使用计算机时，应该有意识地安装系统优化软件，自动对操作系统的各个环节（开机启动、网络下载等）进行相应的优化，确保计算机操作系统稳定而高效的运行。

目前计算机系统的优化软件有很多，从最初的超级兔子、还原精灵到现在的 Windows 优化大师系列（XP 版、Vista 版、Windows7 版），鲁大师以及 360 安全卫士都是很好的系统优化软件。为了避免雷同，在这里向读者介绍 Windows 优化大师（XP 版）。

1．Windows 优化大师

Windows 优化大师是一款多功能的 Windows 系统优化软件，此软件针对不同的 Windows

版本，对应给出不同的优化方式。Windows 操作系统每一个版本较之以前的版本都在系统架构和软件管理上有很大的变化，所以对于用户来说，使用 Windows 优化大师的第一步就是确定你的计算机上安装的是否是 Windows 操作系统，以及 Windows 系统对应的版本号，如图 7-4 所示。

可以很清楚地看出本机安装的是 Windows XP 操作系统，该操作系统是一个 Ghost 版本，如果需要安装 Windows 优化大师，应该安装对应的 Windows XP 版本。

Windows 优化大师在推向市场之初是一款收费软件，当时市面上的系统优化软件无论从数量上还是质量上均不能对 Windows 优化大师这款软件构成"威胁"，尽管是收费软件，Windows 优化大师还是凭借其良好的系统恢复能力和过硬的软件质量聚拢了大量的人气。随着科技的不断发展，Windows 版本从 XP 上升到了 Windows 7；其他软件制造商推出的系统优化软件无论从数量还是质量上，都有了较大幅度的提高。其中像鲁大师、安全卫士、冰封系统等系统优化软件，也获得了相当数量的用户群体，

图 7-4　计算机基本配置

最终 Windows 优化大师从商业角度出发，开始提供免费版的系统优化软件。目前，在 Windows 操作系统 Vista 版与 Windows7 版上，Windows 优化大师的用户数量和其他同类产品相比，均处于优势地位。

Windows 优化大师是一款功能强大的系统辅助软件，使用 Windows 优化大师，能够有效地帮助用户了解自己的计算机软硬件信息；简化操作系统设置步骤；提升计算机运行效率；清理系统运行时产生的垃圾；修复系统故障及安全漏洞；维护系统的正常运转。它主要有 4 大功能模块：系统检测、系统优化、系统清理、系统维护及数个附加的工具软件。

2．Windows 优化大师的功能模块

（1）系统检测：Windows 优化大师深入系统底层，分析用户计算机，提供详细准确的硬件、软件信息，并根据检测结果向用户提供系统性能进一步提高的建议。

（2）系统优化：该功能模块由多个子功能模块组成，包括磁盘缓存优化、桌面菜单优化、文件系统优化、网络优化、开机速度优化、系统安全优化等，能够对用户的计算机提供全方位的优化服务；并向用户提供简便的自动优化向导；能够根据检测，分析到用户计算机软、硬件配置信息并进行自动优化。所有优化项目均提供恢复功能，用户若对优化结果不满意，可以一键恢复。

（3）系统清理：可以帮助用户清理系统中的冗余文件或垃圾文件。该功能模块有以下若干个功能子模块。

注册信息清理：快速安全清理注册表。

垃圾文件清理：清理选中的硬盘分区或指定目录中的无用文件。

冗余 DLL 清理：分析硬盘中冗余动态链接库文件，并在备份后予以清除。

ActiveX 清理：分析系统中冗余的 ActiveX/COM 组件，并在备份后予以清除。

软件智能卸载：自动分析指定软件在硬盘中关联的文件，以及在注册表中登记的相关信息，并在备份后予以清除。

备份恢复管理：所有被清理删除的项目均可从 Windows 优化大师自带的备份与恢复管理器中进行恢复。

磁盘清理功能：清理磁盘碎片。

（4）系统维护：可以帮助用户自动修复系统故障以及系统的安全漏洞，维护本机系统的正常运转。该功能模块有以下若干个功能子模块。

驱动智能备份：自动备份操作系统内的驱动程序，以备不时之需。

系统磁盘医生：检测并修复本机非正常关机、硬盘坏道等系统问题。

Windows 内存整理：轻松释放内存。释放过程中 CPU 占用率低，并且可以随时中断整理进程，让用户正在运行的应用程序有更多的内存可以使用。

Windows 进程管理：系统应用程序的进程管理工具。

Windows 文件粉碎：可以彻底删除文件，消除文件对系统的影响。

Windows 文件加密：用户个人文件的加密与恢复工具。

综上所述，Windows 优化大师是一款功能很强大的系统优化软件，该软件的安装与详细使用，会在接下来的任务实战章节和实训章节中进一步阐述。

三、计算机常见故障

计算机系统集现代科学领域中的许多尖端技术于一身，所以非常复杂。正是这种系统的复杂性决定了它的脆弱性：很容易出现故障。如何正确地认识计算机系统故障，并采取适当的方法排除故障，是每个计算机用户渴望掌握的知识。

计算机故障是指：造成计算机系统无法工作或者工作不正常的硬件物理损坏和软件系统错误。虽然计算机故障的表现形式五花八门，千奇百怪，但究其实质，都有因可循。只要掌握一些基本知识，学会分析故障现象，再掌握解决这些故障的一些基本技巧，碰到计算机故障就可以顺利解决了。计算机常见故障，一般可以分为硬件故障和软件故障两大类。

（一）计算机硬件故障

计算机硬件设备的电气、机械故障或接触不良、安装不当等导致的物理性故障。硬件故障又可以分为：机械故障、电气故障、介质故障和人为故障。

1．硬件故障的产生原因

（1）环境因素：长期工作在多灰尘、多静电等恶劣环境中，一些部件就会因为积尘、静电、潮湿等出现故障。供电电压不稳，没有可靠接地，开关电源品质不良等，不能按时、正确地对计算机设备进行必要的日常维护，都会增加其故障率。

（2）硬件质量：计算机硬件设备中所使用电子元器件和其他配件的质量及制造工艺，都会影响到硬件的可靠性和寿命。

（3）人为故障：不正确的使用方法和操作习惯，如大力敲击键盘，随意插拔硬件设备，不正常关机等，都会损坏计算机硬件，使故障率增加。

2．硬件故障的解决思路

（1）先问后动：先向操作人员了解计算机使用习惯，故障发生时的症状和发生的规律，有条件的要重现故障，在确定故障部件后再动手进行故障的排除。

（2）先易后难：在遇到计算机故障时，不要把问题考虑得太复杂，很简单的电源或设备连接等小问题，都会造成表面的大故障。

（3）先外后内：排除故障时要按照先从周围环境开始，再到外部设备、供电系统，最后主机系统的顺序来检查和排除故障。

3．硬件故障的一般解决方法

（1）观察法：使用看、听、闻、摸、问等方法，通过再现和观察计算机故障，来判断故障原因和故障部件。

看：观察计算机的工作环境、线缆连接；查看计算机启动时的提示信息，设备指示灯的显示状态；计算机使用的操作系统、安装的软件、驱动程序、软件设置等情况；设备的清洁程度、各连接部件是否有锈蚀，有无连接不良的现象，PCB 上元器件有无烧灼、变形和发黑等异常状态。

听：听计算机电源、CPU、显示卡等设备风扇的转动声音，硬盘有无异常响声，设备启动时的报警提示音等。

闻：闻一下有没有发霉或元器件烧毁产生的焦糊味，显示器有没有异常的气味。

摸：检查各设备是不是有连接处松动、接触不良的现象；CPU、显卡等设备有没有正常工作时产生的热量或异常的热量增加。

问：询问计算机操作人员的操作习惯、设备供电情况，故障产生前后计算机的症状，故障发生时的提示信息和故障发生的规律等。

（2）清洁法：使用专用的清洁工具清除计算机设备上的灰尘，擦拭金手指等接插部位的锈迹等来排除故障。

（3）插拔法：通过拔掉并重新插入、连接各硬件，从而排除由于各设备连接不牢固、接触不良等产生的故障。

（4）排除法：逐个拔掉硬件，来确定发生故障的硬件。每拔掉一个设备，就启动一次计算机，一旦故障不再发生，故障就出在拔掉的硬件上。还有一个方法是卸掉硬件设备，只保留电源、主板、CPU 和内存组建最基本的硬件系统，然后逐个增加硬件。如果故障出现，可以确定新增加的设备即是故障部件。

4．计算机核心硬件 CPU 的故障解决方法

（1）计算机核心硬件 CPU 常见的故障现象。

■　计算机加电后只有电源灯亮，机箱喇叭无鸣叫声，显示器不显示，无其他任何反应。

■　计算机可以启动，屏幕有显示，但是不能进入操作系统。

■　计算机频繁死机，即使进入 BIOS 或 DOS 也会出现死机。

■　计算机速度急骤变慢，CPU 温度增高。

■　计算机系统运行不稳定，经常出现死机或规律性重启现象。

（2）CPU 故障排除方法。

① CPU 接触不良。卸下 CPU 芯片，观察针脚和触点是否有锈蚀、弯曲、断裂等。如有则要清除锈蚀，修正弯曲，再将 CPU 装入插座，并按压芯片四周，使 CPU 与插座接触良好。如出现 CPU 针脚或触点发生断裂，则应更换新的 CPU 或对 CPU 进行维修。

② CPU 超频设置不当。CPU 的超频就是通过人为的方式将 CPU 的工作频率提高，让它在高于其额定的频率状态下稳定工作。以 Intel P4C 2.4GHz 的 CPU 为例，它的额定工作频率

是 2.4GHz，如果将工作频率提高到 2.6GHz，CPU 就处在超频工作状态。

CPU 超频的主要目的是为了提高 CPU 的工作频率，也就是 CPU 的主频。而 CPU 的主频又是外频与倍频的乘积。例如一块 CPU 的外频为 100MHz，倍频为 8.5，可以计算得到它的主频 = 外频 × 倍频 = 100MHz × 8.5 = 850MHz。提升 CPU 的主频可以通过改变 CPU 的倍频或者外频来实现。但如果使用的是 Intel CPU，在这里可以忽略倍频可能起到的效果，因为 Intel CPU 使用了特殊的制造工艺来阻止修改倍频。AMD 的 CPU 可以修改倍频，但修改倍频对 CPU 性能的提升不如修改外频而带来的提升效果。而外频的速度通常与前端总线、内存的速度紧密关联。因此当你提升了 CPU 外频之后，CPU、系统和内存的性能也同时提升了。

通过 CPU 超频而提高计算机的处理性能，其危害性是相当大的。CPU 超频对计算机造成任何永久性损伤，要想恢复都是非常困难的。如果把 CPU 频率人为地提升过多，有可能会烧毁计算机内部的电子元件或造成操作系统无法正常启动。CPU 在高于额定参数的情况下运行时，它将产生更多的热量。如果没有充分散热的话，系统就有可能过热，并造成一系列的严重后果。超频的另一个危害是它可能减少相关电子部件的寿命。在对部件施加更高的电压时，它的寿命会减少。如果用户只是一味地单纯追求计算机的处理速度，而大幅度地人为提升 CPU 的处理频率，就应该意识到计算机的 CPU 以及其他电子元件的使用寿命会大幅度地缩短。

如果是用户超频而导致的 CPU 故障，需要参照说明书的相关内容，将 CPU 的电压、外频等调整为正常状态。此外还要注意选择与 CPU 匹配的主板、内存等设备，以减少设备兼容性故障。

③ CPU 散热类故障。清除 CPU 散热器上的灰尘，牢固连接散热器风扇的电源线，使用优质导热硅脂，或更换高品质的散热设备以提高散热效率。如果风扇扇页晃动、不转或转动不灵活，可以为风扇加注润滑油或更换新的风扇。

5．计算机主板故障的解决办法

（1）计算机主板故障的常见现象。

■ 计算机不启动，开机无显示。

■ CMOS 设置不能保存。

■ 计算机开机后启动缓慢，长时间没有反应。

■ 计算机频繁死机，即使进行 CMOS 设置也会出现死机。

■ 主板接口损坏，不认硬盘、光驱、键盘和鼠标等设备。

（2）计算机主板故障产生的原因及解决办法。硬件设置不当，主板和硬件设备间兼容性不佳，会导致随机故障的出现。如 BIOS 损坏或失电，BIOS 版本低，刷新失败或被病毒破坏，主板电池电量不足等。此故障需要具体问题具体分析，如果是硬件兼容性的问题，则需要考虑更换硬件，以满足系统的整体一致性原则。

BIOS（基本输入输出系统）——集成在主板上的一个 ROM 芯片，其中保存有微机系统最重要的基本输入/输出程序、系统信息设置、开机上电自检程序和系统启动自举程序。在主板上可以看到 BIOS ROM 芯片。一块主板性能优越与否，在一定程度上取决于板上的 BIOS 管理功能是否先进。如果 BIOS 版本较低或者出现损坏，则需要我们对 BIOS 进行相应的升级操作。

（二）计算机软件故障

计算机软件故障是指由于不当使用计算机软件而引起的故障，以及因系统或系统参数的设置不当而出现的故障。软件故障一般是可以修复的，但在某些情况下也有可能转化为硬件故障。

1. 软件故障产生的原因

软件故障常常是由下面一些原因造成的。

（1）软件不兼容。有些软件在运行时与其他软件有冲突，相互不能兼容。如果这两个不能兼容的软件同时运行，可能会中止程序的运行，严重的将会使系统崩溃。比较典型的例子是杀毒软件，如果系统中存在多个杀毒软件，很容易造成系统运行不稳定。

（2）非法操作。非法操作是由于人为操作不当造成的。如卸载程序时不使用程序自带的卸载程序，而直接将程序所在的文件夹删除，这样一般不能完全卸载该程序，反而会给系统留下大量的垃圾文件，成为系统故障隐患。

（3）误操作。误操作是指用户在使用计算机时，误将有用的系统文件删除，或者执行了格式化命令，这样会使硬盘中重要的数据丢失。

（4）病毒的破坏。计算机病毒会给系统带来难以预料的破坏，有的病毒会感染硬盘中的可执行文件，使其不能正常运行；有的病毒会破坏系统文件，造成系统不能正常启动；还有的病毒会破坏计算机的硬件，使用户蒙受更大的损失。

2. 软件故障的解决方法

软件故障的产生种类非常多，但主要的解决方法有以下几种。

（1）注意提示。软件故障发生时，系统一般都会给出错误提示，仔细阅读提示，根据提示来处理故障常常可以事半功倍。

（2）重新安装应用程序。如果是应用程序应用时出错，可以将这个程序卸载后重新安装，大多时候重新安装程序可以解决很多程序出错的故障。同样，重新安装驱动程序也可修复设备因驱动程序出错而发生的故障。

（3）利用杀毒软件。当系统出现莫名其妙的运行缓慢或者出错情况时，应当运行杀毒软件扫描系统，看是否存在病毒。

（4）升级软件版本。有些低版本的程序存在漏洞，容易在运行时出错。一般高版本的程序比低版本更加稳定，因此如果一个程序在运行中频繁出错，可以升级该程序的版本。

（5）寻找丢失的文件。如果系统提示某个系统文件找不到了，可以从其他使用相同操作系统的计算机中复制一个相同的文件，也可以从操作系统的安装光盘中提取原始文件到相应的系统文件夹中。

 任务实施——系统的备份与恢复

一、DOS 环境下使用 Ghost 软件对操作系统进行备份与恢复

1. Ghost 软件进行系统备份

目前网络上流行着形形色色的 Ghost 软件，对于初学者来说，下载一个 Ghost 软件也是十分容易的事情。需要指出的是：目前一般要选择 8.0 以上的 Ghost 版本去备份和还原操作

系统。另外在备份系统时，如果安装系统文件的硬盘分区格式是 FAT32，每一个需要备份的文件大小最好不要超过 2GB，如图 7-5 所示。

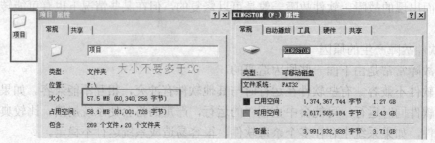

图 7-5　计算机分区格式、文件大小

　　下载一个 Ghost 文件，双击打开并单击安装按钮，安装完成后会在同一目录下出现一个名叫 Ghost 的文件夹，里面有一个文件：Ghost.exe 大小为 1.32M，我们要使用的就是这个文件，将此文件复制到你想存放系统备份文件的硬盘分区中。假如我们的 Windows XP 系统安装在 C 盘中，想将系统备份文件放在 F 盘里，就需要将 Ghost 文件放置在 F 盘，最好放置在根目录中。这里要特别注意：如果你打算将此文件放置在 D 盘的非根目录下，一定不能将此文件放在含有中文字符的文件夹里面，因为在 DOS 下对系统进行备份时，DOS 环境不能识别中文。

　　正式进入系统备份（这里假设 C 盘下安装着 Windows XP）。

　　① 重新启动计算机，在计算机启动时，快速连续按【F8】键。

　　② 这里会出现 6 个系统选项，Ghost 通常必须要在 Dos 运行，因此选取"6"进入 DOS 界面。

　　③ 进入 DOS 界面后会出现 DOS 提示符，如 C：\>，此处显示目前处于 C 盘根目录下。

　　④ C：\>后面输入 F: 按【Enter】键出现 F：\>。

　　⑤ F：\\>后面输入 Ghost.exe，按【Enter】键，就会进入 Ghost 的操作界面。如图 7-6 所示。

　　⑥ 出现图 7-7 中显示的程序信息，按【Enter】键显示主程序界面。主程序有 4 个可用选项：Quit（退出）、Help（帮助）、Options（选项）和 Local（本地）。

图 7-6　Ghost 界面

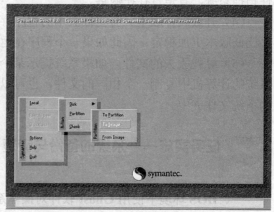

图 7-7　Ghost 系统备份

　　在菜单中选择 Local（本地）选项，在右面弹出的菜单中有 3 个子选项。

　　■ Disk 表示备份整个硬盘（即硬盘克隆）。

- Partition 表示备份硬盘的单个分区，我们选择它来备份 C 盘。
- Check 表示检查硬盘或备份的文件，可以查看备份或还原失败的原因。

这里要对本地磁盘进行操作，应选 Local 选项。当前默认选中"Local"（字体变白色）选项，按向右方向键展开子菜单，用向上或向下方向键选择，依次选择 Local（本地）→Partition（分区）→To Image（产生镜像）选项，也就是我们所说的备份系统。如图 7-7 所示。

⑦ 选中 To Image 选项之后，会进一步让你选择硬盘，一般计算机都只配有一块硬盘，所以不用选择，直接按【Enter】键。

⑧ 此时会让你选择需要备份的硬盘分区，选择分区（可以用方向键上下选择，用【Tab】键选择项目）。选定分区之后按【Enter】键确定，按一下【Tab】键再次确定，并再次按【Enter】键。如图 7-8 所示。

⑨ 选择备份存放的分区、目录路径及输入备份文件名称。界面中有以下 5 个框。

- 最上边框（Look jn）选择分区，我们想把备份文件放置在 F 盘，所以要选择 F 盘。
- 第二个框（最大的框）选择目录，也就是备份文件放置在 F 盘下面的那个目录中。
- 第三个框（File narne）输入影像文件名称。
- 第四个（File of type）文件类型，默认为 GHO 不用改。如图 7-9 所示。

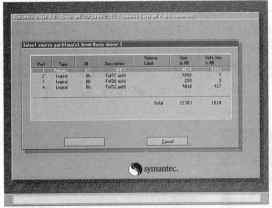

图 7-8　Ghost 源分区选择

图 7-9　Ghost 目标分区选择

⑩ 输入影像文件名称后，按【Enter】键，准备开始备份，接下来，程序询问是否压缩备份数据，并给出以下 3 个选择。

- No：表示不压缩。
- Fast：表示压缩比例小而执行备份速度较快（推荐）。
- High：就是压缩比例高，但执行备份速度相当慢。

如果不需要经常执行备份与恢复操作，可选 High 选项压缩比例高，所用时间多 3～5min，影像文件的大小可减小约 700MB。这里用向右方向键选 High 选项，选择好压缩比后，按【Enter】键后即开始进行备份，如图 7-10 所示。

⑪ 整个备份过程一般需要十几分钟（时间长短与系统盘数据容量的大小、硬件速度等因素有关），完成后按【Enter】键，回到程序主画面。按向下方向键选择 Quit 选项，退出 Ghost 系统。重新启动计算机，进入 XP 系统，在系统的 F 盘中查看备份好的镜像文件。如图 7-11 所示。

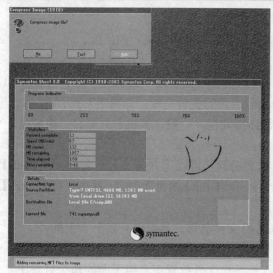

图 7-10　Ghost 开始备份

图 7-11　Ghost 备份后形成的文件

至此 DOS 操作系统下的系统备份已经全部完成。

2．Ghost 软件进行系统还原

系统还原的方法与系统备份大体相似，在这里指出有差异的地方。

①　进入 Ghost 软件之后，需要依次选择 Local（本地）→Partition（分区）→From Image（恢复镜像）选项，如图 7-12 所示。

②　选择恢复镜像文件之后，需要选择镜像文件所在的分区，这里将影像文件 cxp.GHO 存放在 F 盘（第一个磁盘的第四个分区）根目录，所以这里选 "F:1:4□FAT drive" 选项，按【Enter】键确认后，显示如图 7-13 所示。

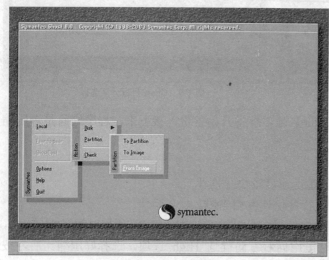

图 7-12　Ghost 系统还原

图 7-13　Ghost 选择已经备份好文件

③　确认选择分区后，第二个选项框内即显示了该分区的目录，用方向键选择镜像文件 cxp.GHO 后，输入镜像文件名一栏内的文件名也会自动完成输入，确认无误后按【Enter】键。之后会让你选择需要恢复哪个硬盘分区，假如要将镜像文件恢复到 C 盘（即第一个分区），所以这里选择第一项（第一个分区），并按【Enter】键，如图 7-14 所示。

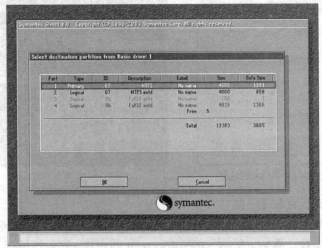

图 7-14　Ghost 还原目标盘符选择

④ 之后 Ghost 会提示即将恢复，该操作会覆盖选中分区，并破坏现有数据。点选确认后，按【Enter】键开始恢复。恢复完成之后，以同样的方式退出 Ghost 并重启计算机，启动之后会发现回复过的系统和备份的系统是一模一样的，至此恢复操作成功。

二、Windows 环境下使用 Ghost 软件对操作系统进行备份与恢复

Ghost 备份还原工具目前已经发展到 Ghost11，对于 Ghost 8.x 系列以后的版本只是在性能上有所优化，对于操作界面使用方法仍然是与原来的大同小异。Ghost 8.x 系列（最新为 8.3）在 DOS 下面运行，能够提供对系统的完整备份和恢复，支持的磁盘文件系统格式包括 FAT，FAT32，NTFS，ext2，ext3，Linux swap 等。

Ghost 8.x 系列分为两个版本，Ghost（DOS 下面运行）和 Ghost32（Windows 下面运行），两者具有统一的界面，可以实现相同的功能。网络上相对应的 Ghost 版本很多，也比较容易下载，下面以 Ghost 一键还原：GhostXP_SP3 计算机公司版为例。

1．Ghost 一键还原备份与恢复 XP 系统

① 下载好的 Ghost 一键还原软件为*.ISO 文件，将它放置在除系统文件盘符之外的其他盘符中，并进行解压缩。在解压缩后的文件夹中找到"硬盘安装"这个文件，选中它开始安装此软件。在安装完成后出现如图 7-15 所示的界面。

② 在这里一般不需要做任何改动，从图 7-15 能够很清晰地观察出 C 盘内安装有 Windows 系统，只需要根据需要选择还原系统或者备份系统，并需要在 Ghost 映像文件路径中选择适当的路径，单击确定就可以完成我们需要的操作了。

③ 除了这种方法，还可以在重新启动计算机时，选择使用 Ghost 一键还原对 XP 系统进行备份与还原。如图 7-16 所示。

需要注意的是这种备份与还原方法虽然简便，系统备份也很成功，但是备份之后最为关键的系统还原的成功率却并不算太高，大约在 85%～90%之间。主要原因还是在于 Ghost 软件很难真正做到安全稳定地在 Windows 操作系统上运行，这也是微软公司下大力气打击 Ghost 软件的结果。因此，为了确保万无一失，需要在 Windows PE 下使用系统备份来进行系统还原。

图 7-15　Ghost 一键还原目标盘符选择

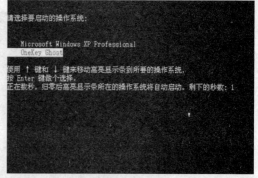

图 7-16　选择使用 Ghost 一键还原

2．Windows PE 下的系统还原

Windows PE（Windows PreInstallation Environment），Windows 预安装环境，是带有限服务的最小 Win32 子系统，是 Windows XP Professional 的内核。它包括运行 Windows 安装程序及脚本、连接网络共享、自动化基本过程以及执行硬件验证所需的最小功能。也就是说，Windows PE 也就是 Windows XP 或者其他 Windows 操作系统的一个子系统。

Win PE 也分为：光盘版 PE、硬盘版 PE 和 U 盘版 PE。我们可以在系统还原之前先进入 Win PE 子系统。

进入 Win PE 子系统的方法有多种，光盘版和 U 盘版只需要修改之前所说的启动项就可以了，硬盘版 Win PE 的启动需要在原系统中提前安装，在系统启动时可以进行选择，如图 7-17 所示。

图 7-17　Windows PE 界面

不管是何种方式，我们在进入 Windows PE 之后都会看到一个与 Windows 操作系统几乎一样的子系统。如图 7-18 所示。

在 PE 系统内，很容易找到原来安装过的 Ghost32，或者 Ghost 一键还原软件。如图 7-19 所示。

图 7-18 Windows PE 运行环境

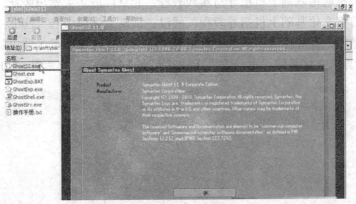

图 7-19 Ghost 软件

　　找到并运行该软件，接下来进行 Ghost 备份文件的还原就与 Windows 下的系统还原的步骤一致了，只不过在 PE 系统下，系统还原的成功率更高，系统还原后的稳定性也更好。

参考文献

1. 周秋平，郑尚志.《计算机应用基础教程》实训指导. 合肥：安徽大学出版社，2009.
2. 胡建平. 大学计算机基础学习指导. 北京：北京理工大学出版社，2006.
3. 杨邦荣. 计算机应用基础上机指导. 北京：北京理工大学出版社，2007.08
4. 吕新平，徐新爱，胡佳. 大学计算机基础上机指导与习题集. 北京：人民邮电出版社，2009.
5. 徐明成. 计算机应用基础教程上机指导. 北京：电子工业出版社，2009.
6. 俞俊甫. 计算机应用基础教程上机指导. 北京：北京邮电大学出版社，2009.
7. 牟绍波. 计算机应用基础上机指导与实践教程. 北京：清华大学出版社，2010.
8. 胡西林. 计算机文化基础上机指导教程. 武汉：武汉大学出版社，2008.
9. 武马群，赵丽艳. 计算机应用基础上机指导与练习. 北京：电子工业出版社，2009.
10. 冯小辉. 计算机文化基础习题与上机指导. 北京：机械工业出版社，2008.